职业教育工业机器人应用与维护专业系列教材

工业机器人技术基础

主　编　杨杰忠　王振华　朱利平

副主编　刘国磊　李秀香　刘　伟

参　编　潘协龙　冯世鑫　李英杰　李仁芝　周立刚

黄　波　吴　昭　邓明才　苏　楠

電子工業出版社

Publishing House of Electronics Industry

北京 · BEIJING

内 容 简 介

本书共分为四大模块，即工业机器人基础知识，工业机器人示教编程，工业机器人的基础应用，工业机器人的管理与维护。每个模块以任务驱动教学法为主线，以应用为目的，以具体的任务为载体，主要任务有：认识工业机器人、工业机器人机械结构的认知、工业机器人传感器及其应用、认识工业机器人的控制与驱动系统、初识工业机器人的作业示教、工业机器人绘图单元的编程与操作、搬运机器人及其操作应用、码垛机器人及其操作应用、装配机器人及其操作应用、涂装机器人及其操作应用、工业机器人管理与维护、工业机器人本体的保养与维护。

本书可作为技工院校、技师学院工业机器人应用与维护专业教材，中等职业学校机电技术应用专业和高等职业院校机电一体化专业教材，也可作为电气设备安装与维修和机电设备安装与维修岗位培训教材。

图书在版编目 (CIP) 数据

工业机器人技术基础/杨杰忠，王振华，朱利平主编. —北京：电子工业出版社，2017.8

ISBN 978-7-121-32035-4

I. ①工… II. ①杨… ②王… ③朱… III. ①工业机器人－职业学校－教材 IV. ①TP242.2

中国版本图书馆 CIP 数据核字（2017）第 144090 号

策划编辑：张　凌
责任编辑：张　凌
印　　刷：涿州市京南印刷厂
装　　订：涿州市京南印刷厂
出版发行：电子工业出版社
　　　　　北京市海淀区万寿路 173 信箱　　邮编：100036
开　　本：787×1092　1/16　印张：16.5　字数：422.4 千字
版　　次：2017 年 8 月第 1 版
印　　次：2025 年 6 月第 20 次印刷
定　　价：36.60 元

凡所购买电子工业出版社图书有缺损问题，请向购买书店调换。若书店售缺，请与本社发行部联系，联系及邮购电话：（010）88254888，88258888。

质量投诉请发邮件至zlts@phei.com.cn，盗版侵权举报请发邮件至dbqq@phei.com.cn。

本书咨询联系方式：（010）88254583，zling@phei.com.cn。

序　言

“十三五”期间，加速转变生产方式，调整产业结构，将是我国国民经济和社会发展的重中之重。而要完成这种转变和调整，就必须有一大批高素质的技能型人才作为坚实的后盾。根据《国家中长期人才发展规划纲要（2010—2020 年）》的要求，至 2020 年，我国高技能人才占技能劳动者的比例将由 2008 年的 24.4%上升到 28%（目前一些经济发达国家已达 40%）。可以预见，作为高技能人才培养重要组成部分的高级技工教育，在未来十年必将会迎来一个高速发展的黄金期。

近几年来，各职业院校都在积极开展工业机器人应用与维护高级技工培养的试点工作，并取得了较好的效果。但由于起步较晚，课程体系、教学模式都还有待完善和提高，教材建设也相对滞后，至今还没有一套适合高级技工教育快速发展需要的成体系、高质量的教材。现有工业机器人应用与维护教材不是很完善，或是内容陈旧、实用性不强，或是形式单一、无法突出高技能人才培养的特色，更没有形成高质量的体系。因此，开发一套体系完整、特色鲜明、适合理论实践一体化教学、反映企业最新技术与工艺的工业机器人应用与维护教材，就成为高级技工教育亟待解决的问题。

鉴于工业机器人应用与维护高级技工短缺的现状，广西机电技师学院与电子工业出版社从 2014 年 6 月开始，组织相关人员、采用走访、问卷调查、座谈会等方式，到全国具有代表性的机电行业企业、部分省市的职业院校进行了调研。目前，对企业关于工业机器人应用与维护高级技工的知识、技能要求，学校工业机器人应用与维护高级技工教育教学现状、教学和课程改革情况以及对教材的需求等有了比较清晰的认识。在此基础上，紧紧依托行业优势，以为企业输送满足其岗位需求的合格人才为最终目标，组织了行业和技能教育方面的专家对编写内容、编写模式等进行了深入探讨，形成了本教材的编写框架。

本教材的编写指导思想明确，坚持以达到国家职业技能鉴定标准和就业能力为目标，以专业（工种）的工作内容为主线，以工作任务为引领，由浅入深，循序渐进，精简理论，突出核心技能与实操能力，使理论与实践融为一体，充分体现“教”“学”“做”合一的教学思想，致力于构建符合当前教学改革方向的，以培养应用型、技术型和创新型人才为目标的教材体系。

本教材重点突出三个特色。

第一，“新”字当头，即体系新、模式新、内容新。体系新是指教材以学科体系为主转变为以专业技术体系为主；模式新是指教材从传统章节模式转变为以工作过程的项目任务为主；内容新是指教材充分反映了新材料、新工艺、新技术、新方法等“四新”知识。

第二，注重科学性。教材从体系、模式到内容符合教学规律，符合国内外制造技术水平的实际情况。在具体任务和实例的选取上，突出先进性、实用性和典型性，便于组织教学，以提高学生的学习效率。

第三，体现普适性。由于当前工业机器人应用与维护高级技工生源既有中职毕业生，又有高中生，又有企业职工学习相关知识，因此本教材内容安排适合不同层次的求学者，适用面比较广泛。

此外，本教材还配备了数字化教学资源库，以及相应的实习教程和现场操作视频等，构成了立体化的教学资源。

本教材的出版，对深化职业技术教育改革，提高工业机器人应用与维护高级技工培养的质量，都会起到积极的作用。在此，谨向各位作者和教材编写过程中给予帮助的专家和学者表示衷心的感谢。

向金林
广西机电技师学院院长

前 言

为贯彻全国职业院校坚持以就业为导向的办学方针，实现课程对接岗位、教材对接技能的目的，更好地适应“工学结合、任务驱动模式”的教学要求，满足项目教学的需要，特编写此书。本书依据国家职业标准编写，知识体系由基础知识、相关知识、专业知识和操作技能训练四部分构成，知识体系中各个知识点和操作技能都以任务的形式呈现。本书对教学内容进行了精心选择，力求涵盖国家职业标准中必须掌握的知识和技能。

本书共分为四大模块，即工业机器人基础知识，工业机器人示教编程，工业机器人的基础应用，工业机器人的管理与维护。每个模块又划分为不同的任务。在任务的选择上，以典型的工作任务为载体，坚持以能力为本位，重视实践能力的培养；在内容的组织上，整合相应的知识和技能，实现理论和实践的统一，有利于实现“理实一体化”教学，充分体现了认知规律。

本书是在充分吸收国内外职业教育先进理念的基础上，总结了众多学校一体化教学改革的经验，集众多一线教师多年的教学经验和企业专家实践的智慧完成的，在编写过程中，力求实现内容通俗易懂，既方便教师教学，又方便学生自学。特别是在操作技能部分，图文并茂，侧重于对程序设计、电路安装、通电试车过程和故障检修内容的细化，以提高学生在实际工作中分析和解决问题的能力，实现职业教育与社会生产实践的紧密结合。

本书在编写过程中得到了广西机电技师学院、柳州第一职业学校、广东三向教学仪器有限公司、江苏汇博机器人技术股份有限公司、广西柳州钢铁集团、上汽通用五菱汽车有限公司、柳州九鼎机电科技有限公司的学者和专家们的大力支持，在此一并表示感谢。

由于编者水平有限，书中难免存在疏漏和不妥之处，恳请广大读者批评指正。

编 者

目　录

模块一 工业机器人基础知识

任务1 认识工业机器人

学习目标

✧ 知识目标

1. 掌握工业机器人的定义。
2. 熟悉工业机器人的常见分类及其行业应用。
3. 了解工业机器人的发展现状和趋势。

✧ 能力目标

1. 能结合工厂自动化生产线说出搬运机器人、码垛机器人、装配机器人、涂装机器人和焊接机器人的应用场合。
2. 能进行简单的机器人操作。

工作任务

机器人技术是综合了计算机、控制论、机构学、信息和传感技术、人工智能、仿生学等多种学科而形成的高新技术，是当代研究十分活跃、应用日益广泛的领域。而且，机器人应用情况是反映一个国家工业自动化水平的重要标志。本次任务的主要内容是了解工业机器人的现状和发展趋势；通过现场参观，认识工业机器人相关企业；在现场观摩或在技术人员的指导下操作ABB工业机器人，了解其基本组成。

相关知识

一、工业机器人的定义及特点

1．工业机器人的定义

国际上对机器人的定义有很多。

美国机器人协会（RIA）将工业机器人定义为：“工业机器人是用来进行搬运材料、零部件、工具等可再编程的多功能机械手，或通过不同程序的调用来完成各种工作任务的特种装置。”

日本工业机器人协会（JIRA）将工业机器人定义为：“工业机器人是一种装备有记忆装置和末端执行器的，能够转动并通过自动完成各种移动来代替人类劳动的通用机器。”

在我国1989年的国际草案中，工业机器人被定义为：“一种自动定位控制，可重复编程、

多功能的、多自由度的操作机。”操作机被定义为：“具有和人的手臂相似的动作功能，可在空间抓取物体或进行其他操作的机械装置。”

国际标准化组织（ISO）曾于 1984 年将工业机器人定义为：“机器人是一种自动的、位置可控的、具有编程能力的多功能机械手，这种机械手具有几个轴，能够借助于可编程的操作来处理各种材料、零件、工具和专用装置，以执行各种任务。”

2. 工业机器人的特点

（1）可编程

生产自动化的进一步发展是柔性自动化。工业机器人可随其工作环境变化的需要而再编程，因此它在小批量、多品种具有均衡高效率的柔性制造过程中能发挥很好的作用，是柔性制造系统中的一个重要组成部分。

（2）拟人化

工业机器人在机械结构上具有类似人的行走、腰转、大臂、小臂、手腕、手爪等部分，由计算机控制。此外，智能化工业机器人还有许多类似人类的生物传感器，如皮肤型接触传感器、力传感器、负载传感器、视觉传感器、声觉传感器、语音功能传感器等。

（3）通用性

除了专门设计的专用工业机器人外，一般机器人在执行不同的作业任务时具有较好的通用性。例如，更换工业机器人手部末端执行器（手爪、工具等）便可执行不同的作业任务。

（4）机电一体化

第三代智能机器人不仅具有获取外部环境信息的各种传感器，而且还具有记忆能力、语言理解能力、图像识别能力、推理判断能力等人工智能，这些功能基于微电子技术和计算机技术的应用。工业机器人与自动化成套技术紧密结合，并融合了多项技术，包括工业机器人控制技术、机器人动力学及仿真、机器人构建有限元分析、激光加工技术、模块化程序设计、智能测量、建模加工一体化、工厂自动化及精细物流等，技术综合性强。

二、工业机器人的历史和发展趋势

1. 工业机器人的诞生

“机器人”（Robot）这一术语是 1921 年捷克著名剧作家、科幻文学家、童话寓言家卡雷尔·恰佩克首创的，它成为“机器人”的起源，此后一直沿用至今。不过，人类对于机器人的梦想却已延续数千年之久，如古希腊古罗马神话中冶炼之神用黄金打造的机械仆人，希腊神话《阿鲁哥探险船》中的青铜巨人泰洛斯，犹太传说中的泥土巨人，我国西周时代能歌善舞的木偶“倡者”和三国时期诸葛亮的“木牛流马”传说等。

而到了现代，人类对于机器人的向往，从机器人频繁出现在科幻小说和电影中已不难看出，科技的进步让机器人不再停留在科幻故事里，它正一步步“潜入”人类生活的方方面面。1959 年，美国发明家英格伯格与德沃尔制造了世界上第一台工业机器人 Unimate，这个外形类似坦克炮塔的机器人可实现回转、伸缩、俯仰等动作，如图 1-1-1 所示，它被称为现代机器人的开端。之后，不同功能的工业机器人也相继出现，并且活跃在不同的领域。

2. 工业机器人的发展现状

机器人技术作为 20 世纪人类最伟大的发明之一，自 20 世纪 60 年代初问世以来，从简单

机器人到智能机器人，机器人技术的发展已取得巨大进步。从近几年推出的产品来看，工业机器人技术正向智能化、模块化和系统化方向发展，其发展趋势主要为结构的模块化和可重构化，控制技术的开放化、PC 化和网络化，伺服驱动技术的数字化和分散化，多传感器融合技术的实用化，工作环境设计的优化和作业的柔性化等。

图 1-1-1　世界上第一台工业机器人 Unimate

2005 年，日本 YASKAWA 推出能够从事此前由人类完成组装及搬运作业的产业机器人 MOTOMAN-DA20 和 MOTOMAN-IA20，如图 1-1-2 所示。DA20 是一款在仿造人类上半身结构的构造物上配备两个 6 轴驱动臂型的“双臂”机器人。上半身构造物本身也具有绕垂直轴旋转的关节，尺寸与人类成年男性大体相同，可直接配置在此前人类进行作业的场所。因为可实现接近人类两臂的动作及构造，因此可以稳定地搬运工件，还可以从事紧固螺母，以及部件的组装和插入等作业。另外，与协调控制两个臂型机器人相比，设置面积更小。单臂负重能力为 20kg，双臂最大可搬运重达 40kg 的工件。

（a）双臂机器人 MOTOMAN-DA20

（b）7 轴机器人 MOTOMAN-IA20

图 1-1-2　YASKAWA 机器人

IA20 是一款通过 7 轴驱动再现人类肘部动作的臂型机器人，在全球产业机器人中首次实现 7 轴驱动，因此更加接近人类动作。一般来说，人类手臂具有 7～8 轴关节。此前的 6 轴机器人，可再现手臂具有 3 个关节，以及手腕具有的 3 个关节。而 IA20 则进一步增加了肘部具有的 1 个关节，这样就可以实现肘部折叠或伸出手臂的动作。6 轴机器人由于动作上的制约，胸部成为“死区”，而 7 轴机器人可将胸部作为动作区域来使用，另外还可以完成绕开机身障碍物的动作。

图 1-1-3　COMAU 码垛机器人 SMART5 PAL

2010 年意大利柯马（COMAU）宣布 SMART5 PAL 码垛机器人研制成功，如图 1-1-3 所示。该机器人专为码垛作业设计，采用新的控制单元 C5G 和无线示教，有效载荷范围为 180～260kg，作业半径 3.1m，同时共享机器人家族的中空腕技术和机械配置选项。该机器人符合人体工程学，采用一流的碳纤维杆，整体轻量化设计，线速度高，能有效减少和优化时间。该机器人能满足一般工业部门客户的高质量要求，主要应用在装载、卸载，多个产品拾取，堆垛和高速操作等场合。

同年，德国 KUKA 公司的机器人产品——气体保护焊接专家 KR 5arc HW（Hollow Writsl），如图 1-1-4 所示，赢得了全球著名的红点奖，并且获得了“Red Dot：优中之优”杰出设计奖。其机械臂和机械手上有一个 50mm 宽的通孔，可以保护机械臂上的整套气体软管的敷设。由此不仅可以避免气体软管组件受到机械性损伤，而且可以防止其在机器人改变方向时随意甩动。既可敷设抗扭转软管组件，也可用于无限转动的气体软管组件。对用户来说，这不仅意味着提高了构件的可接近性，保证了对整套软管的最佳保护，而且使离线编程也得到了简化。

日本 FANUC 公司也推出过 Robot M-3iA 装配机器人。M-3iA 装配机器人可采用 4 轴或 6 轴模式，具有独特的平行连接结构，并且具备轻巧、便携的特点，承重极限 6kg，如图 1-1-5 所示。此外，M-3iA 装配机器人在同等级机器人（1 350mm×500mm）中的工作行程最大。6 轴模式下的 M-3iA 具备一个 3 轴手腕用于处理复杂的生产线任务，还能按要求旋转零件，几乎可与手工媲美。4 轴模式下的 M-3iA 具备一个单轴手腕，可用于简单、快速的拾取操作，工作速度可达 4 000°/s。另外，手腕的中空设计使电缆可在内部缠绕，大大降低了电缆的损耗。

图 1-1-4　KUKA 焊接机器人 KR 5arc HW

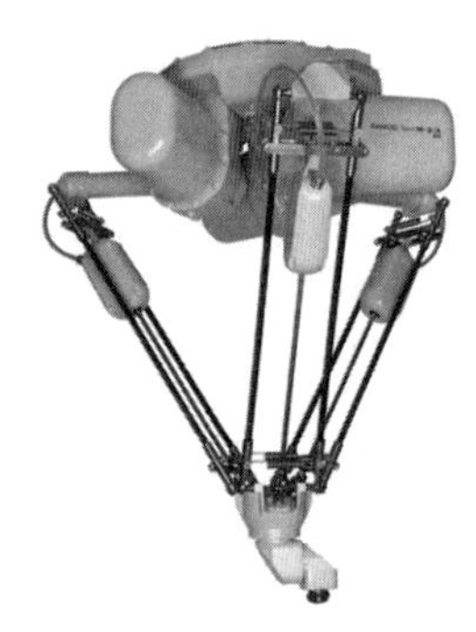

图 1-1-5　FANUC 装配机器人 Robot M-3iA

国际工业机器人技术日趋成熟，基本沿着两个路径发展：一是模仿人的手臂，实现多维运动，在应用上比较典型的是点焊、弧焊机器人；二是模仿人的下肢运动，实现物料输送、传递等搬运功能，如搬运机器人。

机器人研发水平最高的是日本、美国与欧洲国家。日本在工业机器人领域研发实力非常强，全球曾一度有 60%的工业机器人都来自日本；美国则在特种机器人研发方面全球领先。它们在发展工业机器人方面各有以下特点。

（1）日本模式

各司其职，分层面完成交钥匙工程。即机器人制造厂商以开发新型机器人和批量生产优质产品为主要目标，并由其子公司或社会上的工程公司来设计制造各行各业所需要的机器人成套系统。

（2）欧洲模式

一揽子交钥匙工程。即机器人的生产和用户所需要的系统设计制造，全部由机器人制造商自己完成。

（3）美国模式

采购与成套设计相结合。本国国内基本上不生产普通的工业机器人，企业需要机器人通常由工程公司进口，再自行设计、制造配套的外围设备。

总之，机器人行业的发展与计算机行业极为相似。机器人制造公司没有统一的操作系统软件，流行的应用程序很难在五花八门的装置上运行。机器人硬件的标准化工作也尚未开始，在一台机器人上使用的编程代码，几乎不可能在另一台机器人上发挥作用。如果想开发新的机器人，通常从零开始。

我国在机器人领域的发展尚处于起步阶段，应以“美国模式”着手，在条件成熟后逐步向“日本模式”靠近。整体而言，与国外进口机器人相比，国产工业机器人在精度、速度等方面不如进口同类产品，特别是在关键核心技术上还没有取得应用突破。具体现状如下所述。

（1）低端技术水平有待改善

机器人制造包括整机制造、控制系统、伺服电动机与驱动器、减速器等方面，其中控制系统和减速器的核心技术仍由国外企业掌握，国内企业只能发挥组成优势，即将接近成品的各部分模块组合到一起。然而，许多零部件的缺失使得国内企业在拓展产业链条方面颇受掣肘，而高昂的进口费用也极易威胁企业的生存状况。

（2）产业链条亟待充实与规范

与其他高端装备制造领域的情况不同，机器人制造主要集中在民营企业，产能规模自然不能比拟航空航天等产业，研发成果也无法在有利平台得到展现。可想而知，国资不足是国产制造的最大劣势，而缺乏国资的规模管理导致产业链条过于松散，从而无法实现集群式发展。而主流的工业机器人领域，配套产业及设备的集群效应才是机器人制造的关键。只有具备完善的产业链条，盈利空间才能得到提升。

3．工业机器人的发展趋势

从近几年推出的产品来看，工业机器人技术正向高性能化、智能化、模块化和系统化方向发展，其发展趋势主要为：结构的模块化和可重构化；控制技术的开放化、PC 化和网络化；伺服驱动技术的数字化和分散化；多传感器融合技术的实用化；工作环境设计的优化和作业的柔性化等。

（1）高性能

工业机器人技术正向高速度、高精度、高可靠性、便于操作和维修方向发展，且单机价格不断下降。

（2）机械结构向结构的模块化、可重构化发展

例如，关节模块中的伺服电动机、减速机、检测系统三位一体化；由关节模块、连杆模块用重组方式构造机器人整机。国外已有模块化装配机器人产品问市。

（3）本体结构更新加快

随着技术的进步，机器人本体近 10 年来发展变化很快。以安川 MOTOMAN 机器人产品为例。L 系列机器人持续 10 年，K 系列机器人持续 5 年，SK 系列机器人持续 3 年，1998 年年底安川公司推出了最新的 UP 系列机器人，其最突出的特点是大臂采用新型的非平行四边形的单连杆机构，工作空间有所增加，本体自重进一步减少，变得更加轻巧。

（4）控制系统向基于 PC 的开放型控制器方向发展

控制系统向基于 PC 的开放型控制器方向发展，便于标准化、网络化；器件集成度提高，

控制柜日见小巧。

（5）多传感器融合技术的实用化

机器人中的传感器作用日益突出，除采用传统的位置、速度、加速度等传感器外，装配、焊接机器人还应用了视觉、力觉等传感器，而遥控机器人则采用视觉、声觉、力觉、触觉等传感器的融合技术来进行环境建模及决策控制；多传感器融合配置技术在产品化系统中已有成熟应用。

（6）多智能体调控制技术

多智能体调控制技术是目前机器人研究的一个崭新领域。主要对多机器人协作、多机器人通信、多智能体的群体体系结构、相互间的通信与磋商机理、感知与学习方法、建模和规划、群体行为控制等方面进行研究。

三、工业机器人的分类

关于工业机器人的分类，国际上没有制定统一的标准，有的按负载重量分，有的按控制方式分，有的按自由度分，有的按结构度分，有的按应用度分。例如，机器人首先在制造业大规模应用，所以机器人曾被简单地分为两类，即用于汽车、机床等制造业的机器人称为工业机器人，其他的机器人称为特种机器人。随着机器人应用的日益广泛，这种分类显得过于粗糙。现在除工业领域外，机器人技术已经广泛地应用于农业、建筑、医疗、服务、娱乐，以及空间和水下探索等多种领域。依据具体应用领域的不同，工业机器人又可分为物流、码垛、服务等搬运型机器人和焊接、车铣、修磨、注塑等加工型机器人等。可见，机器人的分类方法和标准很多。本书主要介绍以下两种工业机器人的分类法。

1．按机器人的技术等级划分

按照机器人技术发展水平可以将工业机器人分为 3 代。

（1）示教再现机器人

第一代工业机器人是示教再现型。这类机器人能够按照人类预先示教的轨迹、行为、顺序和速度重复作业。示教可以由操作员手把手地进行，如操作人员握住机器人的喷枪，沿喷漆路线示范一遍，机器人记忆这一连串运动，工作时，自动重复这些运动，从而完成给定位置的涂装工作。这种方式即所谓的“直接示教”，如图 1-1-6（a）所示。但是，比较普遍的方式是通过示教器示教，如图 1-1-6（b）所示。操作人员利用示教器上的开关或按键来控制机器人按步骤运动，机器人自动记忆，然后重复。目前在工业现场应用的机器人大多属于第一代。

（2）感知机器人

第二代工业机器人具有环境感知装置，能在一定程度上适应环境的变化，目前已进入应用阶段，感知机器人如图 1-1-7 所示。以焊接机器人为例，机器人焊接的过程一般是通过示教方式给出机器人的运动曲线，机器人携带焊枪沿着该曲线进行焊接。这就要求工件的一致性要好，即工件焊接位置十分准确。否则，机器人携带焊枪所走的曲线和工件的实际焊缝位置会有偏差。为解决这个问题，第二代工业机器人（应用于焊接作业时），采用焊缝跟踪技术，通过传感器感知焊缝的位置，再通过反馈控制，机器人就能够自动跟踪焊缝，从而对示教的位置进行修正，即使实际焊缝相对于原始设定的位置有变化，机器人仍然可以很好地完成焊接工作。类似的技术正越来越多地应用于工业机器人。

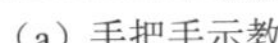

（a）手把手示教

（b）示教器示教

图 1-1-6　示教再现机器人

（3）智能机器人

第三代工业机器人称为智能机器人，如图 1-1-8 所示，具有发现问题，并且能自主地解决问题的能力，尚处于实验研究阶段。这类机器人具有多种传感器，不仅可以感知自身的状态，如所处的位置、自身的故障等，而且能够感知外部环境的状态，如自动发现路况、测出协作机器的相对位置、相互作用的力等。更重要的是，能够根据获得的信息，进行逻辑推理、判断决策，在变化的内部状态与变化的外部环境中，自主决定自身的行为。这类机器人不但具有感觉能力，而且具有独立判断、行动、记忆、推理和决策的能力，能适应外部对象、环境协调地工作，能完成更加复杂的动作，还具备故障自我诊断及修复能力。

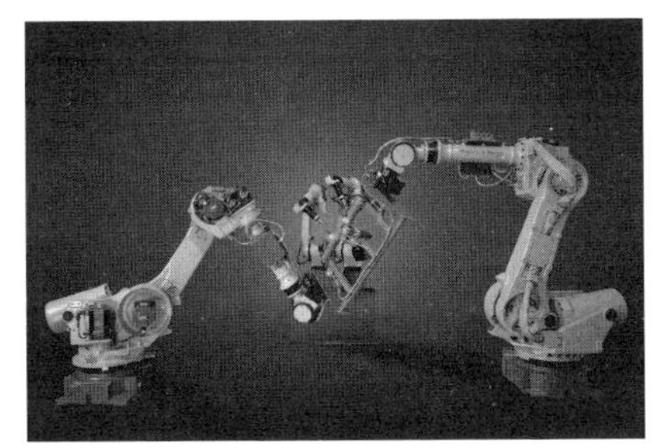

图 1-1-7　感知机器人

图 1-1-8　智能机器人

2. 按机器人的机构特征划分

工业机器人的机械配置形式多种多样，典型机器人的机构运动特征是用其坐标特征来描述的。按基本动作机构，工业机器人通常可分为直角坐标机器人、柱面坐标机器人、球面坐标机器人和关节型机器人等类型。

（1）直角坐标机器人

直角坐标机器人具有空间上相互垂直的多个直线移动轴，通常为 3 个，如图 1-1-9 所示，通过直角坐标方向的 3 个独立自由度确定其手部的空间位置，其动作空间为一长方体。直角坐标机器人结构简单，定位精度高，空间轨迹易于求解；但其动作范围相对较小，设备的空间因数较低，实现相同的动作空间要求时，机体本身的体积较大。

（2）柱面坐标机器人

柱面坐标机器人主要由旋转基座、垂直移动轴和水平移动轴构成，如图 1-1-10 所示。其具有一个回转和两个平移自由度，动作空间成圆柱体。这种机器人结构简单、刚性好，但缺点是在机器人的动作范围内，必须有沿轴线前后方向的移动空间，空间利用率较低。

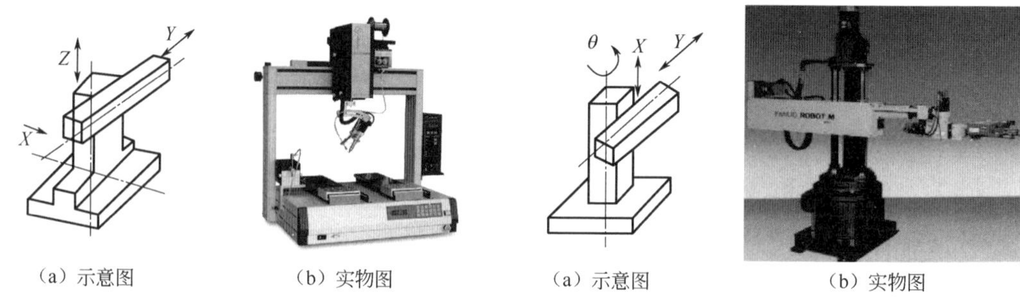

（a）示意图　（b）实物图

图 1-1-9　直角坐标机器人

（a）示意图　（b）实物图

图 1-1-10　柱面坐标机器人

（3）球面坐标机器人

球面坐标机器人如图 1-1-11 所示，其空间位置分别由旋转、摆动和平移 3 个自由度确定，动作空间形成球面的一部分。其机械手能够前后伸缩移动、在垂直平面上摆动，以及绕底座在水平面上移动。著名的 Unimate 机器人就属于这种类型。其特点是结构紧凑，所占空间体积小于直角坐标和柱面坐标机器人，但仍大于关节型机器人。

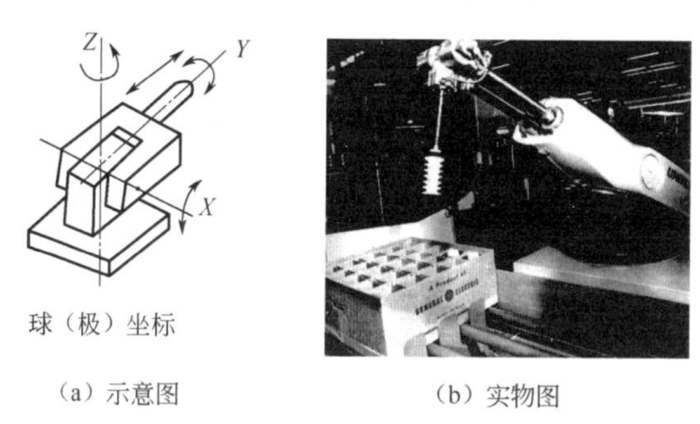

（a）示意图　（b）实物图

图 1-1-11　球面坐标机器人

（4）关节型机器人

关节型机器人由多个旋转和摆动机构组合而成。这类机器人结构紧凑、工作空间大、动作最接近人的动作，对涂装、装配、焊接等多种作业都有良好的适应性，应用范围越来越广。不少著名的机器人都采用了这种形式，其摆动方向主要有铅垂方向和水平方向两种，因此这类机器人又可分为垂直多关节机器人和水平多关节机器人。如美国 Unimation 公司 20 世纪 70 年代末推出的机器人 PUMA 就是一种垂直多关节机器人，而日本山梨大学研制的机器人 SCARA 则是一种典型的水平多关节机器人。目前世界工业界装机最多的工业机器人是 SCARA 型 4 轴机器人和串联关节型垂直 6 轴机器人。

① 垂直多关节机器人。垂直多关节机器人模拟人类的手臂功能，由垂直于地面的腰部旋转轴（相对于大臂旋转的肩部旋转轴）、带动小臂旋转的肘部旋转轴及小臂前端的手腕等构成。手腕通常由 2～3 个自由度构成。其动作空间近似一个球体，所以也称为多关节球面机器人，如图 1-1-12 所示。其优点是可以自由地实现三维空间的各种姿势，可以生成各种复杂形状的轨迹。相对机器人的安装面积，其动作范围很宽。缺点是结构刚度较低，动作的绝对位置精

度较低。

② 水平多关节机器人。水平多关节机器人在结构上具有串联配置的两个能够在水平面内旋转的手臂，其自由度可以根据用途选择 2～4 个，动作空间为一圆柱体，如图 1-1-13 所示。其优点是在垂直方向上的刚性好，能方便地实现二维平面的动作，在装配作业中得到普遍应用。

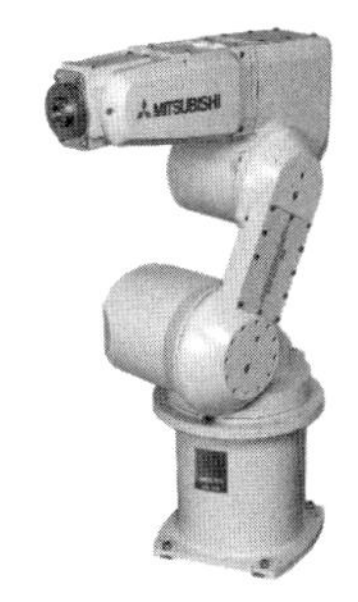

图 1-1-12　垂直多关节机器人

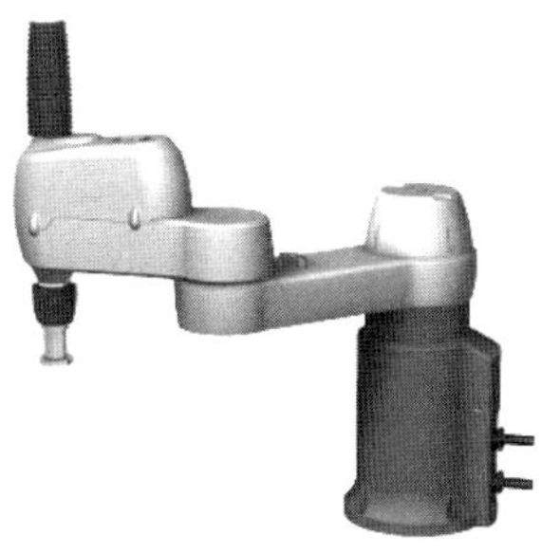

图 1-1-13　水平多关节机器人

四、工业机器人的应用

工业机器人是集机械、电子、控制、计算机、传感器、人工智能等多学科先进技术于一体的现代制造业重要的自动化装备。在国外，工业机器人技术日趋成熟，已经成为一种标准设备而得到工业界的广泛应用，从而也形成了一批在国际上较有影响力的知名工业机器人公司。

根据国际机器人联合会（IFR）的数据，2011 年是工业机器人自 1961 年创始以来发展最快的一年，全球市场销量 166 028 台，同比增长 38%。而 2011 年是中国市场增幅最大的一年，销售量达 22 577 台，较 2010 年实现了 50.7%的增长。中国拥有的工业机器人数量和密度与日本、美国和德国等国家仍有很大差距。在绝对数量上，中国的机器人数量仅为日本的 24%、美国的 39%、德国的 47%；在工业机器人应用最多的汽车行业，每万名工人当中中国机器人数量只有 141 台，而日本有 1 584 台，德国有 1 176 台，美国有 1 104 台。从这个角度看，工业机器人在中国的缺口很大。

自 1969 年，美国通用汽车公司用 21 台工业机器人组成了焊接轿车车身的自动生产线后，各工业发达国家都非常重视研制和应用工业机器人。进而也相继形成一批在国际上较有影响力的著名的工业机器人公司。这些公司目前在中国的工业机器人市场也处于领先地位，主要分为日系和欧系两种。具体来说，又可分成“四大”和“四小”两个阵营：“四大”即为瑞典 ABB、日本 FANUC 及 YASKAWA、德国 KUKA；“四小”为日本 OTC、PANASONIC、NACHI 及 KAWASAKI。其中，日本 FANUC 与 YASKAWA、瑞典 ABB 这 3 家企业在全球机器人销量均突破了 20 万台，KUKA 机器人的销量也突破了 15 万台。国内也涌现了一批工业机器人厂商，这些厂商中既有像沈阳新松这样的国内机器人技术的领先者，也有像南京埃斯顿、广州数控这些伺服、数控系统厂商。如图 1-1-14 所示，展示了近年来工业机器人行业应用分布情况，当今世界近 50%的工业机器人集中使用在汽车领域，主要进行搬运、码垛、焊接、涂装和装配等复杂作业。

（1）机器人搬运

搬运作业是指用一种设备握持工件，从一个加工位置移到另一个加工位置。搬运机器人可安装不同的末端执行器（如机械手爪、真空吸盘、电磁吸盘等）以完成各种不同形状和状

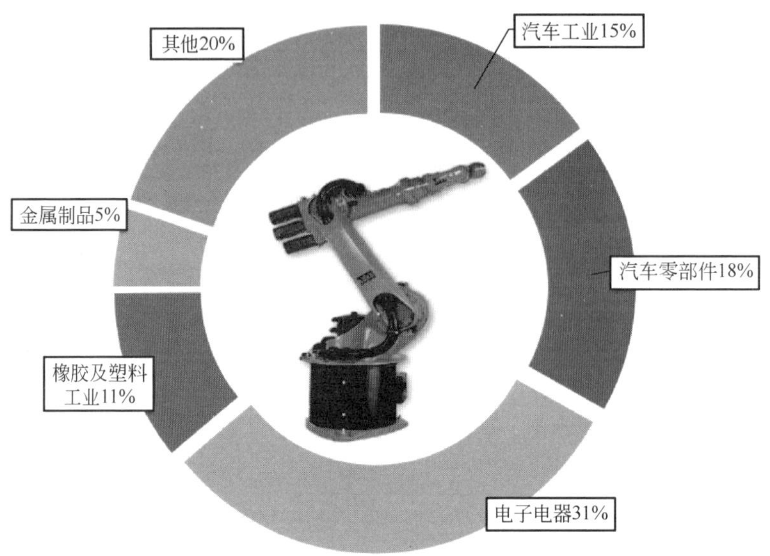

图 1-1-14 近年来工业机器人行业应用分布情况

态的工件搬运，大大减轻了人类繁重的体力劳动。通过编程控制，可以让多台机器人配合各个工序不同设备的工作时间，实现流水线作业的最优化。搬运机器人具有定位准确、工作节拍可调、工作空间大、性能优良、运行平稳及维修方便等特点。目前世界上使用的搬运机器人已超过 10 万台，广泛应用于机床上下料、自动装配流水线、码垛搬运、集装箱等自动搬运，机器人搬运机床上下料如图 1-1-15 所示。

（2）机器人码垛

码垛机器人是机电一体化高新技术产品，如图 1-1-16 所示。它可满足中低量的生产需要，也可按照要求的编组方式和层数，完成对料带、胶块、箱体等各种产品的码垛。机器人替代人工搬运、码垛，能迅速提高企业的生产效率和产量，同时能减少人工搬运造成的错误。码垛机器人可全天候作业，由此每年能节约大量的人力资源成本，达到减员增效目的。码垛机器人广泛应用于化工、饮料、食品、啤酒、塑料等生产企业，对纸箱、袋装、罐装、啤酒箱、瓶装等各种形状的包装成品作业都适用。

图 1-1-15 机器人搬运机床上下料

（3）机器人焊接

机器人焊接是目前最大的工业机器人应用领域（如工程机械、汽车制造、电力建设、钢结构等）。焊接机器人能在恶劣的环境下连续工作并能提供稳定的焊接质量，提高了工作效率，减轻了工人的劳动强度。采用机器人焊接是焊接自动化的革命性进步，突破了焊接刚性自动化（焊接专机）的传统方式，开拓了一种柔性自动化生产方式，实现了在一条焊接机器人生产线同时自动生产若干种焊件，如图 1-1-17 所示。

（4）机器人涂装

机器人涂装工作站或生产线充分利用了机器人灵活、稳定、高效的特点，适用于生产量大、产品型号多、表面形状不规则的工件外表面涂装，广泛应用于汽车及汽车零配件（如发

动机、保险杠、变速箱、弹簧、板簧、塑料件、驾驶室等）、铁路（如客车、机车、油罐车等）、家电（如电视机、电冰箱、洗衣机、电脑、手机等）、建材（如卫生陶瓷）、机械（如电动机减速器）等行业。机器人涂装如图 1-1-18 所示。

图 1-1-16　码垛机器人

图 1-1-17　机器人焊接

（5）机器人装配

装配机器人是柔性自动化系统的核心设备，机器人装配如图 1-1-19 所示。其末端执行器为适应不同的装配对象而被设计成各种“手爪”，传感系统用于获取装配机器人与环境和装配对象之间相互作用的信息。与一般工业机器人相比，装配机器人具有精度高、柔性好、工作范围小、能与其他系统配套使用等特点，主要应用于各种电器的制造行业及流水线产品的组装作业，具有高效、精确、可不间断工作的特点。

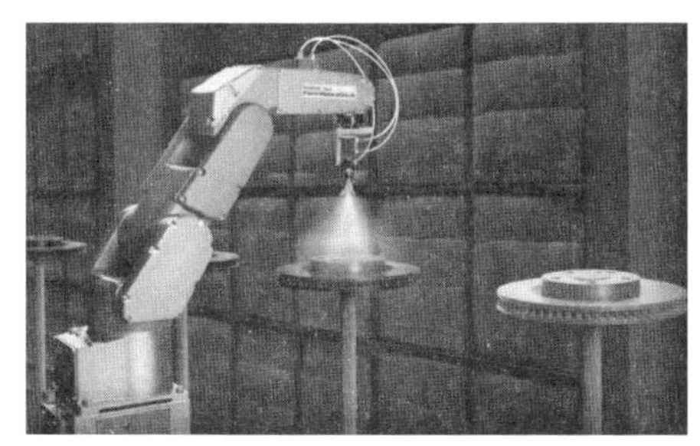

图 1-1-18　机器人涂装

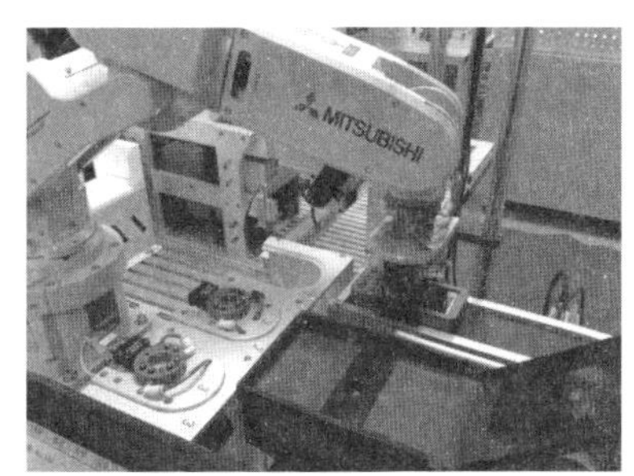

图 1-1-19　机器人装配

综上所述，在工业生产中应用机器人，可以方便、迅速地改变作业内容或操作方式，以满足生产要求的变化。例如，改变焊缝轨迹，改变涂装位置，变更装配部件或位置等。随着对工业生产线柔性的要求越来越高，对各种机器人的需求也会越来越强烈。

五、工业机器人的安全使用

工业机器人与一般的自动化设备不同，可在动作区域范围内高速自由运动，最高运行速度可达 4m/s，所以在操作工业机器人时必须严格遵守操作规程，并熟知安全注意事项。

1. 安全注意事项

（1）工业机器人所有操作人员必须对自己的安全负责，在使用机器人时必须遵守所有的安全条款，规范操作。

（2）工业机器人的编程人员、应用系统的设计和调试人员、安装人员必须接受授权培训机构的操作培训后，才可进行单独操作。

（3）在进行工业机器人的安装、维修和保养时切记要关闭总电源。带电操作容易造成电路短路而损坏机器人，或使操作人员有触电危险。

（4）在调试与运行工业机器人时，由于机器人的动作具有不可预测性，所有动作都有可能产生碰撞而造成伤害，所以除调试人员以外的所有人员要与机器人保持足够的安全距离，一般应与机器人工作半径保持 1.5m 以上的距离。

2. 安全操作规程

（1）示教和手动机器人

① 请不要佩戴手套操作示教器和操作盘。

② 在点动操作机器人时要采用较低的倍率速度以增加对机器人的控制机会。

③ 在按下示教器上的点动键之前要考虑到机器人的运动趋势。

④ 要预先考虑好避让机器人的运动轨迹，并确认该线路不受干涉。

⑤ 机器人周围区域必须清洁，无油、水及杂质等。

⑥ 必须确认现场人员情况，安全帽、安全鞋、工作服是否齐备。

（2）生产运行

① 在开机运行前，须知道机器人根据所编程序将要执行的全部任务。

② 必须知道所有能控制机器人移动的开关、传感器和控制信号的位置和状态。

③ 必须知道机器人控制器和外围控制设备上紧急停止按钮的位置，准备在紧急情况下按这些按钮。

④ 永远不要认为机器人没有移动其程序就已经完成。因为这时机器人很有可能是在等待让它继续移动的输入信号。

3. 工业机器人安全使用规则

（1）安全教育的实施

示教作业等必须由受过操作训练的人员操作使用。（不切断电源的保养作业也相同）

（2）作业规程的编制

将示教作业按照机器人的操作方法及步骤，异常时、再启动时的处理方法等编制成相关的作业规程，并遵守规章内容。（不切断电源的保养作业也相同）

（3）紧急停止开关的设定

示教作业须设定为可立即停止运转中的装置。（不切断电源的保养作业也相同）

（4）示教作业中的表示

示教作业中须将“示教作业中”的标示放置在启动开关上。（不切断电源的保养作业也相同）

（5）安全栅栏的设置

运转中须确认使用围篱或栅栏将操作人员与机器人隔离，防止直接接触设备。

（6）运转开始信号

运转开始，须对相关人员发出运转开始信号，请参照相关方法进行设置。

（7）维护作业中的表示

维护作业原则上须中断电源进行，并将“维护作业中”的标示放置在启动开关上。

（8）作业开始前的检查

作业开始前须详细检查，确认机器人及紧急停止开关、相关装置等无异常状况。

4．工业机器人操作注意事项

（1）使用多个控制器（GOT、PLC、按钮开关）控制机器人自动运转时，各控制器操作权等的互锁须由客户端自行设计。

（2）应在规范环境（温度、湿度、空气、噪声环境等状况）中使用机器人，否则容易造成设备故障。

（3）应按照机器人指定的搬运姿势搬运或移动机器人，否则有可能因为掉落而危害人身安全或造成设备故障。

（4）应确认将机器人固定在底座上，不稳定的姿势有可能产生位置偏移或发生振动。

（5）电线是产生噪声的原因，应尽可能将配线拉开距离，太过接近有可能造成位置偏移及错误动作。

（6）请勿用力拉扯接头或过度卷曲电线，否则有可能造成接触不良及电线断裂。

（7）夹爪所夹持的工件质量请勿超出额定负荷及容许力矩，否则有可能发生异常报警及故障。

（8）须确保夹爪、工具的取放及工件的抓握牢固，否则运转过程中工件有可能甩开而导致人员及物品损伤。

（9）须确认机器人及控制器的接地状态，否则容易造成机器人因为噪声而做出错误动作或导致触电事故发生。

（10）机器人在运动中时须标示为“运转状态”，否则容易导致人员接近或有错误的操作。

（11）在机器人的动作范围内进行示教作业时，请务必确保操作人员对机器人的控制有优先权，否则由外部指令使机器人启动，有可能造成人员及物品损伤。

（12）JOG（点动）速度应尽量设置为低速，并请勿在操作中将视线离开机器人，否则容易干涉工件及周边装置。

（13）自动运行程序前，请务必确认每一步的运转动作，否则有可能发生程序错误及周边装置干涉。

（14）自动运转中安全栅栏的出入口门打开状态被锁定时，机器人会自动停止，否则会造成人员受伤。

（15）请勿私自做机械改造或使用非指定的零件，否则可能导致设备故障或损坏。

（16）从外部用手推动机器人手臂时，请勿将手放入开口部位，否则有可能会夹伤手部。

（17）在机器人自动运转中，请勿用关闭机器人控制器主电源的方式使机器人停止或紧急停止，否则有可能使机器人的精度受到影响，且有可能发生手臂掉落或松动而干涉周边装置的情况。

（18）重写控制器内的程序或参数等内部资料时，请勿关闭控制器主电源，否则有可能破坏控制器的内部资料。

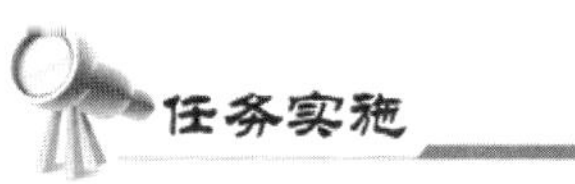

一、任务准备

实施本任务教学所使用的实训设备及工具材料见表 1-1-1。

表 1-1-1　实训设备及工具材料

序号	分类	名称	型号规格	数量	单位	备注
1	工具	电工常用工具		1	套	
2	设备器材	工业机器人	ABB 型号自定	1	套	
3		工业机器人	KUKA 型号自定	1	套	
4		工业机器人	FANUC 型号自定	1	套	
5		工业机器人	YASKAWA 型号自定	1	套	
6		工业机器人	自定	1	套	

二、观看工业机器人在工厂自动化生产线中的应用录像

记录工业机器人的品牌及型号，并查阅相关资料，了解工业机器人的类型、品牌和应用等，填写于表 1-1-2 中。

表 1-1-2　观看工业机器人在工厂自动化生产线中的应用录像记录表

序号	类型	品牌及型号	应用场合
1	搬运机器人		
2	码垛机器人		
3	装配机器人		
4	焊接机器人		
5	涂装机器人		

三、参观工厂、实训室

参观实训室，工业机器人基础操作实训室如图 1-1-20 所示，记录工业机器人的品牌及型号，并查阅相关资料，了解工业机器人的主要技术指标及特点，填写于表 1-1-3 中。

图 1-1-20　工业机器人基础操作实训室

表 1-1-3　参观工厂、实训室记录表

序号	品牌及型号	主要技术指标	特点
1			
2			
3			

四、教师演示工业机器人的操作过程，并说明操作过程的注意事项

五、在教师的指导下，学生分组进行简单的机器人操作练习

任务测评

对任务实施的完成情况进行检查，并将结果填入表 1-1-4。

表 1-1-4　任务测评表

序号	主要内容	考核要求	评分标准	配分	扣分	得分
1	观看录像	正确记录工业机器人的品牌及型号，正确描述主要技术指标及特点	1. 记录工业机器人的品牌、型号有错误或遗漏，每处扣 5 分 2. 描述主要技术指标及特点有错误或遗漏，每处扣 5 分	20		
2	参观工厂	正确记录工业机器人的品牌及型号，正确描述主要技术指标及特点	1. 记录工业机器人的品牌、型号有错误或遗漏，每处扣 5 分 2. 描述主要技术指标及特点有错误或遗漏，每处扣 5 分	20		
3	机器人操作练习	1. 观察机器人操作过程，能说出工业机器人的安全注意事项、安全使用原则和操作注意事项 2. 能正确进行工业机器人的操作	1. 不能说出工业机器人的安全注意事项，扣 20 分 2. 不能说出工业机器人的安全使用原则，扣 20 分 3. 不能说出工业机器人的操作注意事项，扣 20 分 4. 不能根据控制要求，完成工业机器人的简单操作，扣 50 分	50		
4	安全文明生产	劳动保护用品穿戴整齐；遵守操作规程；讲文明懂礼貌；操作结束要清理现场	1. 操作中，违犯安全文明生产考核要求的任何一项扣 5 分，扣完为止 2. 当发现学生有重大事故隐患时，要立即予以制止，并每次扣安全文明生产总分 10 分	10		
合　计						
开始时间：			结束时间：			

巩固与提高

一、填空题

1. 按照机器人的技术发展水平，可以将工业机器人分为 3 代，即____________机器人、________机器人和________机器人。

2. 按工业机器人的结构坐标系特点分，机器人分为__________、__________、________、

__________4 种。

3．工业机器人基本特征是______、____________、_________、__________。

二、选择题

1．按工业机器人结构坐标系特点分为（　　）。

①直角坐标型机器人　　②圆柱坐标型机器人

③极坐标型机器人　　④多关节坐标型机器人

A．①③　　B．②③　　C．①②④　　D．①②③④

2．目前，近 50%的工业机器人应用在（　　）领域。

①汽车　②食品加工　③电子电器　④金属加工　⑤塑料加工

A．①　　B．②④　　C．②③　　D．①⑤

3．国际上机器人四巨头指的是（　　）。

①瑞典 ABB　②日本 FANUC　③日本 YASKAWA　④德国 KUKA　⑤日本 OTC

A．①②③④　　B．①②③⑤　　C．②③④⑤　　D．①③④⑤

三、简答与分析题

1．请阐述工业机器人的应用实例，并根据实际分析近 5 年当地工业机器人的发展情况。

2．工业机器人机械系统总体设计主要包括哪几个方面的内容？

任务 2　工业机器人机械结构的认知

学习目标

✧ 知识目标

1．掌握机器人的自由度和工作空间。
2．了解机器人的系统组成。
3．掌握机器人的结构运动简图。
4．掌握关节坐标机器人机身、臂部、腕部及手部等结构特点及功能。

✧ 能力目标

1．能够根据机器人的结构组成确定其自由度。
2．能够根据机器人的结构识别机器人的运动。
3．能够根据工作需求正确选择机器人。

工作任务

工业机器人的机械结构是机器人的主要基础理论和关键技术，也是现代机械原理研究的主要内容，机器人一般由驱动系统、执行机构、控制系统 3 个基本系统，以及一些复杂的机械结构组成。通常用自由度、工作空间、额定负载、定位精度、重复精度和最大工作速度等技术指标来描述机器人的性能。

本任务主要内容是通过学习，了解有关工业机器人系统的基本组成、技术参数及运动控

制，能够熟练进行机器人坐标系和运动轴的选择，并能熟练地描述工业机器人的结构。

一、机器人结构运动简图

机器人结构运动简图是指用结构与运动符号表示机器人手臂、手腕和手指等结构及结构间的运动形式的简易图形符号，机器人结构运动简图列表见表 1-2-1。

表 1-2-1　机器人结构运动简图列表

序号	运动和结构机能	结构运动符号	图例说明	备注
1	移动 1			
2	移动 2			
3	摆动 1	(a) (b)		绕摆动轴旋转角度小于 360°（b）是（a）的侧向图形符号
4	摆动 2	(a) (b)		绕摆动轴 360° 旋转（b）是（a）的侧向图形符号
5	回转 1			一般用于表示腕部回转
6	回转 2			一般用于表示机身回转
7	钳爪式手部			
8	磁吸式手部			
9	气吸式手部			
10	行走机构			
11	底座固定			

机器人结构运动简图能够更好地分析和记录机器人的各种运动和运动组合，可简单清晰地表明机器人的运动状态，有利于鲜明对比机器人的设计方案。

二、工业机器人的运动自由度

1. 自由度的概念

描述物体相对于坐标系进行独立运动的数目称为自由度。物体在三维空间有 6 个自由度，

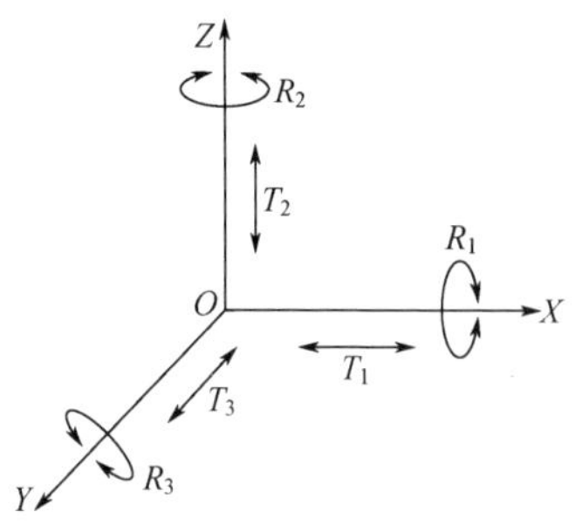

图 1-2-1　物体三维空间自由度

物体三维空间自由度如图 1-2-1 所示。

2．工业机器人的自由度

机器人的自由度是指描述机器人本体（不含末端执行器）相对于基坐标系（机器人坐标系）进行独立运动的数目。机器人的自由度表示机器人动作灵活的尺度，一般以轴的直线运动、摆动或旋转动作的数目来表示。

在机器人结构中，两相邻连杆之间有一个公共的轴线，两杆之间允许沿该轴线相对移动或绕该轴线相对转动，构成一个运动副，也称为关节。机器人关节的种类决定了机器人的运动自由度，移动关节、转动关节、球面关节和虎克铰关节是机器人结构中经常使用的关节类型。

如图 1-2-2 所示是工业机器人的关节类型自由度的表示方法。

移动关节——用字母 P 表示，它允许两相邻连杆沿关节轴线做相对移动，这种关节具有 1 个自由度，如图 1-2-2（a）所示。

转动关节——用字母 R 表示，它允许两相邻连杆绕关节轴线做相对转动，这种关节具有 1 个自由度，如图 1-2-2（b）所示。

球面关节——用字母 S 表示，它允许两连杆之间有三个独立的相对转动，这种关节具有 3 个自由度，如图 1-2-2（c）所示。

虎克铰关节——用字母 T 表示，它允许两连杆之间有两个相对转动，这种关节具有 2 个自由度，如图 1-2-2（d）所示。

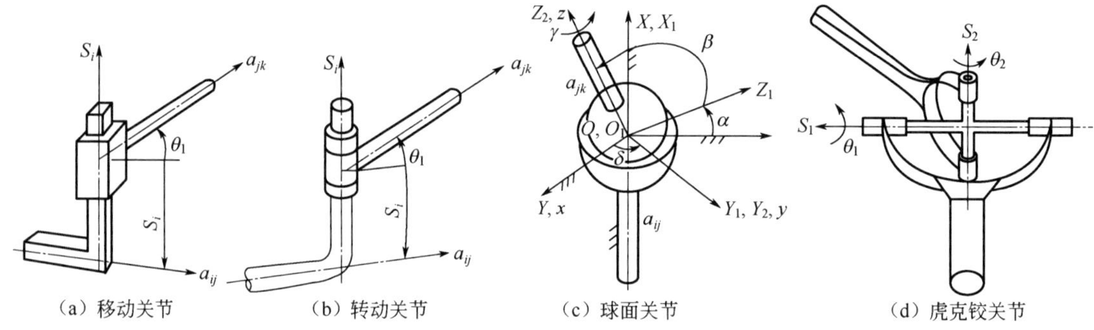

图 1-2-2　工业机器人关节类型自由度的表示方法

（1）直角坐标机器人的自由度

如图 1-2-3 所示，直角坐标机器人臂部具有 3 个自由度。其移动关节各轴线相互垂直，使臂部可沿 *X*，*Y*，*Z* 三个自由度方向移动，构成直角坐标机器人的 3 个自由度。这种形式的机器人主要特点是结构刚度大，关节运动相互独立，操作灵活性差。

（2）圆柱坐标机器人的自由度

如图 1-2-4 所示，5 轴圆柱坐标机器人有 5 个自由度。臂部可沿自身轴线伸缩移动、可绕机身垂直轴线回转，以及沿机身轴线上下移动，构成 3 个自由度；另外，臂部、腕部和末端执行器三者间采用 2 个转动关节连接，构成 2 个自由度。

（3）球（极）坐标机器人的自由度

如图 1-2-5 所示，球（极）坐标机器人具有 5 个自由度。臂部可沿自身轴线伸缩移动、

可绕机身垂直轴线回转，并可在垂直平面内上下摆动，构成 3 个自由度；另外，臂部、腕部和末端执行器三者间采用 2 个转动关节连接，构成 2 个自由度。这类机器人的灵活性好，工作空间大。

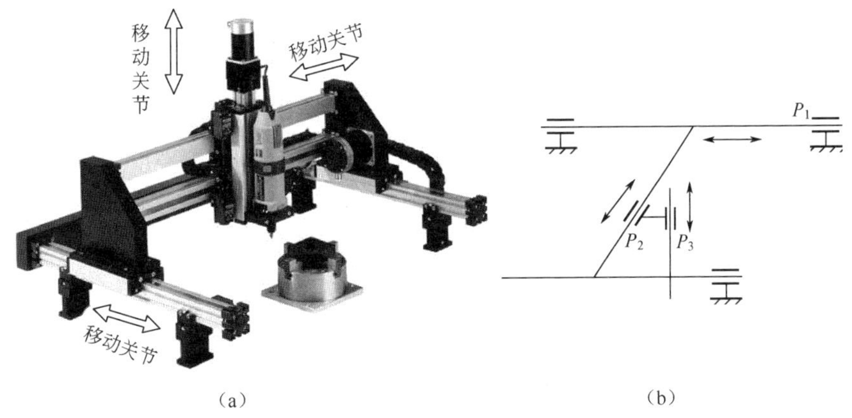

图 1-2-3　直角坐标机器人及自由度

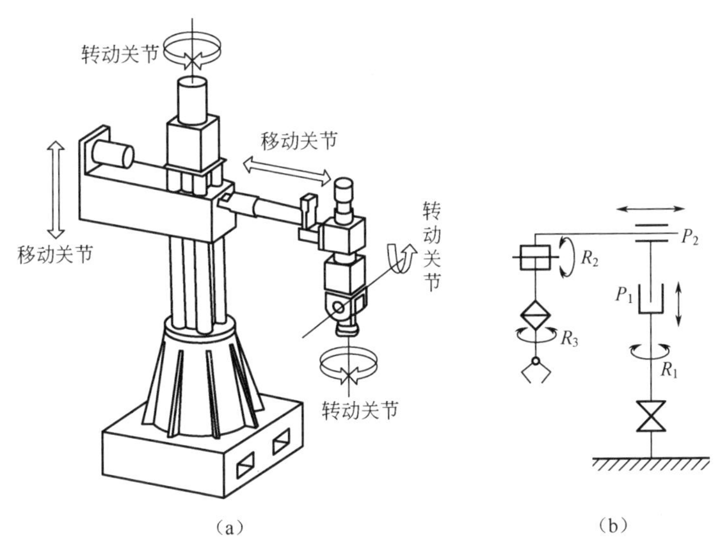

图 1-2-4　圆柱坐标机器人及自由度

（4）关节机器人的自由度

关节机器人的自由度与关节机器人的轴数和关节形式有关，现以常见的 SCARA 平面关节机器人和 6 轴关节机器人为例进行说明。

① SCARA 型平面关节机器人。

SCARA 型平面关节机器人有 4 个自由度，如图 1-2-6 所示。SCARA 型平面关节机器人的大臂与机身的关节、大小臂间的关节都为转动关节，具有 2 个自由度；小臂与腕部的关节为移动关节，此关节处具有 1 个自由度；腕部和末端执行器的关节为 1 个转动关节，具有 1 个自由度，实现末端执行器绕垂直轴线的旋转。这种机器人适用于平面定位，在垂直方向进行装配作业。

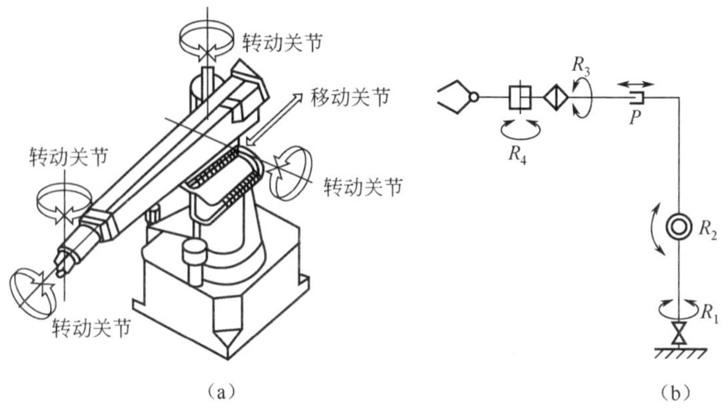

图 1-2-5 球（极）坐标机器人及自由度

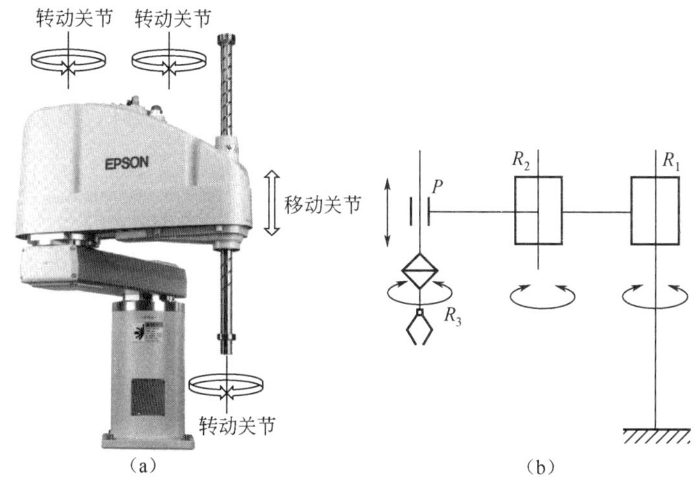

图 1-2-6 SCARA 型平面关节机器人及自由度

② 6 轴关节机器人。

6 轴关节机器人有 6 个自由度，如图 1-2-7 所示。6 轴关节机器人的机身与底座的腰关节、大臂与机身处的肩关节、大小臂间的肘关节，以及小臂、腕部和手部三者之间的三个腕关节，都是转动关节，因此该机器人具有 6 个自由度。这种机器人动作灵活，结构紧凑。

（5）并联机器人的自由度

并联机器人是由并联方式驱动的闭环机构组成的机器人。Gough-Stewart 并联机构和由此机构构成的机器人是典型的并联机器人，如图 1-2-8 所示。与开链式工业机器人的自由度不同，并联机器人不能通过结构关节自由度的个数得出，而通过公式计算其自由度数。

$$F = 6(l - n + 1) + \sum_{i=1}^{n} f_i$$

式中 F——机器人自由度数；

l——机构连杆数；

n——结构的关节总数；

f_i——第 i 个关节的自由度数。

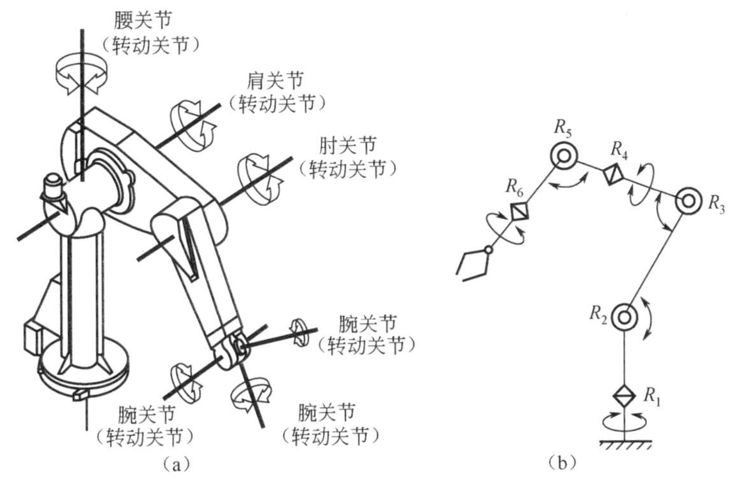

图 1-2-7　6 轴关节机器人及自由度

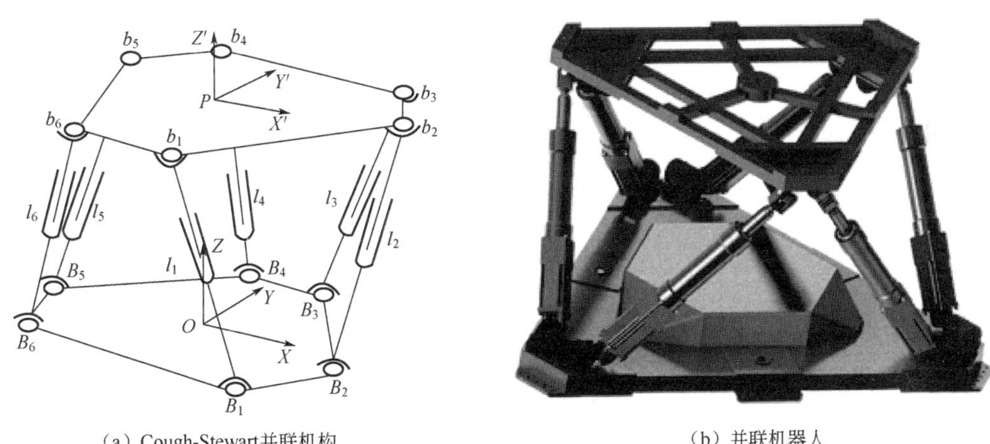

（a）Cough-Stewart并联机构　　（b）并联机器人

图 1-2-8　Gough-Stewart 并联机构和并联机器人

并联机器人具有无累计误差、精度高、刚度大、承载能力强、速度高、动态响应好、结构紧凑、工作空间较小等特点。根据这些特点，并联机器人在需要高刚度、高精度或者大载荷而不需要很大空间的领域内得到了广泛应用。

三、工业机器人的坐标系

工业机器人的运动实质是根据不同作业内容和轨迹的要求，在各种坐标系下的运动。工业机器人的坐标系主要包括基坐标系、关节坐标系、工件坐标系及工具坐标系，如图 1-2-9 所示。

1．基坐标系

基坐标系是机器人其他坐标系的参照基础，是机器人示教与编程时经常使用的坐标系之一，它的位置没有硬性的规定，一般定义在机器人安装面与第一转动轴的交点处。

2．关节坐标系

关节坐标系的原点位置在机器人关节中心点处，反映了该关节处每个轴相对该关节坐标系原点位置的绝对角度。

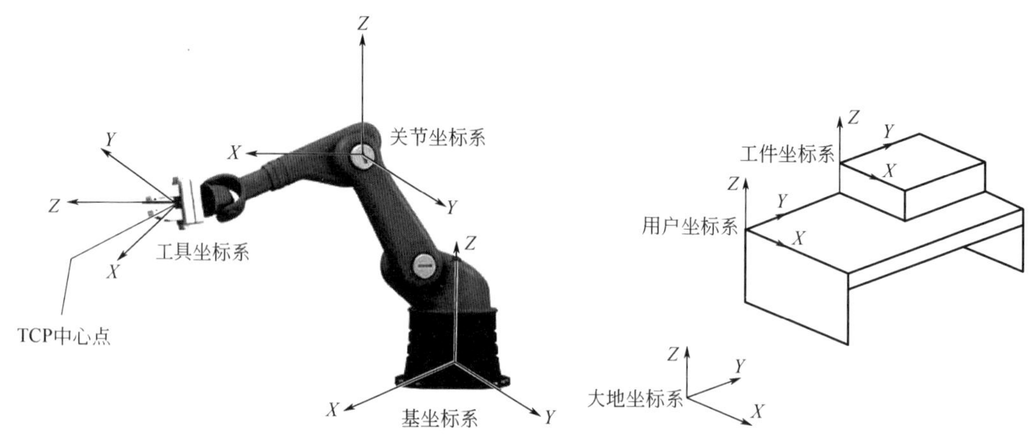

图 1-2-9 工业机器人坐标系

3. 工件坐标系

工件坐标系是用户自定义的坐标系，用户坐标系也可以定义为工件坐标系，可根据需要定义多个工件坐标系，当配备多个工作台时，选择工件坐标系操作更为简单。

4. 工具坐标系

工具坐标系是原点设置在机器人末端的工具中心点（Tool Center Point，TCP）处的坐标系，原点及方向都是随着末端位置与角度不断变化的，该坐标系实际是将基坐标系通过旋转及位移变化而来的。因为工具坐标系的移动，以工具的有效方向为基准，与机器人的位置、姿势有关，所以进行相对于工件不改变工具姿势的平行移动最为适宜。

四、工业机器人的工作空间

1. 工作空间的概念

（1）工作空间

机器人正常运行时，末端执行器工具中心点 TCP 活动的空间范围。这一空间又称可达空间或总工作空间，记为 $W(p)$。

（2）灵活工作空间

在总工作空间内，末端执行器以任意动作达到的点所构成的工作空间，记为 $W_p(p)$。

（3）次工作空间

次工作空间是指总工作空间中去掉灵活工作空间所余下的部分，记为 $W_s(p)$。根据定义，有

$$W(p)=W_p(p)+W_s(p)$$

（4）奇异形位

奇异形位是指总工作空间 $W(p)$ 边界面上的点所对应的机器人的位置和姿势。

灵活工作空间内点的灵活程度受到操作机结构的影响，通常分为两类。

① Ⅰ类——末端执行器以全方位达到的点所构成的灵活空间，表示为 $W_{p1}(p)$。

② Ⅱ类——只能以有限个方位达到的点所构成的灵活空间，表示为 $W_{p2}(p)$。

（5）举例

如图 1-2-10 所示为 3R 操作机工作空间示意图，由三杆 L_1，L_2 和 H 组成，且 $L_1>L_2+H$。取手心点 P 为末端执行器的参考点，令 l_1，l_2 分别为 L_1，L_2 杆的长度，h 为取手心点 P 到关节点 O_3 的长度（即 H 杆的长度），则得出以下内容。

① 圆 C_1 半径：$R_1=l_1+l_2+h$（如图 1-2-10 所示的极限位置 1）。圆 C_4 半径：$R_4=l_1-l_2-h$（如图 1-2-10 所示的极限位置 3）。分别是该操作机的总工作空间的边界，它们之间的环形面积即 W（p）。

② 圆 C_2 半径：$R_2=l_1+l_2-h$（如图 1-2-10 所示的极限位置 2）。圆 C_3 半径：$R_3=l_1-l_2+h$（如图 1-2-10 所示的极限位置 4）。分别是该灵活工作空间的边界，它们之间的环形面积即 W_p（p）。

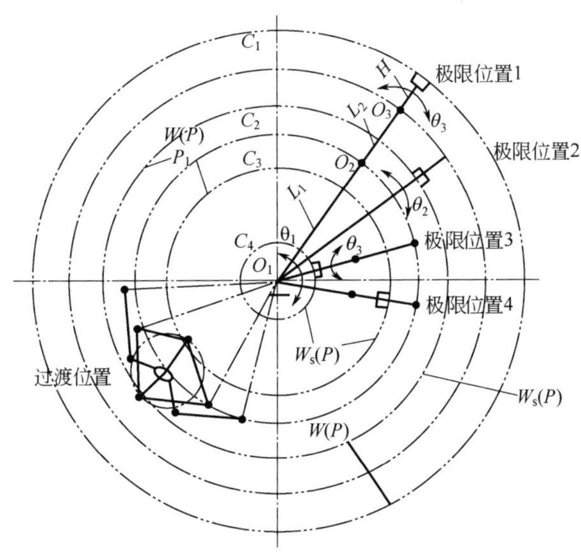

图 1-2-10　3R 操作机工作空间示意图

结论：

① W_p（p）中的任意点为全方位可达点。

② 在 C_1 和 C_4 圆上的任意点，只可实现沿该圆的切线方向运动。

③ 末杆 H 越长，即 h 越大，C_1 越大，C_4 越小，总工作空间越大；但相应灵活工作空间则由于 C_2 的增大和 C_3 的减小而减小。

④ 工作空间同时受关节的转角限制。

2．工作空间的两个基本问题

（1）正问题

给出某一结构形式和结构参数的操作机，以及关节变量的变化范围，求工作空间的方式称为工作空间的正问题。

（2）逆问题

给出某一限定的工作空间，求操作机的结构形式、参数和关节变量的变化范围的方式，称为工作空间的逆问题。

3. 图解法确定工作空间

用图解法求工作空间边界，得到的往往是工作空间的各类剖截面（或剖截线），如图 1-2-11 所示，为 NB4L 型关节机器人外形尺寸与动作范围。它直观性强，便于和计算机结合，以显示操作机的构形特征。图解法获得的工作空间不仅与机器人各连杆的尺寸有关，还与机器人的总体结构有关。

在应用图解法确定工作空间边界时，需要将关节分为两组，即前三关节和后三关节（有时为两关节或单关节），前三关节称位置结构，主要确定工作空间大小，后三关节称定向结构，主要决定手部姿势。首先分别求出两组关节所形成的腕点空间和参考点在腕坐标系中的工作空间，再进行包络整合。

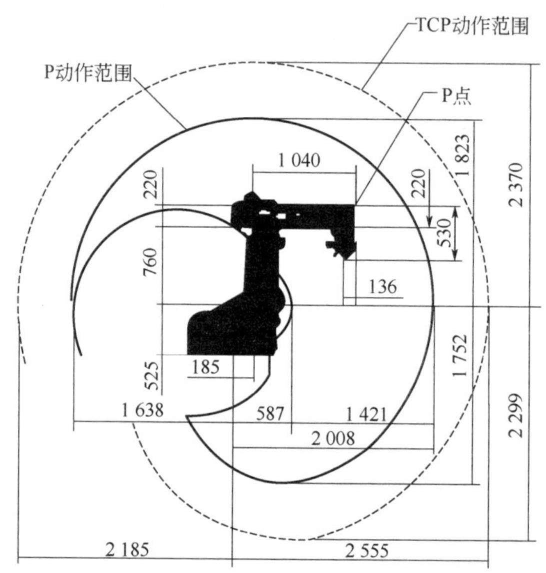

图 1-2-11　NB4L 型关节机器人外形尺寸与动作范围

五、关节机器人

关节机器人，也称关节手臂机器人或关节机械手臂，是当今工业领域中最常见的工业机器人形态之一。类似于人类的手臂，可以代替很多不适合人力完成、有害身体健康的复杂工作。

1. 关节机器人的特点

关节机器人有以下特点。

（1）有很高的自由度，适合于几乎任何轨迹或角度的工作。

（2）可以自由编程，完成全自动化的工作。

（3）提高了生产效率，降低了可控制的错误率。

（4）代替很多不适合人力完成、有害身体健康的复杂工作。

（5）价格高，初期投资成本高。

（6）生产前期的工作量大。

2. 关节机器人的分类

（1）多关节机器人

5 轴和 6 轴关节机器人是常用的多关节机器人，这类机器人拥有 5 个或 6 个旋转轴，类

似于人类的手臂。如图 1-2-12 所示为典型的 6 轴关节机器人，其应用领域有装货、卸货、喷漆、表面处理、测试、测量、弧焊、点焊、包装、装配、机加工、固定、特种装配操作、锻造、铸造等。

（2）平面关节机器人 SCARA 及类 SCARA 机器人

传统 SCARA 机器人具有 3 个互相平行的旋转轴和 1 个线性轴，平面关节机器人 SCARA 如图 1-2-13 所示，其应用领域有装货、卸货、焊接、喷漆、包装、固定、涂层、黏结、封装、特种搬运操作、装配等。

图 1-2-12　ABB IRB1520 6 轴关节机器人

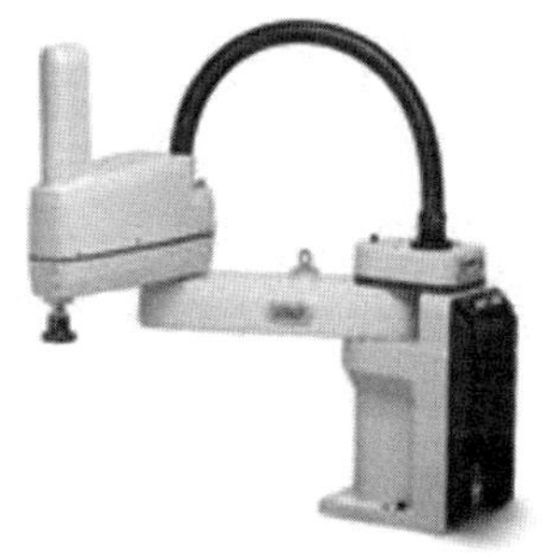

图 1-2-13　平面关节机器人 SCARA

类 SCARA 机器人为 SCARA 的变形，如图 1-2-14 所示，依然是 3 个平行的旋转轴和 1 个线性轴，不同点在于类 SCARA 机器人线性轴作为第 2 轴，而 SCARA 机器人的线性轴作为第 4 轴。

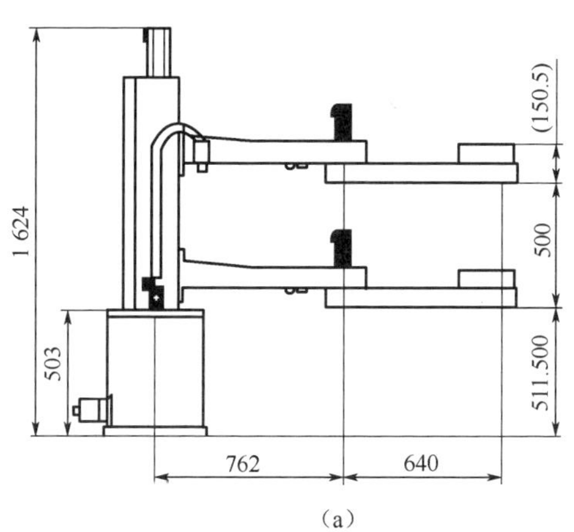

（a）

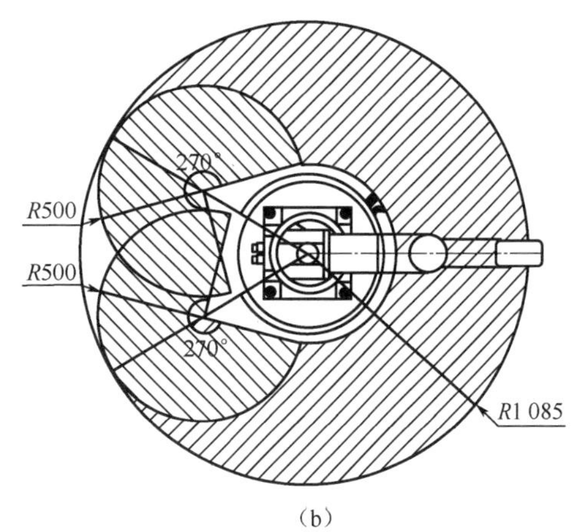

（b）

图 1-2-14　类 SCARA 机器人

目前国内新起的类 SCARA 机器人在市场上开始大量使用，类 SCARA 机器人主要用于冲压行业领域，类 SCARA 机器人的应用如图 1-2-15 所示，弥补了 SCARA 机器人作业空间小的缺点。

（3）4 轴码垛机器人

4 轴码垛机器人有 4 个旋转轴，具有机械抓手的定位锁紧装置，如图 1-2-16 所示，其应用领域有装货、卸货、包装、特种搬运操作、托盘运输等。

3．关节机器人的结构及功能

6 轴工业机器人是典型的关节机器人，如图 1-2-17 所示，J_1，J_2，J_3 为定位关节，机器人

手腕的位置主要由这三个关节决定，称为位置机构；J_4，J_5，J_6为定向关节，主要用于改变手腕姿态，称为姿态机构。

在了解关节机器人结构之前，还需要了解一下关节机器人的正方向。如图 1-2-17 所示，J_2，J_3，J_5关节以“抬起/后仰”为正，“降下/前倾”为负；J_1，J_4，J_6关节满足“右手定则”，即拇指沿关节轴线指向机器人末端，则其他四指方向为关节正方向。

图 1-2-15　类 SCARA 机器人的应用

图 1-2-16　4 轴码垛机器人

关节机器人的机械结构由 4 大部分构成：机身、臂部、腕部和手部，如图 1-2-18 所示。其中机身又称立柱，是支撑臂部的部件。关节机器人的机身和手臂的配置形式为基座式机身，屈伸式手臂。

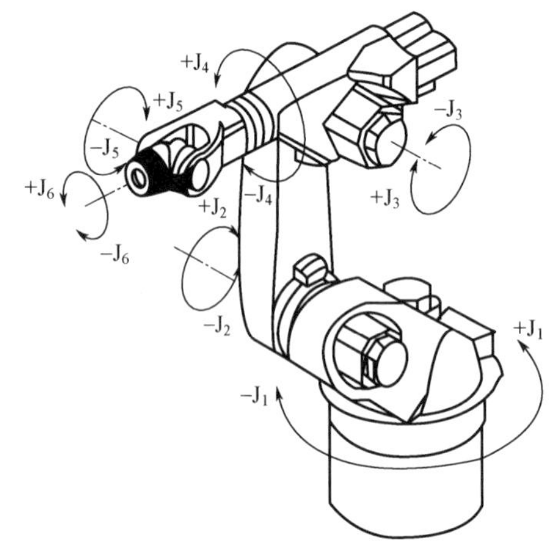

图 1-2-17　6 轴关节机器人

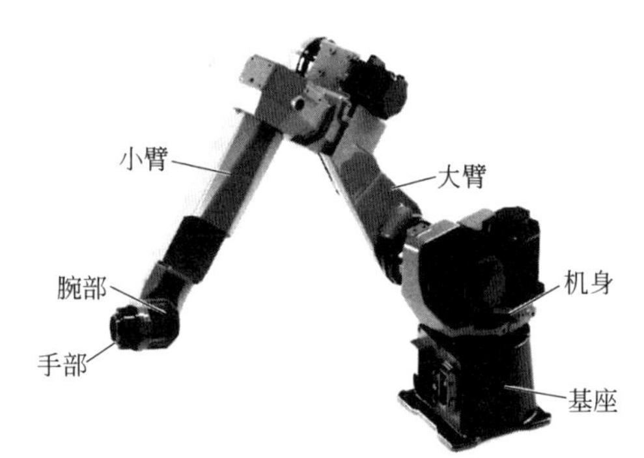

图 1-2-18　关节机器人结构

（1）机身的结构及功能

机身是连接、支撑手臂及行走机构的部件，臂部的驱动装置或传动装置安装在机身上，具有升降、回转及俯仰 3 个自由度。关节机器人主体结构的 3 个自由度均为回转运动，构成机器人的回转运动、俯仰运动和偏转运动。通常仅把回转运动归结为关节机器人的机身。

（2）臂部的结构及功能

臂部是连接机身和腕部的部件，支撑腕部和手部，带动手部及腕部在空间运动，结构类型多，受力复杂。

臂部由动力型关节、大臂和小臂组成。关节机器人以臂部各相邻部件的相对角位移为运动坐标。动作灵活、所占空间小、工作范围大，能在狭窄空间内绕过障碍物。

（3）腕部的结构及功能

腕部是臂部和手部的连接件，起支撑手部和改变手部姿势的作用，关节机器人的腕部结构有 3 种，如图 1-2-19 所示，在这 3 种腕部的结构中，以 RBR 型结构应用最为广泛，它适应于各种工作场合，其他两种结构应用范围相对较窄，如 3R 型的腕部结构主要应用在喷涂行业等。

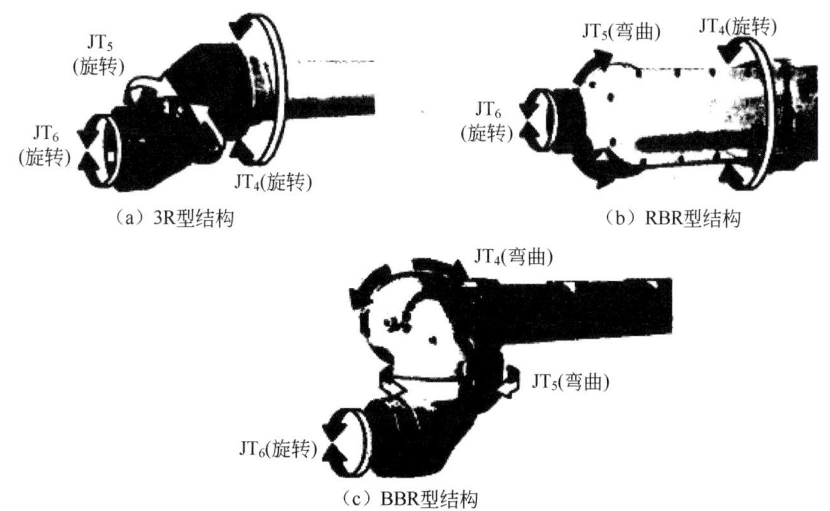

（a）3R型结构　（b）RBR型结构　（c）BBR型结构

图 1-2-19　腕部结构

为了使手部能处于空间任意方向，要求腕部能实现对空间 3 个坐标轴 *X*，*Y*，*Z* 的旋转运动，腕部坐标系如图 1-2-20 所示，便需具备腕部运动的 3 个自由度——偏转 Y（Yaw）、俯仰 P（Pitch）和翻转 R（Roll）。并不是所有的腕部都必须具备 3 个自由度，而是根据实际使用的工作性能要求来确定，如图 1-2-21（a）所示为腕部的翻转，如图 1-2-21（b）所示为腕部的俯仰，如图 1-2-21（c）所示为腕部的偏转。

图 1-2-20　腕部坐标系

4．腕部的分类

（1）按自由度分类

按自由度来分，腕部可分为单自由度腕部、二自由度腕部和三自由度腕部。

① 单自由度腕部。腕部在空间内可具有 3 个自由度，也可以具备以下单一功能。

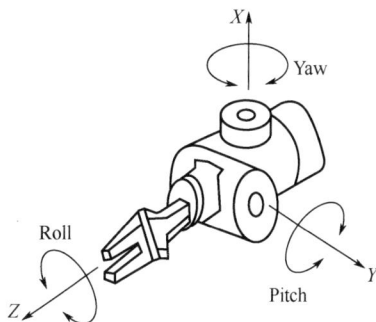

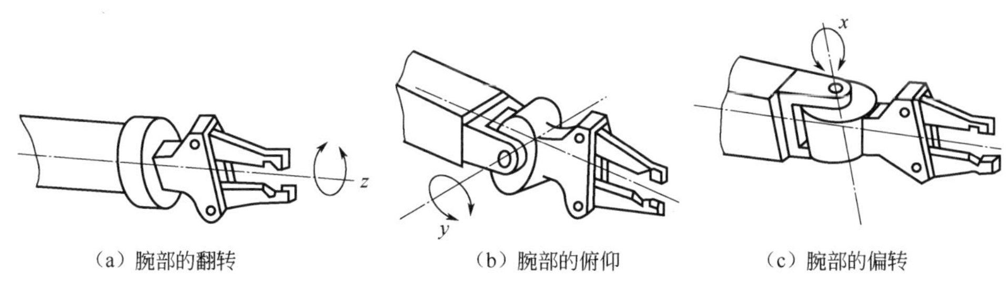

（a）腕部的翻转　（b）腕部的俯仰　（c）腕部的偏转

图 1-2-21　腕部运动

- 单一的翻转功能。腕部的关节轴线与臂部的纵轴线共线，回转角度不受结构限制，可以回转 360° 以上。该运动用翻转关节（R 关节）实现，如图 1-2-22（a）所示。
- 单一的俯仰功能。腕部关节轴线与臂部及手部的轴线相互垂直，回转角度受结构限制，通常小于 360° 。该运动用折曲关节（B 关节）实现，如图 1-2-22（b）所示。
- 单一的偏转功能。腕部关节轴线与臂部及手部的轴线在另一个方向上相互垂直，回转角度受结构限制，通常小于 360° 。该运动用折曲关节（B 关节）实现，如图 1-2-22（c）所示。

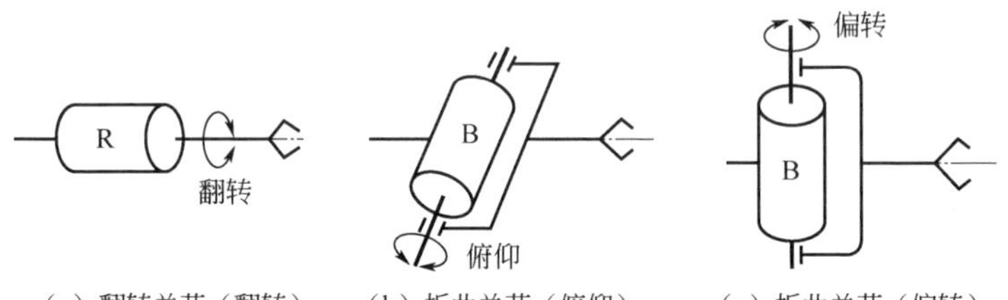

图 1-2-22　单自由度腕部

② 二自由度腕部。可以由一个 R 关节和一个 B 关节联合构成 BR 关节，二自由度腕部如图 1-2-23（a）所示；或由两个 B 关节组成 BB 关节，如图 1-2-23（b）所示。但不能由两个 RR 关节构成二自由度手腕，因为两个 R 关节的功能是重复的，实际上只起到单自由度的作用，如图 1-2-23（c）所示。

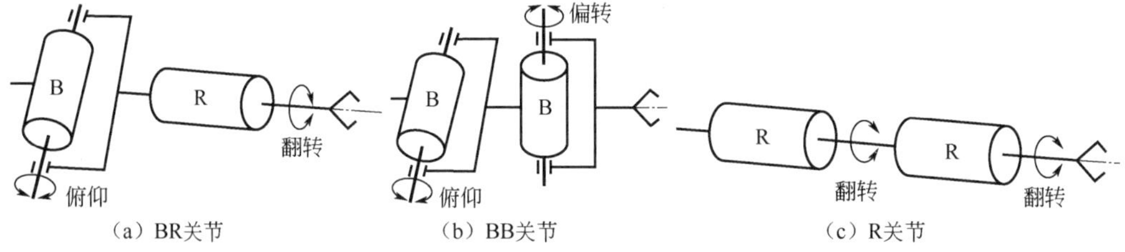

图 1-2-23　二自由度腕部

③ 三自由度腕部。由 R 关节和 B 关节的组合构成的三自由度腕部可以有多种形式，实现翻转、俯仰和偏转功能，如图 1-2-24 所示。

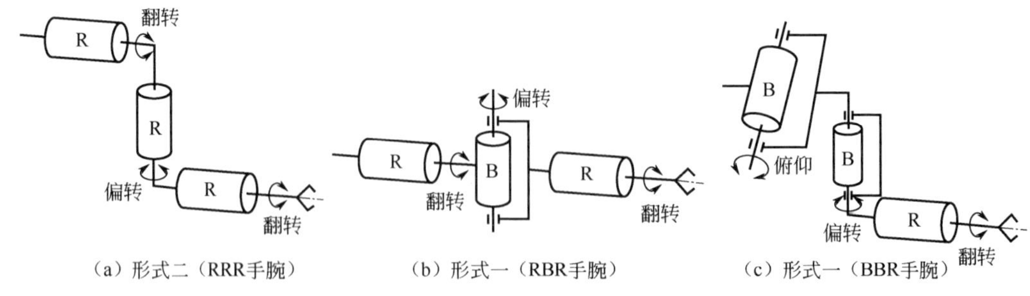

图 1-2-24　三自由度腕部

（2）按腕部的驱动方式分类

按腕部的驱动方式来分，腕部可分为直接驱动腕部和远距离传动腕部。

① 直接驱动腕部。驱动源直接装在腕部上，直接驱动腕部如图 1-2-25 所示。这种直接驱动腕部的关键在于能否设计和加工出尺寸小、质量轻而驱动扭矩大、驱动性能好的驱动电动机或液压电动机。

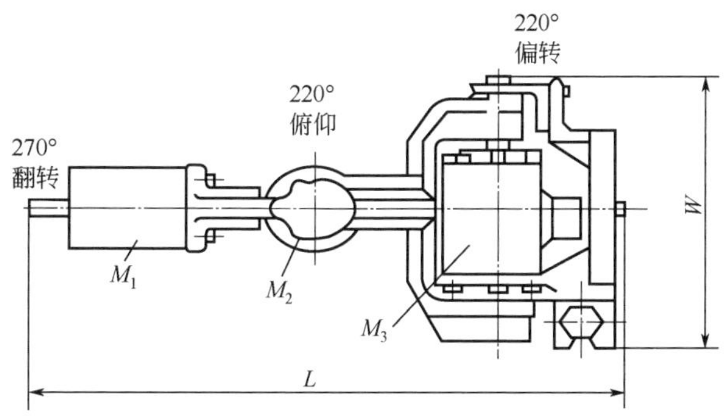

图 1-2-25　直接驱动腕部

② 远距离传动腕部。有时为了保证具有足够大的驱动力，驱动装置又不能做得足够小，同时也为了减轻腕部的质量，常用远距离的驱动方式，可以实现 3 个自由度的运动，远距离传动腕部如图 1-2-26 所示。

5．手部的结构及功能

工业机器人的手部也称末端执行器，由驱动机构、传动机构和手指 3 部分组成，是一个独立的部件，具有通用性，可用于多种类型的机器人［如直角坐标机器人、圆柱坐标机器人、球（极）坐标机器人、关节坐标机器人等］。工业机器人的手部可直接安装在工业机器人的腕部，用于夹持工件或让工具按照规定的程序完成指定的工作，其对整个机器人完成任务的好坏起着关键的作用，直接关系着夹持工件时的定位精度、夹持力的大小等。另外，工业机器人的手部通常采用专用装置，一种手爪往往只能抓住一种或几种在形状、尺寸、质量等方面相近的工件。

工业机器人手部结构按照手部的用途和结构不同，可分为机械式夹持器、吸附式执行器和专用工具（如焊枪、喷嘴、电磨头等）3 类。

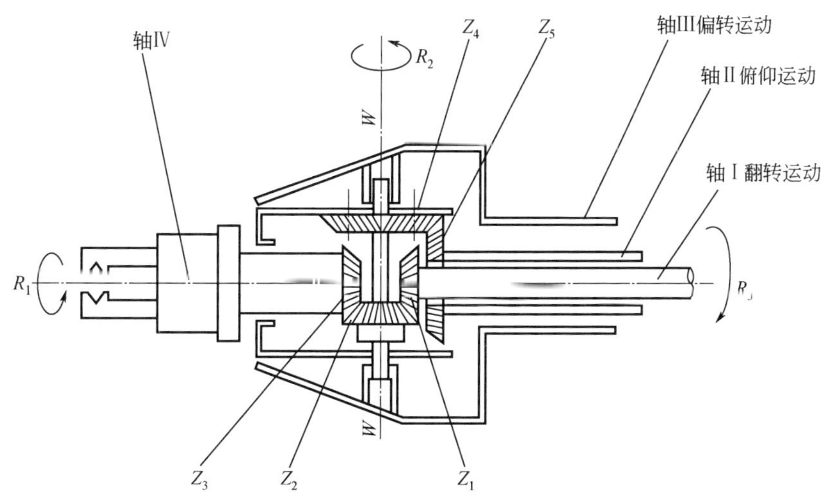

图 1-2-26　远距离传动腕部

（1）机械式夹持器

机械式夹持器按照夹取东西的方式不同，分为内撑式夹持器（如图 1-2-27 所示）和外夹式夹持器两种（如图 1-2-28 所示），两者夹持部位不同，手爪动作的方向相反。

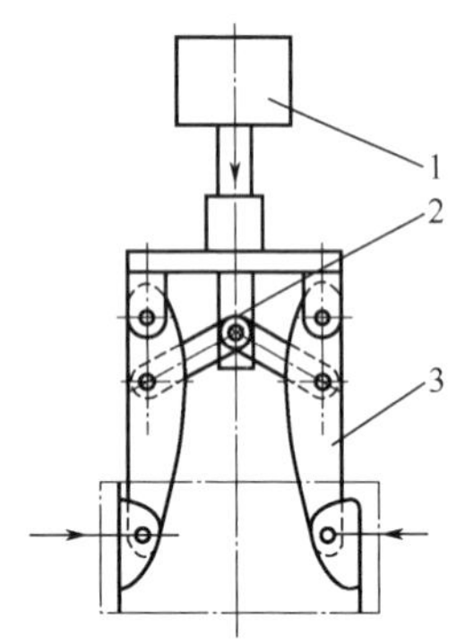

图 1-2-27　内撑式夹持器

1—电磁铁；2—拉杆；3—夹爪

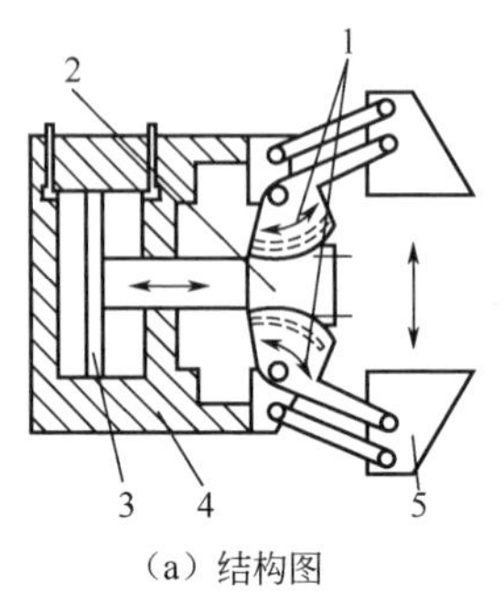

（a）结构图

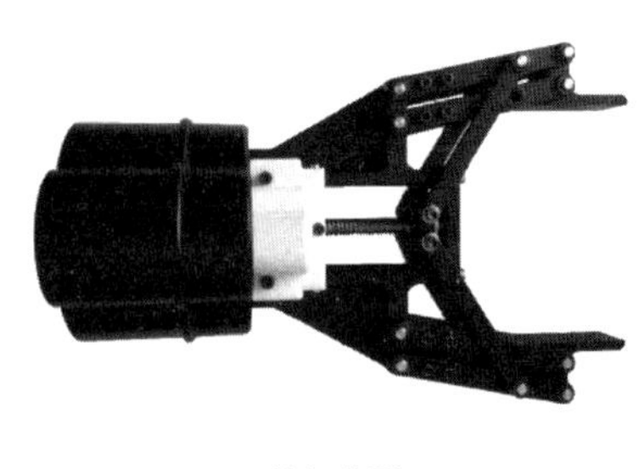

（b）外形

图 1-2-28　外夹式夹持器

1—扇形齿轮；2—齿条；3—活塞；4—气缸；5—夹爪

（2）吸附式执行器

吸附式末端执行器依据吸力不同可分为气吸附和磁吸附。

① 气吸附执行器。气吸附主要是利用吸盘内压力和大气压之间的压力差工作，依据压力差分为真空吸盘吸附、气流负压气吸附和挤压排气负压气吸附等，工作气吸附吸盘工作原理如图 1-2-29 所示。

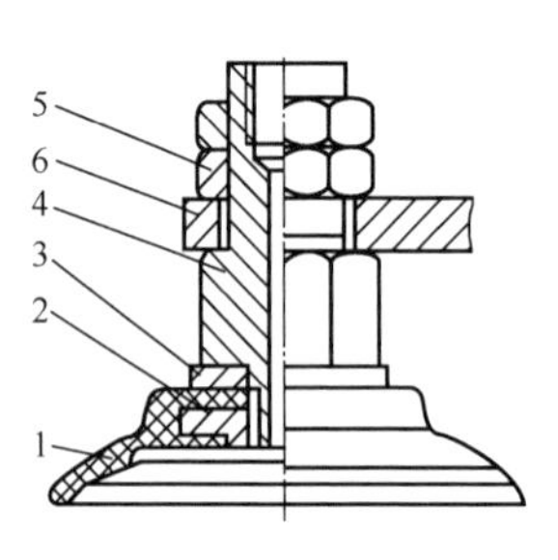

（a）真空吸盘吸附
1—橡胶吸盘；2—固定环；3—垫片；4—支撑杆；5—螺母；6—基板

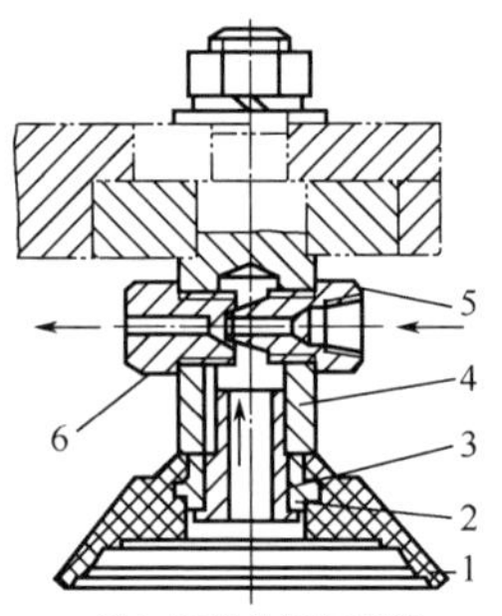

（b）气流负压气吸附
1—橡胶吸盘；2—心套；3—透气螺钉；4—支撑架；5—喷嘴；6—喷嘴套

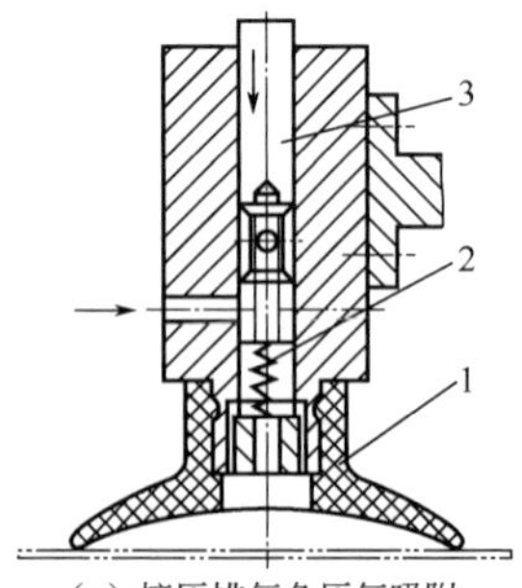

（c）挤压排气负压气吸附
1—橡胶吸盘；2—弹簧；3—拉杆

图 1-2-29　气吸附吸盘工作原理

- 真空吸盘吸附。通过连接真空发生装置和气体发生装置实现抓取和释放工件，工作时，真空发生装置将吸盘与工件之间的空气吸走使其达到真空状态，此时，吸盘内的大气压小于吸盘外大气压，工件在外部压力的作用下被抓取。
- 气流负压气吸附。利用流体力学原理，通过压缩空气（高压）高速流动带走吸盘内气体（低压）使吸盘内形成负压，同样利用吸盘内外压力差完成取件动作，切断压缩空气随即消除吸盘内负压，完成释放工件动作。
- 挤压排气负压气吸附。利用吸盘变形和拉杆移动改变吸盘内外部压力完成工作吸取和释放动作。

吸盘的种类繁多，一般分为普通型和特殊型两种，普通型包括平面吸盘、超平吸盘、椭圆吸盘、波纹管型吸盘和圆形吸盘。特殊型吸盘是为了满足在特殊应用场合而设计使用的，通常可分为专用型吸盘和异型吸盘，特殊型吸盘结构形状因吸附对象的不同而不同。吸盘的结构对吸附能力的大小有很大影响，但材料也对吸附能力有较大影响，目前吸盘常用材料多为丁腈橡胶（NBR）、天然橡胶（NR）和半透明硅胶（SIT5）等。不同结构和材料的吸盘被广泛应用于汽车覆盖件、玻璃板件、金属板材的切割及上下料等场合，适合抓取表面相对光滑、平整、坚硬及微小材料，具有高效、无污染、定位精度高等优点。

② 磁吸附执行器。磁吸附是利用磁力吸取工件。常见的磁力吸盘分为电磁吸盘、永磁吸盘、电永磁吸盘等，磁吸附吸盘工作原理如图 1-2-30 所示。

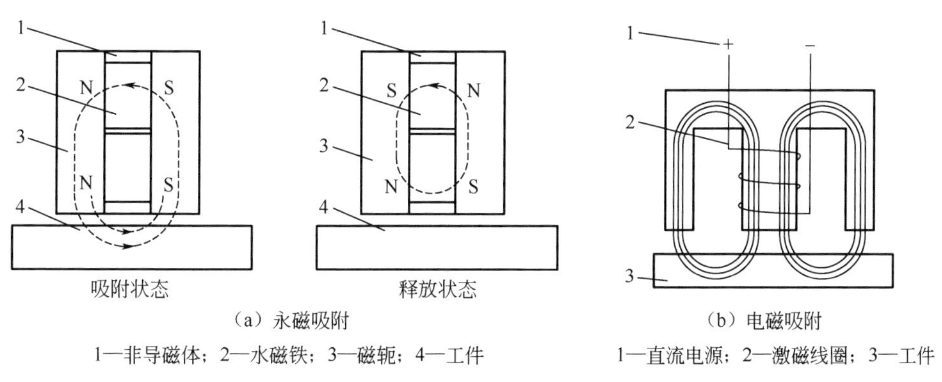

图 1-2-30 磁吸附吸盘工作原理

- 电磁吸盘是在内部激磁线圈通直流电流后产生磁力，而吸附导磁性工件。
- 永磁吸盘是利用磁力线通路的连续性及磁场叠加性工作，一般永磁吸盘（多用钕铁硼为内核）的磁路为多个磁系，通过磁系之间的相互运动来控制工作磁极面上的磁场强度，进而实现工件的吸附和释放动作。
- 电永磁吸附是利用永磁磁铁产生磁力，利用激磁线圈对吸力大小进行控制，起到“开、关”作用，电永磁吸盘结合永磁吸盘和电磁吸盘的优点，应用十分广泛。

电磁吸盘的分类方式多种多样，依据形状可分为矩形磁吸盘、圆形磁吸盘；按吸力大小分普通磁吸盘和强力磁吸盘等。由上可知，磁吸附只能吸附对磁产生感应的物体，故对于要求不能有剩磁的工件无法使用，且磁力受温度影响较大，所以在高温下工作也不能选择磁吸附，故其在使用过程中有一定局限性。常适合抓取精度不高且要求在常温下工作的工件。

（3）专用工具

机器人是一种通用性很强的自动化设备，可根据作业要求完成各种动作，再配上各种专用的末端执行器后，就能完成各种动作。

例如，在通用机器人上安装焊枪就成为一台焊接机器人，安装拧螺母机则成为一台装配机器人。目前有许多由专用电动、气动工具改型而成的操作器，机器人专用工具如图 1-2-31 所示，有拧螺母、焊枪、电磨头、电铣头、抛光头、激光切割机等。形成的一整套系列供用户选用，使机器人能胜任各种工作。

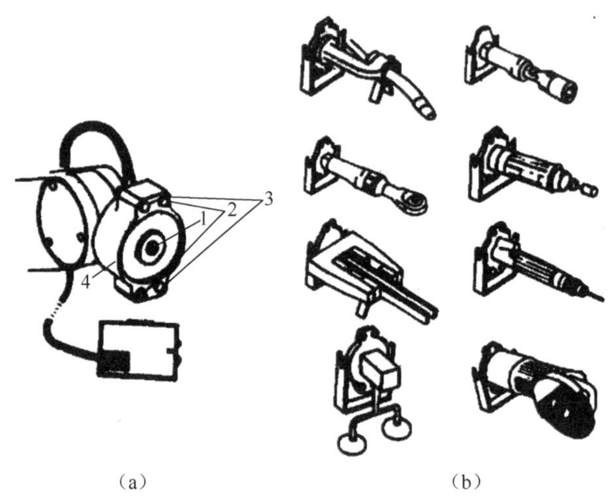

图 1-2-31　机器人专用工具

1—气路接口；2—定位销；3—电接头；4—电磁吸盘

六、减速器

在工业机器人中，减速器是连接机器人动力源和执行机构的中间装置，是保证工业机器人实现到达目标位置的精确度的核心部件。通过合理地选用减速器，可精确地将机器人动力源转速降到工业机器人各部位所需要的速度。与通用减速器相比，应用于机器人关节处的减速器应当具有传动链短、体积小、功率大、质量轻和易于控制等特点。

大量应用在关节型机器人上的减速器主要有两类：RV 减速器和谐波减速器。精密减速器使机器人伺服电动机在一个合适的速度下运转，并精确地将转速降到工业机器人各部位需要的速度，在提高机械本体刚性的同时输出更大的转矩。一般将 RV 减速器放置在基座、腰部、大臂等重负载位置（主要用于 20kg 以上的机器人关节）；而将谐波减速器放置在小臂、腕部或手部等轻负载位置（主要用于 20kg 以下的机器人关节）。此外，机器人还采用齿轮传动、链条（带）传动、直线运动单元等，机器人关节传动单元如图 1-2-32 所示。

（1）谐波减速器

同星形齿轮传动一样，谐波齿轮传动（简称谐波传动）通常由 3 个基本构件组成，包括一个有内齿的刚轮，一个工作时可产生径向弹性变形并带有外齿的柔轮和一个装在柔轮内部、呈椭圆形、外圈带有柔性滚动轴承的波发生器。在这 3 个基本构件中可任意固定一个，其余一个为主动件，另一个为从动件（如刚轮固定不变，波发生器为主动件，柔轮为从动件）。谐

波减速器工作原理如图 1-2-33 所示。

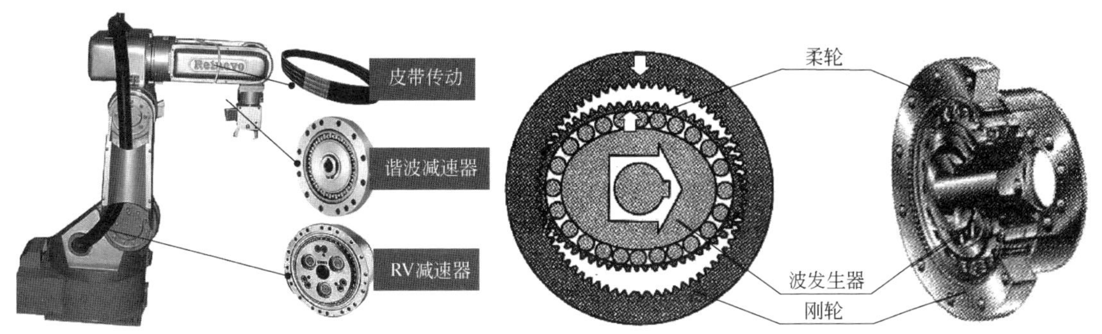

图 1-2-32　机器人关节传动单元　　　图 1-2-33　谐波减速器工作原理

当波发生器装入柔轮后，迫使柔轮的剖面由原先的圆形变成椭圆形，其长轴两端附近的齿与刚轮的齿完全啮合，而短轴两端附近的齿则与刚轮完全脱开，其他区段的齿处于啮合和脱离的过渡状态。当波发生器沿某一方向连续转动时，柔轮的变形不断改变，使柔轮与刚轮的啮合状态也不断改变，啮入、啮合、啮出、脱开、再啮入……周而复始地进行，柔轮的外齿数少于刚轮的内齿数，从而实现柔轮相对刚轮沿波发生器相反方向的缓慢旋转。

（2）RV 减速器

与谐波传动相比，RV 传动具有较高的疲劳强度和刚度及较长的寿命，而且回差精度稳定，不像谐波传动，随着使用时间的增长，运动精度就会显著降低，故高精度机器人传动多采用 RV 减速器，现如今出现逐渐取代谐波减速器的趋势。RV 减速器结构示意图如图 1-2-34 所示，主要由太阳轮（中心轮）、行星轮、转臂（曲柄轴）、转臂轴承、摆线轮（RV 齿轮）、针齿、刚性盘与输出盘等零部件组成。

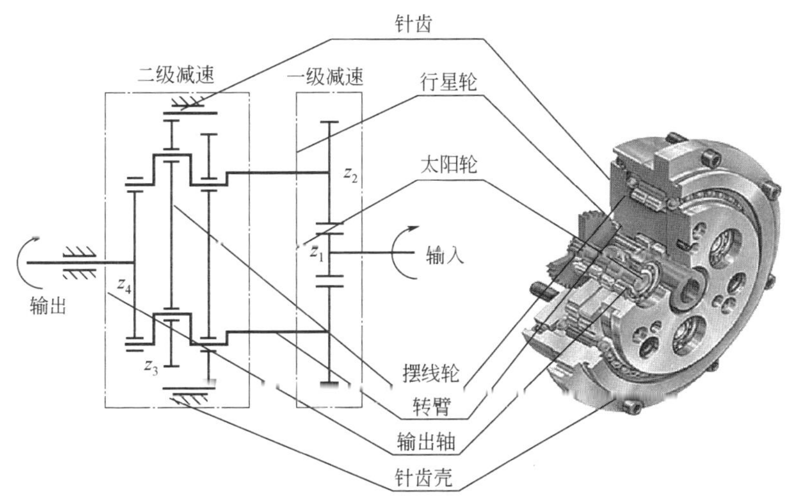

图 1-2-34　RV 减速器结构示意图

RV 传动装置是由第一级渐开线圆柱齿轮行星减速机构和第二级摆线针轮行星减速机构两部分组成的，是一封闭差动轮系。执行电动机的旋转运动由齿轮轴或太阳轮传递给两个渐开线行星轮，进行第一级减速；行星轮的旋转通过曲柄轴带动相距 180° 的摆线轮，从而生成摆线轮的公转。同时，由于摆线轮在公转过程中会受到固定于针齿壳上针齿的作用力而形成与摆线轮公转方向相反的力矩，进而造成摆线轮的自转运动，完成第二级减速。输出机构由装在行星架上的三个对曲柄轴支撑轴承来推动，将摆线轮上的自转矢量以 1:1 的速比传递出来。

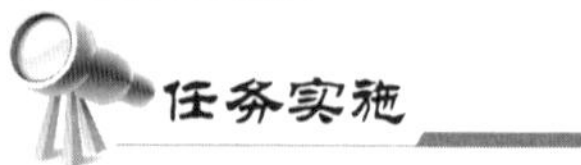

一、任务准备

实施本任务教学所使用的实训设备及工具材料见表 1-2-2。

表 1-2-2　实训设备及工具材料

序号	分类	名称	型号规格	数量	单位	备注
1	工具	电工常用工具		1	套	
2	设备器材	6 轴机器人本体	ABB	1	台	
3		控制柜	IRC5	1	套	
4		示教器		1	套	
5		示教器电缆		1	条	
6		机器人动力电缆		1	条	
7		机器人编码器电缆		1	条	

二、认识机器人控制柜

本任务采用的 ABB 公司生产的 IRC5 控制柜，如图 1-2-35 所示。IRC5 以先进动态建模技术为基础，对机器人性能实施自动优化，大幅提升了 ABB 机器人执行任务的效率。IRC5 控制柜包括开关按钮、模式切换按钮、I/O 输入输出板、动力电缆、编码器电缆、示教器电缆、通信电缆等。机器人的运动算法全部集成在控制柜里，通过算法可实现强大的数据运算和各种运行逻辑的控制。IRC5 控制柜部件的功能说明见表 1-2-3。

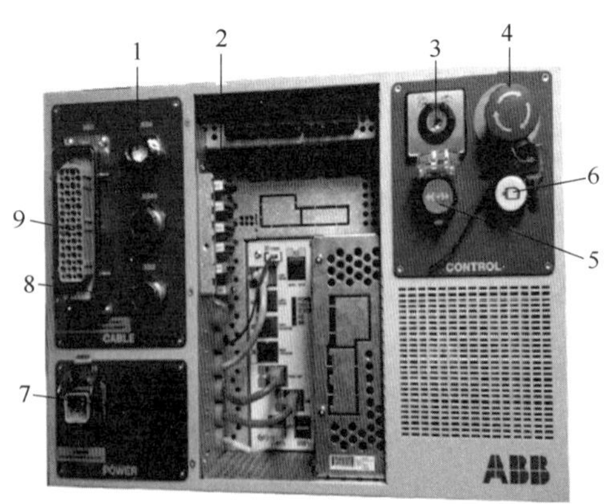

图 1-2-35　IRC5 控制柜

表 1-2-3 IRC5 控制柜部件的功能说明

标号	部件名称	说 明
1	机器人示教器电缆接口	示教器与机器人控制柜的通信连接
2	机器人 I/O 端子排	机器人 I/O 输入/输出接口，与外部进行 I/O 通信
3	自动/手动钥匙旋钮	用于切换机器人自动运行与手动运行
4	机器人急停按钮	机器人的紧急制动
5	机器人抱闸按钮	按下按钮后机器人的所有关节失去抱闸功能，便于拖动示教机器人或拖动机器人离开碰撞点，避免二次碰撞，损坏机器人
6	机器人伺服上电按钮	机器人伺服上电（主要应用于自动模式）
7	机器人电源开关	控制机器人设备电源的通断
8	机器人编码器电缆接口	机器人 6 轴伺服电机编码器的数据传输
9	机器人动力电缆接口	机器人伺服电机的动力供应

三、工业机器人系统的启动

1．工业机器人系统的连接

按照如图 1-2-36 所示的工业机器人系统的接线图，进行工业机器人系统的连接。

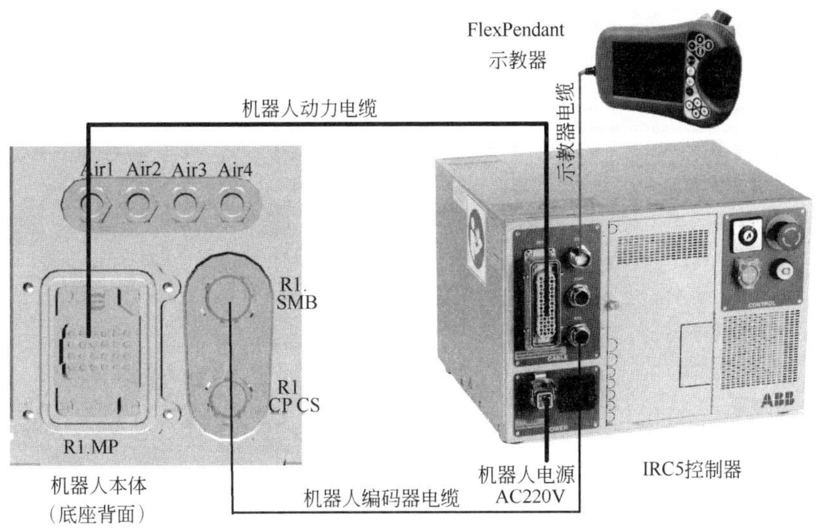

图 1-2-36 工业机器人系统的接线图

2．系统的启动

（1）系统接线无误后，在指导教师的许可下接通系统电源，将操作控制台的“电源断路器”往上打，开启电源；松开“急停按钮”后，再将控制台的“上电/断电”旋钮开关旋转到左边上电状态，如图 1-2-37 所示。

（2）将机器人控制柜背面的电源开关■按控制器指示切换至上电状态（即从 OFF 旋转到

ON），机器人系统开机完成，如图 1-2-38 所示。

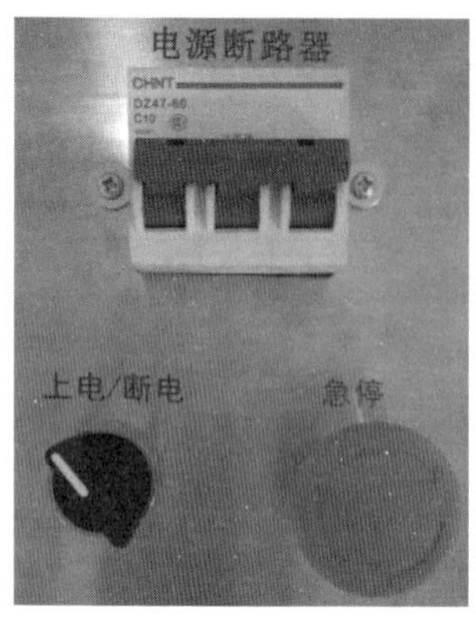

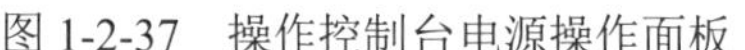
图 1-2-37　操作控制台电源操作面板

图 1-2-38　控制柜电源操作面板（背面）

四、手动操纵工业机器人

1. 单轴运动控制

（1）左手持机器人示教器，右手单击示教器界面左上角的图标[≡∨]打开 ABB 菜单栏；单击“手动操纵”，进入手动操纵界面，如图 1-2-39 所示。

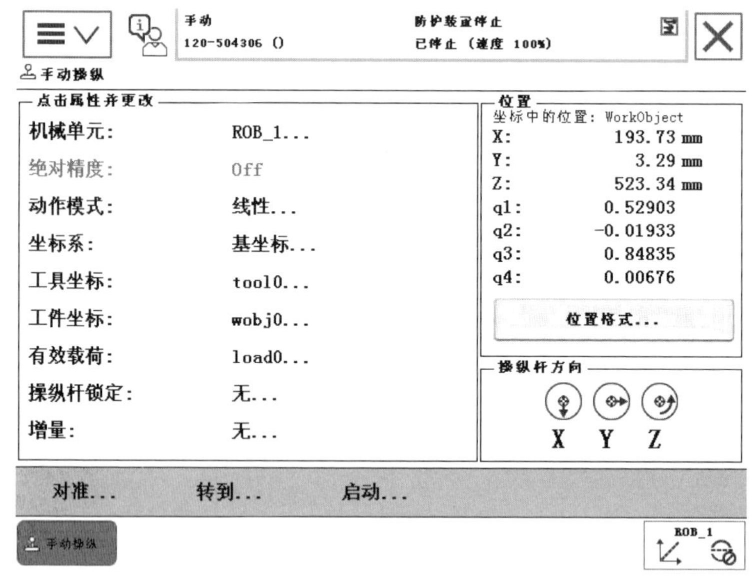

图 1-2-39　进入手动操纵界面

（2）单击“动作模式”，进入模式选择界面。选择“轴 1-3”，单击“确定”，动作模式设置成了轴 1-3，如图 1-2-40 所示。

（3）移动如图 1-2-40 所示的操纵杆，发现左右摇杆控制 1 轴左右运动，前后摇杆控制 2 轴上下运动，逆时针或顺时针旋转摇杆控制 3 轴上下运动。

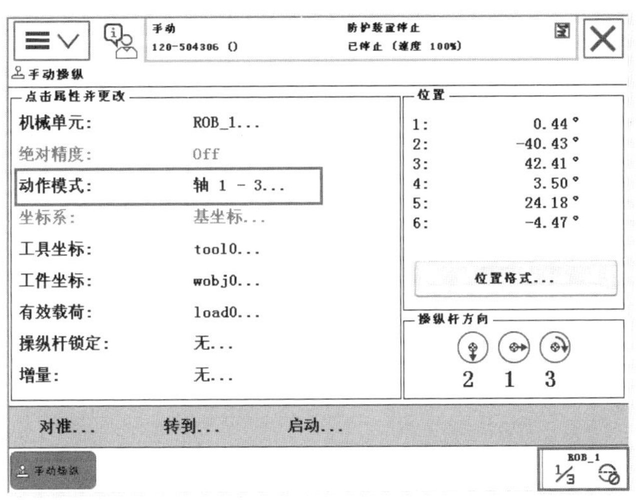

图 1-2-40　模式选择界面

（4）单击“动作模式”，进入模式选择界面。选择“轴 4-6”，单击“确定”，动作模式设置成了轴 4-6，如图 1-2-41 所示。

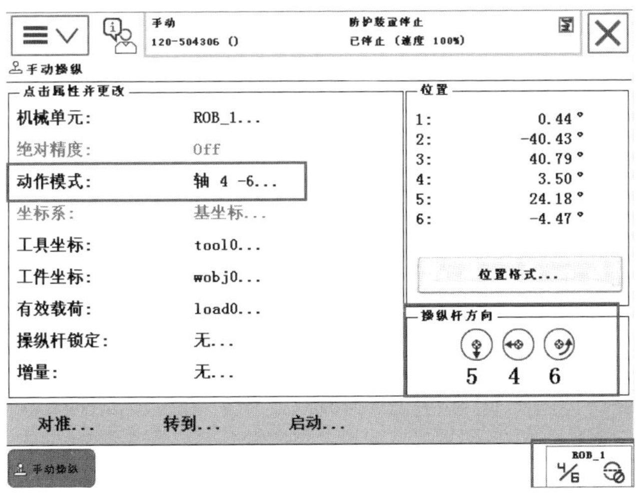

图 1-2-41　“动作模式”的选择

（5）移动图 1-2-41 中的操纵杆，发现左右摇杆控制 4 轴左右运动，前后摇杆控制 5 轴上下运动，逆时针或顺时针旋转摇杆控制 6 轴逆或顺时针运动。

【提示】轴切换技巧：示教器上的按键能够完成“轴 1-3”和“轴 4-6”的切换。

2. 线性运动与重定位运动控制

（1）单击“动作模式”，进入模式选择界面。选择“线性”，单击“确定”，动作模式设置成了线性运动，如图 1-2-42 所示。

（2）移动图 1-2-42 中的操纵杆，发现左右摇杆控制机器人法兰中心左右运动，前后摇杆控制机器人法兰中心前后运动，逆时针或顺时针旋转摇杆控制机器人法兰中心上下

运动。

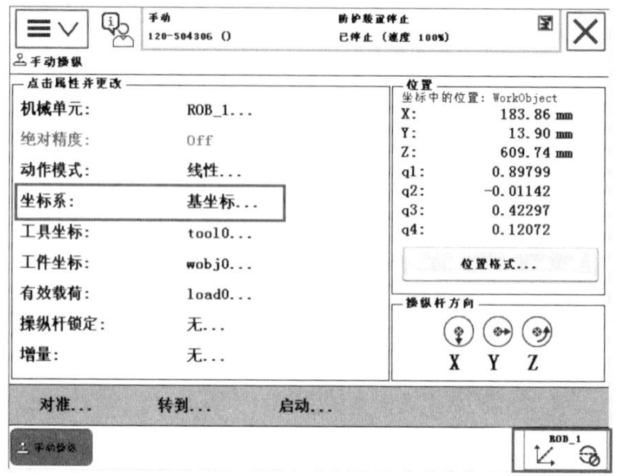

图 1-2-42　线性运动模式操纵界面

（3）单击“动作模式”，进入模式选择界面。选择“重定位”，单击“确定”，动作模式设置成了重定位运动，如图 1-2-43 所示。

（4）移动图 1-2-43 中的操纵杆，发现机器人围绕着法兰盘中心运动。

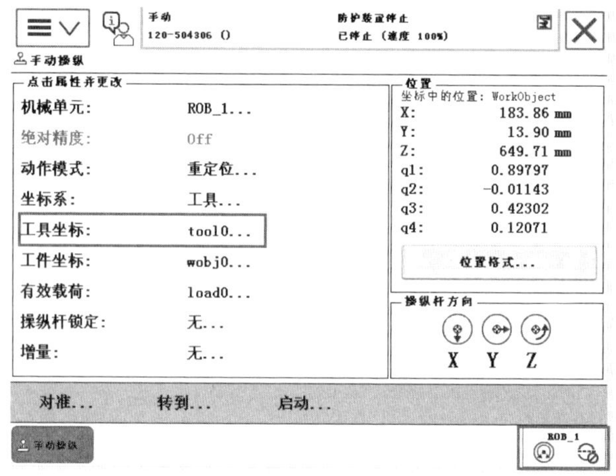

图 1-2-43　“重定位”动作模式的选择

任务测评

对任务实施的完成情况进行检查，并将结果填入表 1-2-4。

表 1-2-4　任务测评表

序号	主要内容	考核要求	评分标准	配分	扣分	得分
1	认识控制柜	正确描述控制柜的组成及各部件的功能说明	1. 描述控制柜的组成有错误或遗漏，每处扣 5 分 2. 描述控制柜部件的功能有错误或遗漏，每处扣 5 分	20		

续表

序号	主要内容	考核要求	评分标准	配分	扣分	得分
2	机器人系统启动	正确连接工业机器人控制系统，并能完成系统的启动	1. 系统接线有错误或遗漏，每处扣5分 2. 未能启动系统，每处扣10分	20		
3	手动操纵工业机器人	1. 单轴运动控制 2. 线性运动与重定位运动控制	1. 不能完成单轴运动控制，扣20分 2. 不能完成线性运动控制，扣20分 3. 不能完成重定位运动控制，扣20分 4. 不能根据控制要求，完成工业机器人手动操作，扣50分	50		
4	安全文明生产	劳动保护用品穿戴整齐；遵守操作规程；讲文明礼貌；操作结束要清理现场	1. 操作中，违反安全文明生产考核要求的任何一项扣5分，扣完为止 2. 当发现学生有重大事故隐患时，要立即予以制止，并每次扣安全文明生产总分10分	10		
合　计						
开始时间：			结束时间：			

巩固与提高

一、填空题

1．工业机器人的坐标系包括基坐标系、________、工具坐标系及______。

2．吸附式执行器可分为_________和___________两类。

3．关节机器人的机械结构由4大部分构成：______、臂部、______和手部。

4．按照手部用途和结构的不同可分为______、______和_______（如焊枪、喷嘴、电磨头等）3类。

5．工业机器人的手部也称_______，由驱动机构、_______和手指3部分组成，是一个独立的部件，具有通用性。

6．工业机器人中常用的减速器有________、__________和摆线针轮减速器。

二、选择题

1．依据压力差的不同，可将气吸附式执行器分为（　　）。

①真空气吸　②喷气式负压气吸　③挤压排气负压气吸

A．①②　B．①③　C．②③　D．①②③

2．SCARA平面关节机器人自由度是（　　）。

A．3个　B．4个　C．5个　D．6个

3．手部的位姿是由哪两部分变量构成？（　　）。

A．位姿与速度　B．姿态与位置

C．位置与运动状态　D．姿态与速度

4．工业机器人中（　　）是连接机身和手腕的部件。

A．机身　B．手臂　C．腕部　D．手部

三、简答与分析题

1. 描述 6 轴关节机器人的自由度。
2. 描述一下什么是 3R 手腕？
3. 简述磁吸附的工作原理。
4. 简述 RV 减速器的工作原理。

任务 3 工业机器人的传感器及其应用

学习目标

✧ 知识目标

1. 了解机器人传感器的种类和性能指标及其使用要求。
2. 掌握机器人内部传感器和外部传感器的区别和各自的功能、应用。

✧ 能力目标

1. 认识工业机器人常用的传感器。
2. 能根据工业机器人使用要求、场合，选用合适的传感器。
3. 会分析常见工业机器人传感器系统。

工作任务

传感器是新技术革命和信息社会的重要技术基础，是现代科技的开路先锋。传感器在机器人结构中占据重要地位，是决定机器人性能水平的关键。机器人传感器与大量使用的工业检测传感器不同，对传感器信息的种类和智能化处理的要求更高。无论研究与产业化，均需要由多种学科专门技术和先进的工艺装备作为支撑。今后工业机器人能发展到何种程度，传感器将是重要关键之一。

本任务主要内容是通过学习，熟悉工业机器人常用的传感器，掌握机器人的内部传感器和外部传感器的区别和各自的功能，并能根据工业机器人使用要求、场合，选用合适的传感器。

相关知识

一、工业机器人传感器的分类

传感器是一种以一定精度将被测量物理量转换为与之有确定对应关系、易于精确处理和测量的某种物理量的测量部件或装置。完整的传感器应包括敏感元件、转化元件、基本转化电路 3 个基本部分。

敏感元件将某种不便测量的物理量转化为易于测量的物理量，与转化元件一起构成传感器的核心部分。

基本转化电路将敏感元件产生的易于测量的信号进行转化，使传感器的信号输出形成符合工业系统的要求。

机器人传感器按用途可分为外部传感器和内部传感器。

外部传感器，如视觉、触觉、力觉、距离等传感器，是为了检测作业对象及环境与机器人的联系。

内部传感器安装在操作机上，包括位移、速度、加速度等传感器，是为了检测机器人内部状态。

机器人传感器的分类、功能及应用见表 1-3-1。

表 1-3-1 机器人传感器的分类、功能及应用

<table>
<tr><th colspan="3">分 类</th><th>功能</th><th>应用</th></tr>
<tr><td rowspan="2">机器人外部传感器</td><td>视觉</td><td>单点视觉
线阵视觉
平面视觉
立体视觉</td><td rowspan="2">检测外部状况，如作业环境中对象或障碍物状态及机器人与环境的相互作用等信息，使机器人适应外界环境的变化</td><td rowspan="2">1. 对被测量物体定向，定位
2. 目标分类与识别
3. 控制操作
4. 抓取物体
5. 检查产品质量
6. 适应环境变化
7. 修改程序等</td></tr>
<tr><td>非视觉</td><td>接近（距离）觉
听觉
力觉
触觉
滑觉
压觉</td></tr>
<tr><td>机器人内部传感器</td><td colspan="2">位置
速度
加速度
力
温度
平衡
状态（倾斜）角
异常</td><td>检测机器人自身状态，如自身的运动、位置和姿态等信息</td><td>控制机器人按规定的位置、轨迹、速度、加速度和受力状态工作</td></tr>
</table>

二、工业机器人传感器的性能指标

基本参数：量程（测量范围，量程及过载能力）、灵敏度、静态精度和动态精度（频率特性和阶跃特性）。

环境参数：温度、振动冲击及其他参数（潮湿、腐蚀及抗电磁干扰）。

使用环境：电源、尺寸、安装方式、电信号接口及校准周期等。

传感器常见的重要性能指标如下。

1. 灵敏度

灵敏度是指传感器的输出信号达到稳定时，输出信号变化Δy 与输入信号变化Δx 的比值。

假设传感器的输出和输入成线性关系，其灵敏度S可表示为

$$S=\frac{\Delta y}{\Delta x}$$

假设传感器的输出与输入成非线性关系，其灵敏度为曲线的导数，即传感器的灵敏度越大，传感器输出的信号精确度越高，线性程度越好。但是过高的灵敏度有时会导致传感器的输出稳定性下降，所以应该根据机器人的要求选择适中的灵敏度。

$$S = \frac{dy}{dx}$$

2. 线性度

线性度反映传感器输出信号与输入信号之间的线性程度。

假设传感器的输出信号为y，输入信号为x，则y与x的关系为

$$y = bx$$

机器人控制系统应该选用线性度较高的传感器。

3. 精度

传感器的精度是指传感器的测量输出值与实际被测量值之间的误差。在机器人系统设计中，应该根据系统的工作精度要求选择合适的精度。

4. 重复性

重复性是指传感器在其输入信号按同一方式进行全量程连续多次测量时，相应测量结果的变化程度。对于多数传感器来说，重复性指标优于精度指标。这些传感器的精度指标不一定很高，但只要它的温度、湿度、受力条件和其他参数不变，传感器的测量结果也没有较大的变化。同样，传感器重复性也应考虑使用条件和测量方法的问题。

5. 分辨率

分辨率是指传感器在整个测量范围内所能辨别的被测量物理量的最小变化量，或者所能辨别的不同被测量物理量的个数。

无论是示教再现型机器人，还是可编程型机器人，大多对传感器的分辨率有一定的要求。传感器的分辨率直接影响机器人的可控程度和控制品质。一般需要根据机器人的工作任务规定传感器分辨率的最低限度要求。

6. 响应时间

响应时间是传感器的动态特性指标，是指传感器的输入信号变化后，其输出信号变化一个稳定值所需要的时间。在某些传感器中，输出信号在达到某一稳定值以前会发生短时间的振荡。

7. 抗干扰能力

由于传感器输出信号的稳定是控制系统稳定工作的前提，为防止机器人系统的意外动作或故障的发生，传感器系统设计必须采用可靠性设计技术，通常这个指标通过单位时间内发生故障的概率来定义，因此是一个统计指标。

三、工业机器人传感器类型的选择

一般根据工业机器人使用要求、使用场合的不同，选择不同的传感器。

1. 根据机器人对传感器的需求来选择

机器人对传感器的一般要求如下。

（1）精度高，重复性好。

（2）稳定性好，可靠性高。

（3）抗干扰能力强。

（4）质量轻，体积小，安装方便可靠。

（5）价格便宜。

2. 根据加工任务的要求来选择

在现代工业中，机器人被用于执行各种加工任务，其中比较常见的加工任务有物料搬运、装配、喷漆、焊接、检验等。不同的加工任务对机器人传感器提出不同的要求。

3. 根据机器人控制的要求来选择

例如，机器人控制需要采用传感器检测机器人的运动位置、速度、加速度等。另外，根据辅助工作要求（如产品检验）和工件的准备来选择机器人传感器；根据安全方面的要求来选择机器人传感器。

四、工业机器人的内部传感器

工业机器人根据具体用途不同可以选择不同的控制方式，如位置控制、速度控制及力控制等。在这些控制方式中，机器人所应具有的基本传感器单元是位置和速度传感器。

机器人控制系统的基本单元是机器人的关节位置、速度控制，因此用于检测关节位置和速度的传感器也成为机器人关节组件中的基本单元。

1. 位置传感器

位置传感器是机器人最基本的控制要求，而位置和位移的测量也是机器人最基本的感觉要求。

根据其工作原理和组成的不同，位置传感器有多种形式。常见的有电阻式、电容式、电感式位移传感器、编码式位移传感器、霍尔元件位移传感器、光栅式位移传感器等。

（1）编码式位移传感器

编码式位移传感器是一种数字位移传感器，其测量输出的信号为数字脉冲信号，可以测量直线位移，也可以测转角。

编码式位移传感器测量范围大，检测精度高，一般把该传感器安装在机器人的各关节轴上，用来测量各个关节轴的旋转角度。

按照测量结果是绝对信号还是增量信号，可分为绝对式编码器和增量式编码器。

按照结构及信号转化方式，又可分为光电式、接触式及电磁式等。目前机器人中较为常用的是光电式编码器。

① 绝对式光电编码器。

绝对式光电编码器是一种直接编码式的测量元件。它可以直接把被测转角或位移转化成相应的代码，指示的是绝对位置而无绝对误差，在电源切断时不会失去位置信息。但其结构复杂，价格昂贵，且不易做到高精度和高分辨率。编码盘以一定的编码形式（如二进制编码等）将圆盘分成若干等份，利用光电原理把代表被测位置的各等份上的数码转化成电信号输出以用于检测。

如图 1-3-1 所示为四位二进制码编码盘，图中空白部分是透光的用“0”来表示，涂黑的部分是不透光的用“1”来表示。通常将组成编码的圈称为码道，每个码道表示一位二进制数。编码盘由多个同心的码道组成，与码道个数相同的光电器件分别与各自对应的码道对准并沿编码盘的半径直线排列，通过这些光电器件的检测可以产生绝对位置的二进制码。绝对式编

码器对于转轴的每一个位置均产生唯一的二进制编码，因此，可用于确定绝对位置。绝对位置的分辨率取决于二进制编码的位数，即码道的个数。

使用二进制码编码盘时，当编码盘在其两个相邻位置的边缘交替或来回摆动时，由于制造精度和安装质量误差或光电器件的排列误差将产生编码数据的大幅跳动，导致位置显示和控制失常。

现在常用如图 1-3-2 所示的循环码编码盘。循环码又称格雷码，格雷码与二进制码的对照表见表 1-3-2。循环码是非加权码，其特点是相邻两个代码间只有一位数变化，即 0 变 1，或 1 变 0。如果在连续的两个数码中发现数码变化超过一位，就认为是非法的数码，因而格雷码具有一定的纠错能力。

图 1-3-1　四位二进制码编码盘

图 1-3-2　循环码编码盘

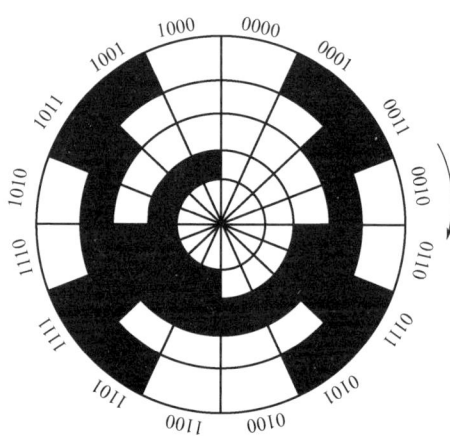

表 1-3-2　格雷码与二进制码的对照表

真值	格雷码	二进制码	真值	格雷码	二进制码
0	0000	0000	8	1100	1000
1	0001	0001	9	1101	1001
2	0011	0010	10	1111	1010
3	0010	0011	11	1110	1011
4	0110	0100	12	1010	1100
5	0111	0101	13	1011	1101
6	0101	0110	14	1001	1110
7	0100	0111	15	1000	1111

格雷码实质上是二进制码的另一种数值形式，是对二进制码的一种加密处理。格雷码经过解密就可以转化为二进制码，实际上也只有解密成二进制码才能得到真正的位置信息。格雷码的解密可以通过硬件解密器或软件解密来实现。光电编码器的性能主要取决于编码盘中光电敏感元件的质量及光源的性能。一般要求光源具有较好的可靠性及环境的适

应性，且光源的光谱与光电敏感元件相匹配。如果需要提高信号的输出强度，输出端还可以接电压放大器。为了减少噪声的污染，在光通路中还应加上透镜和狭缝装置。透镜使光源发出的光聚焦成平行光束，狭缝宽度要保证所有轨道的光电敏感元件的敏感区均处于狭缝内。

② 增量式光电编码器。

增量式光电编码器能够以数字形式测量出转轴相对于某一基准位置的瞬间角位置，另外还能测出转轴的转速和转向，其结构图及输出波形如图 1-3-3 所示，编码器的编码盘有 3 个同心光栅，分别为 A 相、B 相和 C 相光栅。

根据 A 相、B 相任何一光栅输出脉冲数值的大小就可以确定编码盘的相对转角；根据输出脉冲的频率可以确定编码盘的转速；采用适当的逻辑电路，根据 A 相、B 相输出脉冲的相序就可以确定编码盘的旋转方向。A 相、B 相两相光栅为工作信号，C 相为标志信号，编码盘每旋转一周，标志信号发出一个脉冲，用来作为同步信号。增量式光电编码器没有接触磨损，允许高转速，精度及可靠性好，但结构复杂，安装困难，在机器人的关节轴上装有增量式光电传感器，可测量出转轴的相对位置，但不能确定机器人转轴的绝对位置，所以这种光电编码器一般用于定位精度要求不高的机器人。目前已出现包含绝对式和增量式两种类型的混合式编码器。使用这种编码器时，使用绝对式确定机器人的绝对位置，确定由初始位置开始的变动角的精确位置则使用增量式。

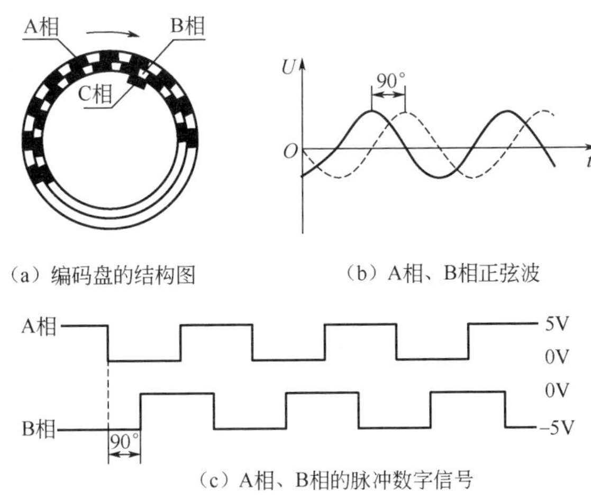

图 1-3-3　增量式光电编码器结构图及输出波形

（2）电位器式位移传感器

电位器式位移传感器主要由电位器和滑动触点组成，通过触点的滑动改变电位器的阻值来测量信号的大小。

该传感器的优点是结构简单，性能稳定可靠，精度高，可以在一定程度上较方便地选择其输出信号范围，且测量过程中断电或发生故障时，输出信号能保持而不会丢失。

① 角位移测量。旋转型电位器式位移传感器如图 1-3-4 所示，输入信号（角度θ）与输出信号（电压 V）成线性关系。这种弧形电阻最大的测量角度为 360°。

② 线位移测量。直线型电位器式位移传感器如图 1-3-5 所示。线测量优点是结构简单，性能稳定可靠，精度高。可以在一定程度上较方便地选择其输出信号范围，且测量过程中断

电或发生故障时，输出信号能保持而不会丢失。其缺点是滑动触点容易磨损。

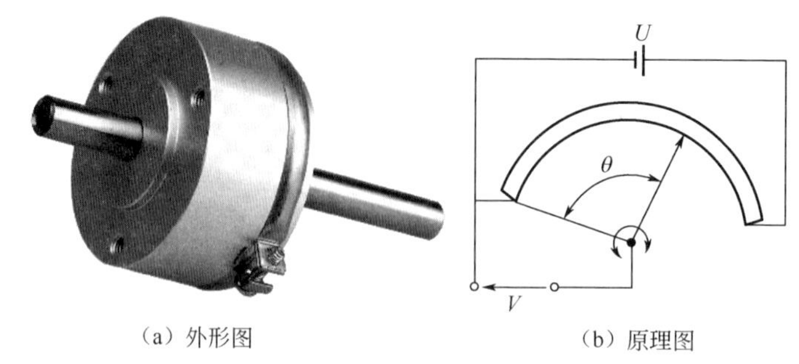

（a）外形图　　（b）原理图

图 1-3-4　旋转型电位器式位移传感器

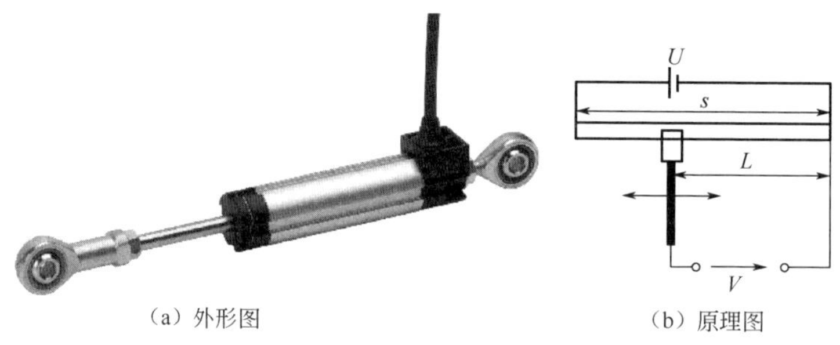

（a）外形图　　（b）原理图

图 1-3-5　直线型电位器式位移传感器

2. 速度传感器

速度传感器是机器人中较重要的内部传感器之一。由于在机器人中主要测量机器人关节的运行速度，因此这里仅介绍角速度传感器。目前广泛使用的角速度传感器有测速发电机和增量式光电编码器两种。测速发电机是应用最广泛，能直接得到代表转速的电压，且具有良好实时性的一种速度测量传感器。增量式光电编码器既可以用来测量增量角位移，又可以测量瞬时角速度。速度的输出有模拟式和数字式两种。

（1）测速发电机

测速发电机是一种模拟式速度传感器。测速发电机实际上是一台小型永磁式直流发电机，其结构原理如图 1-3-6 所示。其工作原理基于法拉第电磁感应定律，当通过线圈的磁通量恒定时，位于磁场中的线圈旋转使线圈两端产生的电压 u（感应电动势）与线圈（转子）的转速 n 成正比，即

$$U = K \times n \text{（}K\text{ 是常数）}$$

从上式可以看出，输出电压与转子成线性关系。但当直流测速发电机带有负载时，电枢的线圈绕组便会产生电流而使输出电压下降，这样便破坏了输出电压与转速的线性度，使输出特性产生误差。为了减少测量误差，应使负载尽可能小且保持负载性质不变。测速发电机的转子与机器人关节伺服驱动电动机相连就能测出机器人运动过程中的关节转动速度，并能在机器人速度闭环系统中作为速度反馈元件。测速发电机具有线性度好、灵敏度高、输出信号强的优点。机器人速度伺服控制系统的控制原理如图 1-3-7 所示。目前检测范围一般为 20～40r/min，精度为 0.2%～0.5%。

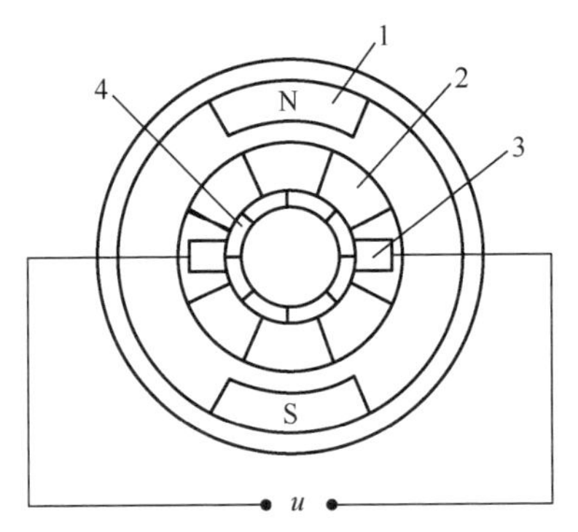

图 1-3-6　直流测速发电机的结构原理

1—永久磁铁；2—转子线圈；3—电刷；4—整流子

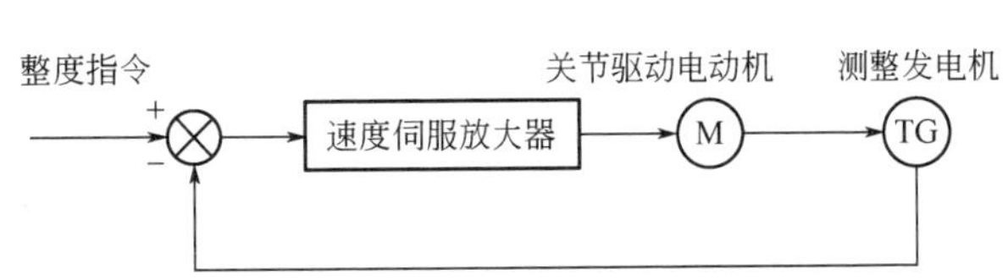

图 1-3-7　机器人速度伺服控制系统的控制原理

（2）增量式光电编码器

增量式光电编码器作为速度传感器时既可以在模拟方式下使用，又可以在数字方式下使用。

① 模拟方式。

在模拟方式下，必须有一个频率/电压（F/V）变换器，用来把编码器测得的脉冲频率转换成与速度成正比的模拟电压，模拟方式下的增量式编码盘测速原理如图 1-3-8 所示。F/V 变换器必须有良好的零输出、零输出特性和较小的温度漂移才能满足测试要求。

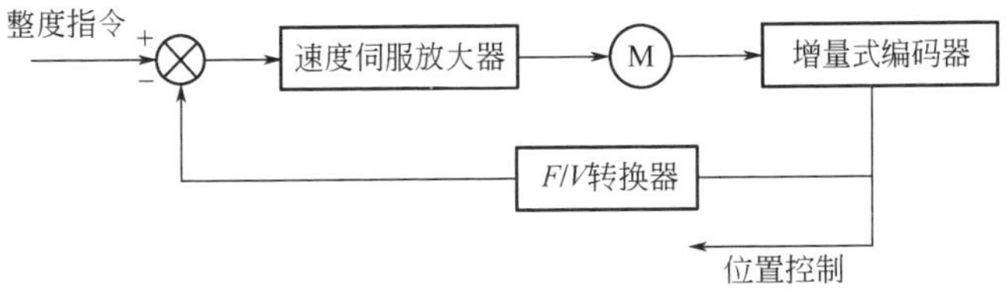

图 1-3-8　模拟方式下的增量式编码盘测速原理

② 数字方式。

数字方式测速是利用数学公式计算出速度。角速度是转角对时间的一阶导数，编码器在时间Δt 内的平均转速为$\omega = \Delta\theta/\Delta t$，单位时间越小，则所求得的转速越接近瞬时转速，然而时间越短，编码器通过的脉冲数太少，导致所得到的速度分辨率下降。在实践中通常用以下方法来解决这一问题。

编码器一定时，编码器的每转输出脉冲数就确定，设某一编码器为 1 000P/r，则编码器连续输出两个脉冲转过的角度$\Delta\theta = 2\times2\pi/1\ 000$，而转过该角度的时间增量用如图 1-3-9 所示时间增量测量电路测得。测量时利用一高频脉冲源发出连续不断的脉冲，设该脉冲源的周期为 0.1ms，用一计数器测出编码器发出两个脉冲的时间内高频脉冲源发出的脉冲数。门电路在编码器发出第一个脉冲时开启，发出第二个脉冲时关闭。这样计数器计得的计数值就是时间增量内高频脉冲源发出的脉冲数。设该计数值为 100，则得时间增量为

$$\Delta t = 0.1\times100\text{ms} = 10\text{ms}$$

所以加速度为

$$\omega=\frac{\Delta\theta}{\Delta t}=\left(\frac{2}{1000}\times 2\pi\right)/(10\times10^{-3})\,\text{rad/s}=1.256$$

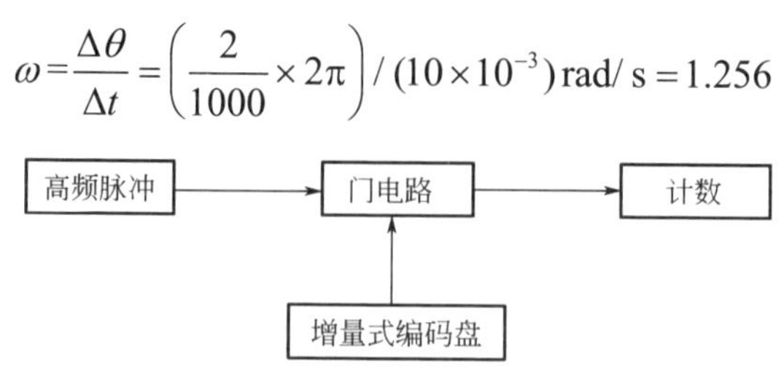

图 1-3-9　时间增量测量电路

五、工业机器人的外部传感器

用于检测机器人作业对象及作业环境状态的传感器称为外部传感器。对于智能机器人来说，外部传感器是必不可少的，但目前应用于工业生产中的机器人还不是很多，但随着对机器人的工作精度及其性能要求的不断提高，外部传感器在工业机器人中的应用将日趋增多。目前工业中常用的外部传感器主要有力觉传感器、接近觉传感器、触觉传感器等。

1. 力觉传感器

力觉传感器又称力或力矩传感器。工业机器人在进行装配、搬运、研磨等作业时需要以工作力或力矩进行控制。另外，机器人在自我保护时也需要检测关节和连杆之间的内力，防止机器人手臂因承载过大或与周围障碍物碰撞而引起破坏。力或力矩传感器种类很多，常用的有电阻应变片式、压电式、电容式、电感式及各种外力传感器。力或力矩传感器都是通过弹性敏感元件将被测力或力矩转换成某种位移量或变形量，然后通过各自的敏感介质把位移量或变形量转换成能够输出的电量。

力觉是指对机器人的指、肢和关节等运动中所受力的感知，主要包括腕力、关节力、指力和支座力传感器，是机器人重要的传感器之一。

关节力传感器，测量驱动器本身的输出力和力矩，用于控制中的力反馈。

腕力传感器，测量作用在末端执行器上的各向力和力矩。

指力传感器，测量夹持物体手指的受力情况。

目前使用最广泛的是电阻应变片式力和力矩传感器。这种传感器的力或力矩敏感元件是应变片，装载在铝制筒体上，筒体有 8 个简支梁（弹性梁）支持。

如图 1-3-10 所示为 SRI（Stanford Research Institute）六维腕力传感器，它由一只直径为 75mm 的铝管铣削而成，具有 8 根窄长的弹性梁，每个梁的颈部只传递力，扭矩作用很小。梁的另一头贴有应变片。图 1-3-10 中从 P_{x+}到 Q_{y-}代表了 8 根应变梁的变形信号的输出。

如图 1-3-11 所示为日本和制衡株式会社林纯一研制的十字梁腕力传感器。它是一种整体轮辐式结构，传感器在十字梁与轮缘连接处有一个柔性环节（a、b、c、d），在 4 根交叉梁上共贴有 32 个应变片（图 1-3-11 中的小方块），组成 8 路全桥输出。

如图 1-3-12 所示，三梁腕力传感器的内圈和外圈分别固定于机器人的手臂和手爪，力沿与内圈相切的三根梁进行传递。每根梁上下、左右各贴一对应变片，3 根梁上共有 6 对应变片，分别组成 6 组半桥，对这 6 组电桥信号进行解耦可得到六维力（力矩）的精确解。

2．接近觉传感器

接近觉传感器是机器人用来探测机器人自身与周围物体之间相对位置或距离的一种传感器，它探测的距离一般为几毫米到十几厘米之间。接近传感器结构上分为接触型和非接触型两种，其中非接触型接近传感器应用较广。

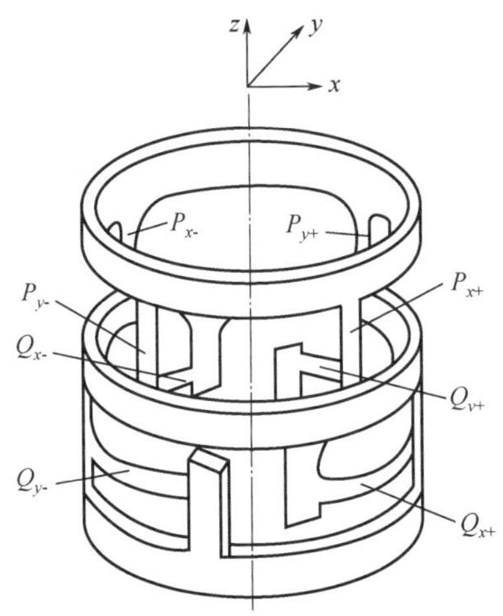

图 1-3-10　SRI（Stanfor Research Institute）六维腕力传感器

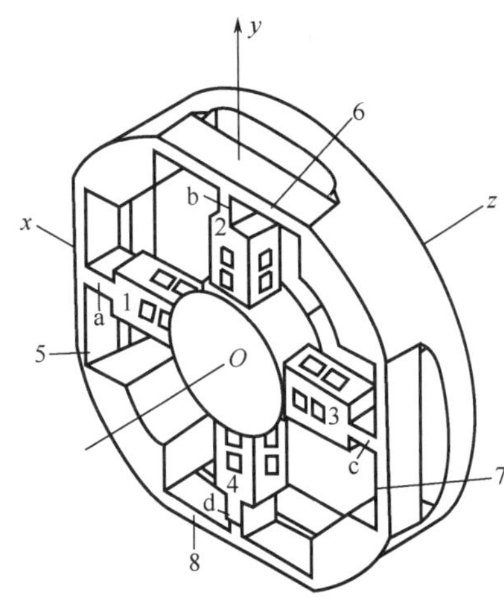

图 1-3-11　十字梁腕力传感器

目前按照转换原理的不同，接近觉传感器分为电涡流式、光纤式、超声波式及激光扫描式等。

（1）电涡流式传感器

导体在一个不均匀的磁场中运动或处于一个交变磁场中时，其内部就会产生感应电流。这种感应电流称为电涡流，这一现象称为电涡流现象，利用这一原理可以制作电涡流传感器。

电涡流式传感器如图 1-3-13 所示。由于传感器的电磁场方向与产生的电涡流方向相反，两个磁场相互叠加削弱了传感器的电感和阻抗。用电路把传感器电感和阻抗的变化转换成转换电压，则能计算出目标物与传感器之间的距离。该距离正比于转换电压，但存在一定的线性误差。对于钢或铝等材料的目标物，线性度误差为±5%。

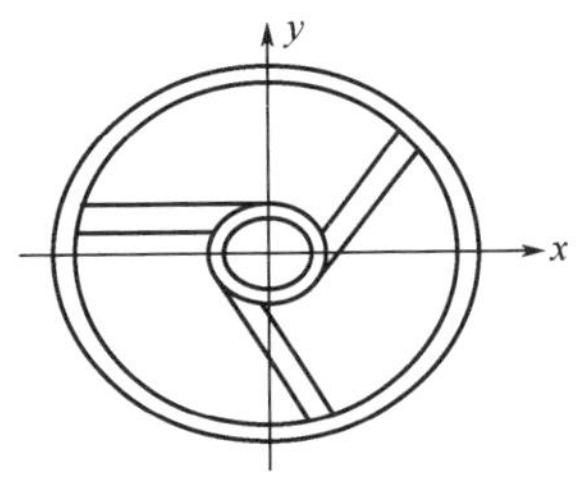

图 1-3-12　三梁腕力传感器

（a）外形图

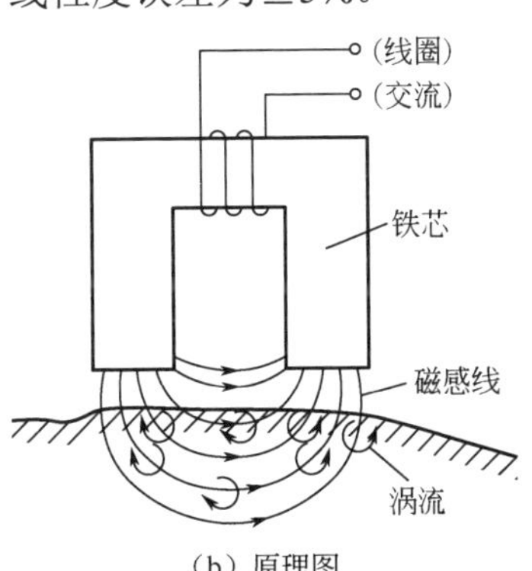

（b）原理图

图 1-3-13　电涡流式传感器

这种传感器的优点是外形尺寸小、价格低廉、可靠性高、抗干扰能力强，而且检测精度也高，能够检测到 0.02mm 的微量位移。

（2）光纤式传感器

用光纤制作接近觉传感器可以用来检测机器人与目标物间较远的距离。这种传感器的优点是抗电磁干扰能力强、灵敏度高、响应快。

光纤式传感器如图 1-3-14 所示，有 3 种不同的形式。其中第一种为射束中断型光纤式传感器，如图 1-3-14（a）所示，这种传感器只能检测出不透明物体，对透明或半透明的物体无法检测。第二种是回射型光纤式传感器，如图 1-3-14（b）所示，与第一种类型相比，它可以检测出用透光材料制成的物体。第三种为扩散型光纤式传感器，如图 1-3-14（c）所示，与第二种相比其少了回射靶，因为大部分材料都能反射一定量的光，这种类型的传感器可检测透光或半透光物体。

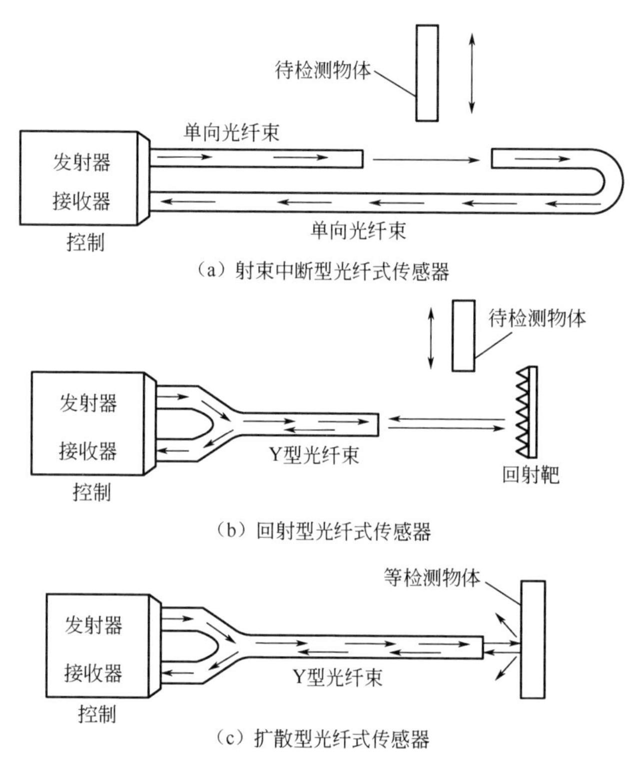

图 1-3-14　光纤式传感器

（3）超声波式传感器

超声波式传感器的主要作用是用超声波测量距离，其原理图如图 1-3-15 所示。超声波传感器由一个超声波发射器、一个超声波接收器、定时电路及控制电路组成。待超声波发射器发出脉冲式超声波后关闭发射器，同时打开超声波接收器。该脉冲波到达物体表面后返回到接收器，定时电路测出从发射器发射到接收器接收的时间。设该时间为 T，而声波的传输速度为 V，则被测距离 L 为

$$L=VT/2$$

超声波的传输速度与其波长和频率成正比，只要这两者不变，速度就为常数，但随着环

境温度的变化，波速会有一定变化。超声波传感器对于水下机器人的作业非常重要。水下机器人安装超声波传感器后能使其定位精度达到微米级。

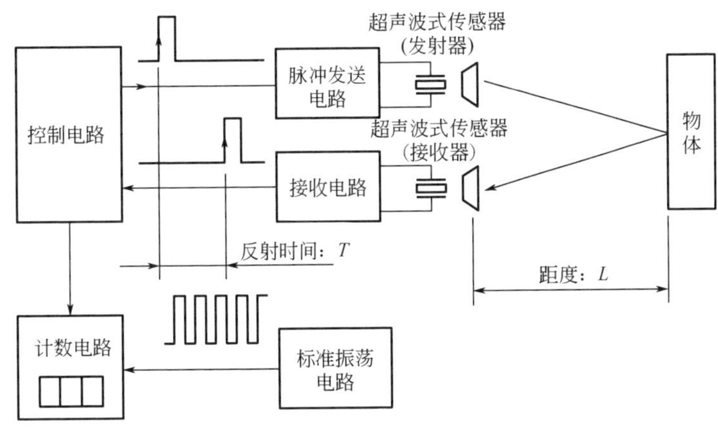

图 1-3-15　超声波式传感器原理图

激光扫描型传感器的测量原理与超声波式传感器类似。

3. 触觉传感器

触觉传感器在机器人应用中有以下几个方面的作用。

- 感知操作手指与对象物之间的作用力，使手指动作适当。
- 识别操作物的大小、形状、质量及硬度等。
- 躲避危险，以防碰撞障碍物引起事故。
- 机器人的触觉传感器一般包括压觉、滑觉、接触觉及力觉等。

（1）压觉传感器

压觉传感器实际上也是一种触觉传感器，只是它专门对压觉有感知作用。目前压觉传感器主要有以下几种。

① 压阻效应式压觉传感器。利用某些材料的内阻随压力变化而变化的压阻效应，制成压阻器件，将它们密集配置成阵列，即可检测压力的分成，如压敏导电橡胶或塑料等。

② 压电效应式压觉传感器。利用某些材料在压力的作用下，其相应表面上会产生电荷的压电效应制成压电器件，如压电晶体等，将它们制成类似人类的皮肤的压电薄膜，感知外界的压力，其优点是耐腐蚀﹑频带宽和灵敏度高等，但缺点是无直流响应，不能直接检测静态信号。

③ 集成压敏压觉传感器。利用半导体力敏器件与信号电路构成集成压敏传感器。常用的有 3 种类型，即电压型（如 ZnO/Si-IC）、电阻型 SIR（硅集成）和电容型 SIC。其优点是体积小、成本低、便于与计算机连用。缺点是耐压负载小、不柔软。

④ 利用压磁传感器。扫描电路和针式差动变压器式触觉传感器构成的压觉传感器。压磁器件具有较强的过载能力，但缺点是体积较大。

利用半导体技术制成的高密度智能压觉传感器，是一种发展潜力极大的压觉传感器，如图 1-3-16 所示。其中传感元件以压阻式与电容式最多。虽然压阻式器件比电容式器件的线性好，封装也简单，但是其灵敏度要比电容式器件小一个数量级，温度灵敏度比电容式器件大一个数量级。因此，电容式压觉传感器，特别是硅电容式压觉传感器得到了广泛的应用。

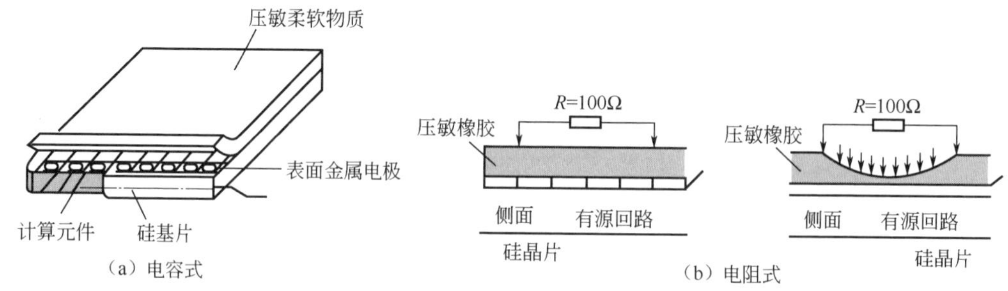

图 1-3-16　半导体高密度智能压觉传感器

(2) 滑觉传感器

机器人在抓取不知属性的物体时，其自身应能确定最佳握紧力的给定值。当握紧力不够时，要检测被握紧物体的滑动，利用该检测信号，在不损害物体的前提下，考虑最可靠的夹持方法，实现此功能的传感器称为滑觉传感器。

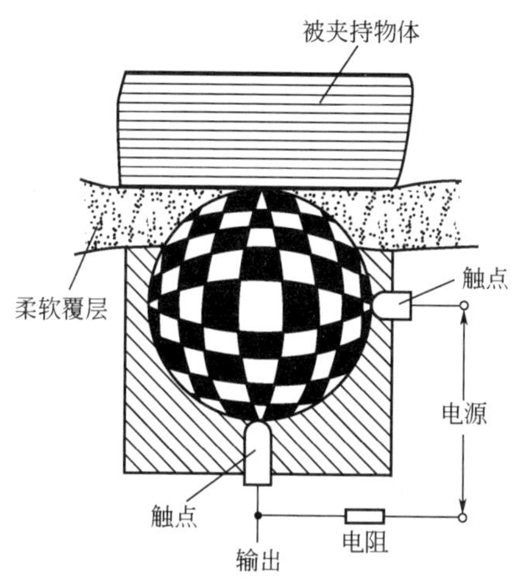

图 1-3-17　滚珠式滑觉传感器

滑觉传感器有滚动式和球式，还有一种通过振动检测滑觉的传感器。其原理是物体在传感器表面滑动时，和滚轮或环相接触，把滑动变成转动。

如图 1-3-17 所示为滚珠式滑觉传感器，图 1-3-17 中的滚球表面是导体和绝缘体配置成的网眼，从物体的接触点可以获取断续的脉冲信号，它能检测全方位的滑动行为。

如图 1-3-18 所示为滚柱式滑觉传感器结构，滚柱式滑觉传感器是经常使用的一种滑觉传感器。由图 1-3-18 可知，当机器人手爪中的物体滑动时，将使滚柱旋转，滚柱带动安装在其中的光电传感器和缝隙圆板而产生脉冲信号。这些信号通过计数电路和 D/A 转换器转换成模拟电压信号，通过反馈系统，构成闭环控制，不断修正握力，达到消除滑动的目的。

目前出现了“人工皮肤”，实际上就是一种超高密度排列的阵列传感器，主要用于表面形状和表面特性的检测。压电材料是另一种有潜力的触觉敏感材料，其原理是利用晶体的压电效应，在晶体上施压时，一定范围内施加的压力与晶体的电阻成比例关系。但是一般晶体的脆性比较大，作为敏感材料时很难制作。目前已有一种聚合物材料具有良好的压电性，且柔性好，易制作，有希望成为新的触觉敏感材料。其他常用敏感材料有半导体应变计，其原理与应变片一样，即应变变形原理。

六、多传感器的融合及应用

1. 传感器的融合

系统中使用的传感器种类和数量越来越多，每种传感器都有一定的使用条件和感知范围，

并且又能给出环境或对象的部分或整个侧面的信息，为了有效地利用这些传感器信息，需要采用某种形式对传感器信息进行综合、融合处理，不同类型信息的多种形式的处理系统就是传感器融合。传感器的融合技术设计神经网络、知识工程、模糊理论等信息检测、控制领域的新理论和新方法。如图 1-3-19 所示为 KUKA 多传感器信息融合自主移动机器人。

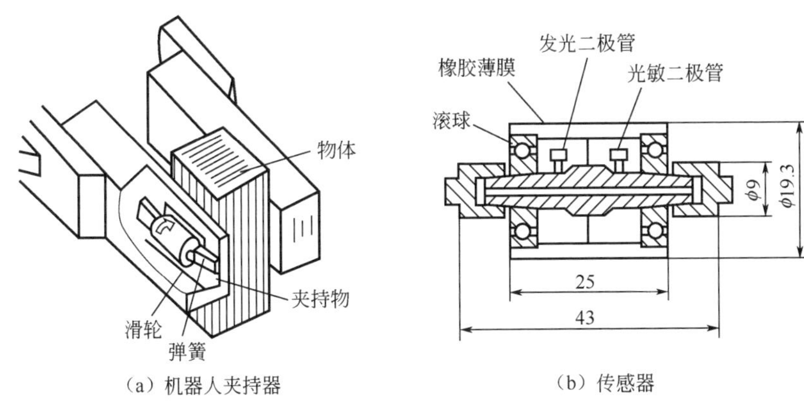

图 1-3-18　滚柱式滑觉传感器

传感器融合类型有多种，现以两个例子进行说明。

(1) 竞争性的

在传感器检测同一环境或同一物体的同一性质时，传感器提供的数据可能是一致的，也可能是矛盾的。若有矛盾，就需要系统决定。决定的方法有多种，如加权平均法、决策法等。在一个导航系统中，车辆位置的确定可以通过计算法定位系统（利用速度、方向等记录数据进行计算）或陆标观测（如交叉路口、人行道等参照物）确定。若陆标观测成功，则用陆标观测的结果，并对计算法的值进行修正，否则利用计算法所得的结果。

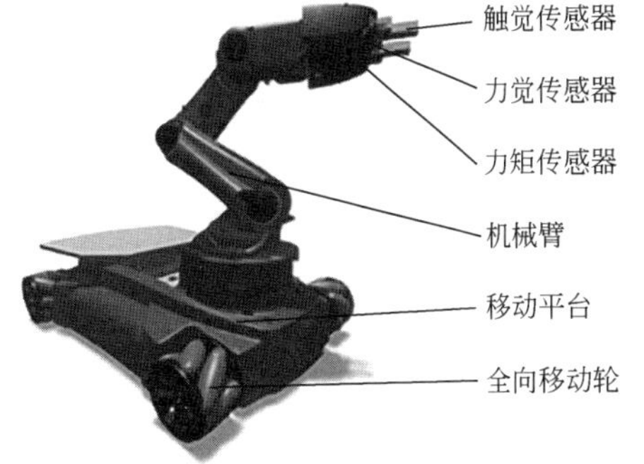

图 1-3-19　KUKA 多传感器信息融合自主移动机器人

(2) 互补性的

传感器提供不同形式的数据。例如，识别三维物体的任务就说明这种类型的融合。利用彩色摄像机和激光测距仪确定一段阶梯道路，彩色摄像机提供图像（如颜色、特征），而激光测距仪提供距离信息，两者融合即可获得三维信息。

目前，要使多种传感器信息融合成体系化尚有困难，而且缺乏理论依据。多传感器信息融合的理想目标应是人类的感觉、识别、控制体系，但由于对后者尚无一个明确的工程学的阐述，所以机器人传感器融合体系要具备哪些功能尚是一个模糊的概念。相信随着机器人智能水平的提高，多传感器信息融合理论和技术将会逐步完善和系统化。

2. 多传感器应用系统

工业机器人工作的稳定性与可靠性，依赖于机器人对工作环境的感觉和自主的适应能力，因此需要高性能传感器及各传感器的协调工作。由于不同行业工作环境所具有的特殊要求和不确定性，随着工业机器人应用领域的不断扩大，对机器人感觉系统的要求也不断提高。机器人感觉系统的设计是在实现机器人智能化的基础上，主要表现为新型传感器的应用及多传感器的融合。

一台智能机器人采用多种传感器，所以把传感的信息和存储的信息集成起来，形成控制规则也是重要的问题。在某些情况下，一台计算机就能够完全控制机器人。在某些复杂系统中，运动机器人或柔性制造系统可能要采用分层的、分散的计算机。一台执行控制器可用以完成总体规划。它把信息传递给一系列专用的处理器，以控制机器人的各种功能，并从传感器系统接收输入信号。不同层次可用来完成不同的任务。

（1）多感觉智能机器人的组成

多感觉智能机器人的组成如图 1-3-20 所示。

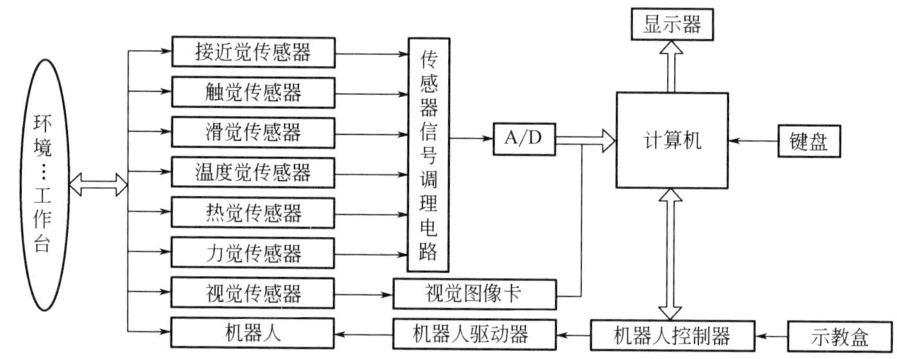

图 1-3-20　多感觉智能机器人的组成

（2）机器人本体

机器人本体结构示意图如图 1-3-21 所示。

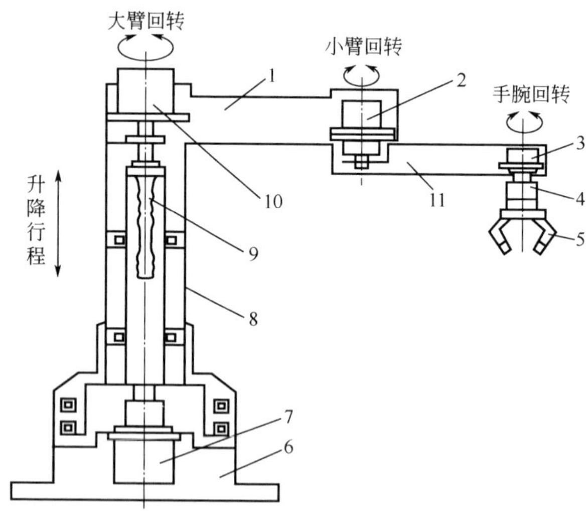

图 1-3-21　机器人本体结构示意图

1—大臂；2—小臂电动机；3—手腕电动机；4—手腕；5—手爪；6—机座；7—大臂电动机；8—升臂机；9—滚珠丝杠；10—升降电动机；11—小臂

（3）多传感系统

多感觉智能机器人具有 7 种感觉。其中，接近觉、触觉和滑觉为一体化的传感器，传感器外形被制成手指形状，便于直接安装到手爪上。温度觉和热觉传感器装于机器人的另一只手爪上。温度觉传感器是普通测量元件（集成温度传感器），热觉传感器由加热部分与铂热敏电阻实现。该手指的顶部装有垂直向接近觉传感器。力觉传感器装于机械手的腕部。将上述 6 种传感器组装于一体的机械手爪如图 1-3-22 所示。

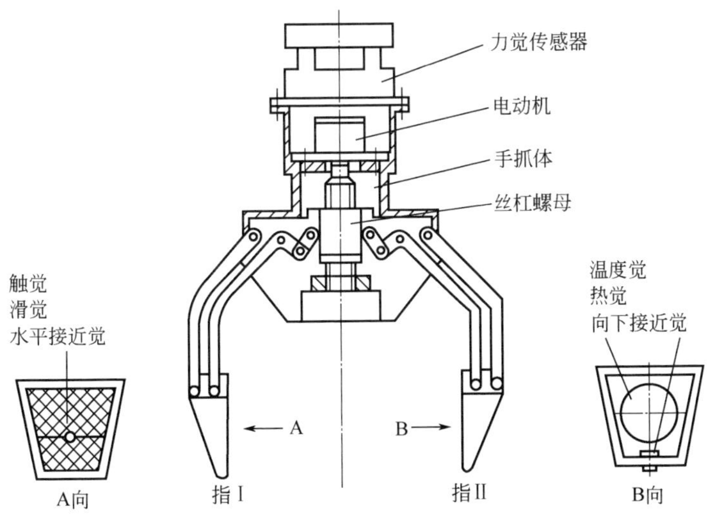

图 1-3-22　6 种传感器组装于一体的机械手爪

机器人多感觉传感器系统中除以上 6 种非视觉传感器以外，还在机器人的上方固定安装了视觉传感器（CCD 摄像机）对准机器人的作业台面。该系统采用的是 MTV-3501CB 型 CCD 摄像机（512X582PAL 制），摄像机采集的模拟视频信号通过插在计算机扩展槽中的 PC Video 图像处理卡转换成一定格式的数字信息，输入计算机。

（4）控制部分

多感觉智能机器人的控制分为 3 层。整个控制系统的硬件结构框图如图 1-3-23 所示，包括主控制单元、示教盒、3 个结构相同的下级控制单元（主要控制各个电动机的运转，1 个单元控制两台电动机）、向各控制单元提供机器人内部信号的接口（如极限位置、零位等），以及完成人机交互界面和进行多信息融合计算和控制的计算机。

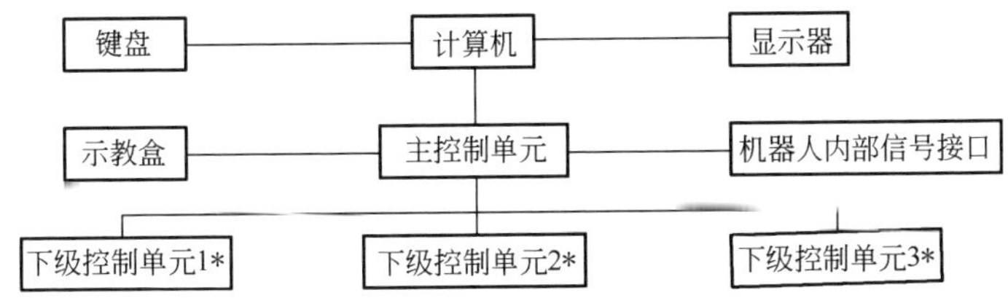

图 1-3-23　控制系统的硬件结构框图

（5）总体布局

多感觉智能机器人的系统总体布局如图 1-3-24 所示。控制部分包含各传感器的信号调理电路、主控制器及下级控制单元、驱动电路、电源等。

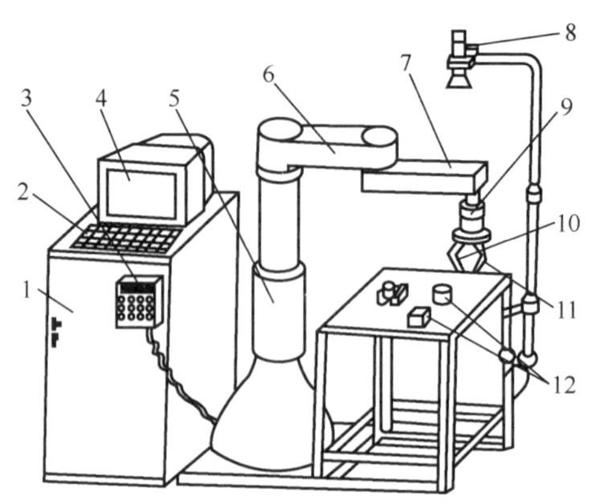

图 1-3-24　多感觉智能机器人的系统总体布局

1—控制柜；2—键盘；3—示教盒；4—显示器；5—机座；6—大臂；7—小臂；8—CCD 摄像机；9—腕力传感器；10—触觉、滑觉、接近觉传感器；11—温度觉、热觉传感器；12—不同截面和不同材质的试件若干

任务实施

实施本任务教学所使用的实训设备及工具材料见表 1-3-3。

表 1-3-3　实训设备及工具材料

序号	分类	名称	型号规格	数量	单位	备注
1	设备器材	编码式位移传感器	自定	1	个	
2		电位器位移传感器	自定	1	个	
3		增量式光电编码器	自定	1	个	
4		六维腕力传感器	自定	1	个	
5		十字梁腕力传感器	自定	1	个	
6		电涡流式传感器	自定	1	个	
7		光纤传感器	自定	1	个	
8		压觉传感器	自定	1	个	
9		滚珠式滑觉传感器	自定	1	个	
10		滚柱式滑觉传感器	自定	1	个	

二、辨识工业机器人传感器

1．指出 ABB 系列工业机器人多用传感器

学生分组，每组列出 ABB 系列工业机器人所有的传感器种类，并指出其代号。

2．根据所给出的传感器，选择并指出适应的部位

给出 10 种以上机器人常用传感器，供学生选择，并说出分别用于工业机器人的什么部位。

任务测评

对任务实施的完成情况进行检查，并将结果填入表 1-3-4 中。

表 1-3-4　任务测评表

序号	主要内容	考核要求	评分标准	配分	扣分	得分
1	辨识工业机器人传感器	1. 指出 ABB 系列工业机器人所用的传感器 2. 能根据所给的传感器，选择并指出适应的部位 3. 能正确说出所选择传感器的工作原理	1. 不能分辨出机器人所用的传感器，每个扣 10 分 2. 不能指出所给出的传感器在机器人中的适应部位，每个扣 10 分 3. 不能说出所选择传感器的工作原理，每个扣 10 分	90		
2	安全文明生产	劳动保护用品穿戴整齐；遵守操作规程；讲文明礼貌；操作结束要清理现场	1. 操作中，违反安全文明生产考核要求的任何一项扣 5 分，扣完为止 2. 当发现学生有重大事故隐患时，要立即予以制止，并每次扣安全文明生产总分 10 分	10		
合　计						
开始时间：			结束时间：			

巩固与提高

一、填空题

1．用于检测物体接触面之间相对运动大小和方向的传感器是______传感器。

2．传感器的输出信号达到稳定时，输出信号变化与输入信号变化的比值代表传感器的________参数。

3．传感器的基本转换电路是将敏感元件产生的易测量小信号进行变换，使传感器的信号输出符合具体工业系统的要求，一般为________。

二、选择题

1．日本日立公司研制的经验学习机器人装配系统采用触觉传感器有效地反映装配情况。其触觉传感器属于下列哪种传感器（　　）。

A．接触觉　　B．接近觉　　C．力/力矩觉　　D．压觉

2．机器人外部传感器不包括下面哪种传感器？（　　）。

A．力或力矩　　B．接近觉　　C．触觉　　D．位置

3．机器人内部传感器不包括下面哪种传感器？（　　）。

A．位姿与速度　　B．姿态与位置

C．位置与运动状态　　D．姿态与速度

4．工业机器人中（　　）是连接机身和手腕的部件。

A．位置　　B．速度　　C．压觉　　D．力觉

三、简答与分析题

1．根据图 1-3-25 所示回答以下问题。

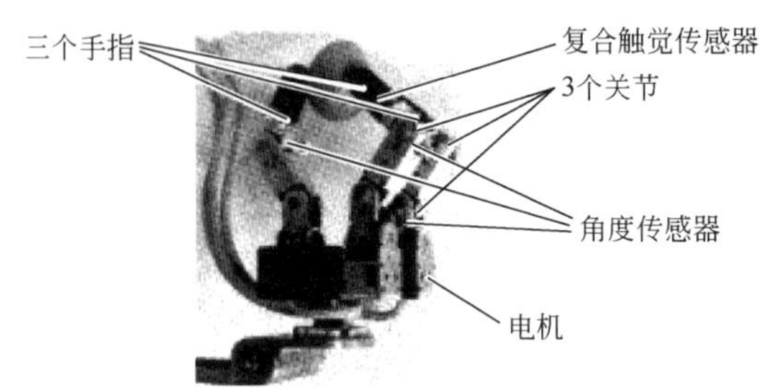

图 1-3-25　机器人手部传感器

（1）指出图 1-3-25 中用到哪些传感器？

（2）图 1-3-25 中复合触觉传感器的作用是什么？

2．能否设想一下，一个高智能类人机器人大约会用到哪些传感器技术？

3．编码器有哪两种基本形式？各自特点是什么？

任务 4　认识工业机器人的控制与驱动系统

学习目标

✧ 知识目标

1. 掌握工业机器人控制系统的特点。
2. 了解工业机器人控制系统的基本要求。
3. 了解工业机器人控制系统的组成与结构。
4. 掌握工业机器人的控制方式。
5. 掌握工业机器人的控制策略。
6. 掌握工业机器人的驱动系统。

✧ 能力目标

1. 会辨别工业机器人伺服驱动器的类别。
2. 能够识别工业机器人电气控制柜各个元器件的名称及功能。

工作任务

机器人与其他机械装置有所不同，其功能和结构方面要求具有较强的通用性、柔性和适应性。为满足这些要求，机器人通常由 4 部分构成，即操作人员与机器人之间进行的通信部分，测量周围环境和机器人自身状态的传感器部分，对信息进行处理的控制部分，根据决策进行动作执行的机器人本体部分。

目前工业机器人在指令传递和驱动控制上，更多地依赖其本身机构所具备的灵活性，以及计算机软件控制。

本次任务是：通过学习，了解有关工业机器人系统的基本组成、技术参数及运动控制，能够熟练进行机器人坐标系和运动轴的选择，并能够使用示教器熟练操作机器人实现单轴运动、线性运动与重定位运动。

相关知识

一、工业机器人的控制系统

工业机器人的控制技术是在传统机械系统的控制技术的基础上发展起来的，因此两者之间并无根本的不同，但工业机器人控制系统有其独到之处。工业机器人控制系统有以下特点。

（1）工业机器人的控制与机构运动学及动力学密切相关。工业机器人手部的状态可以在各种坐标下描述，应当根据需要，选择不同的基准坐标系，并进行适当的坐标变换。工业机器人的控制中涉及运动学的正问题和逆问题，除此之外还包括惯性力、外力（包括重力）及哥氏力、向心力等对机器人控制的影响。

（2）比较复杂的工业机器人的自由度较多，每个自由度需要配置一个伺服机构，在工作过程中，各个伺服机构必须协调起来，组成一个多变量控制系统。

（3）从经典控制理论的角度来看，多数机器人控制系统中都包含非最小的相位系统，例如，步行机器人或关节式机器人往往包含“上摆”系统。由于上摆的平衡点是不稳定的，因此必须采取相应的控制策略。

（4）把多个独立的伺服系统有机地协调起来，使其按照人的意志行动，甚至赋予机器人一定的“智能”，这个任务只能由计算机来完成。因此，机器人控制系统必须是一个计算机控制系统。因此，控制机器人的计算机软件极为重要。

（5）描述机器人状态和运动的数学模型是一个非线性模型，随着状态的不同和外力的变化，其参数也在变化，各变量之间还存在耦合关系。因此，仅仅采用位置闭环是不够的，还要利用速度甚至加速度闭环。系统中经常使用重力补偿、前馈、解耦或自适应控制等方法。

（6）机器人的动作可以通过不同的方式和路径来完成，因此存在一个最优方案的规划问题。较高级的机器人可以用人工智能的方法，用计算机建立起庞大的信息库，借助信息库进行控制、决策、管理和操作。利用传感器和模式识别的方法获得对象及环境的工况，按照给定的指标要求，自动地选择最佳的控制规律。

总而言之，机器人控制系统是一个与运动学和动力学密切相关的、有耦合的、非线性的多变量控制系统。由于它的综合性和特殊性，经典控制理论和现代控制理论都不能照搬使用。

二、工业机器人控制系统的基本功能

工业机器人控制系统是机器人的重要组成部分，以完成特定的工作任务，其基本功能如下。

1. 记忆功能

记忆功能包括存储作业顺序、运动路径、运动方式、运动速度和与生产工艺有关的信息。

2. 示教功能

示教功能包括离线编程、在线示教、间接示教。在线示教包括示教盒示教和导引示教两种。

3. 与外围设备联系功能

联系功能是指通过输入和输出接口、通信接口、网络接口、同步接口，与外围设备进行联系。

4．坐标设置功能

坐标设置功能包括关节、绝对、工具、用户自定义 4 种坐标系。

5．人机接口

人机接口包括示教盒、操作面板、显示屏。

6．传感器接口

传感器接口感知内容包括位置检测、视觉、触觉、力觉等。

7．位置伺服功能

位置伺服功能包括机器人多轴联动、运动控制、速度和加速度控制、动态补偿等。

8．故障诊断安全保护功能

故障诊断安全保护功能主要是指运行状态下系统监视、故障状态下的安全保护和故障自诊断。

三、工业机器人控制系统的控制方式和结构

1．控制方式

在控制系统的结构方面通常有以下 3 种控制方式。现在大部分工业机器人都采用两级计算机控制。第一级担负系统监控、作业管理和实时插补任务，由于运算工作量大、数据多，所以大都采用 16 位以上的计算机。第一级运算结果作为目标指令传输到第二级计算机，经过计算处理后传输到各执行元件。

（1）集中控制方式

使用一台计算机实现全部控制功能，结构简单、成本低，但实时性差，难以扩展，集中控制方式构成框图如图 1-4-1 所示。

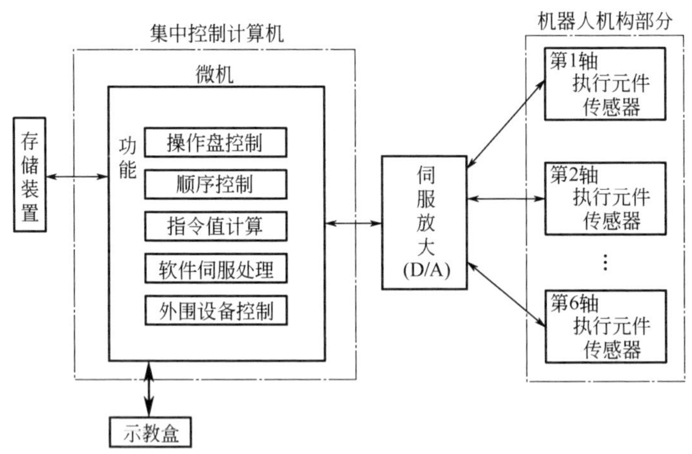

图 1-4-1　集中控制方式构成框图

（2）主从控制方式

采用主、从两级处理器实现系统的全部控制功能。主计算机实现管理、坐标变换、轨迹生成和系统自诊断等；从计算机实现所有关节的动作控制。主从控制方式构成框图

如图 1-4-2 所示。主从控制方式系统实时性较好，适于高精度、高速度控制，但其系统扩展性较差，维修困难。

（3）分散控制方式

按系统的性质和方式将系统控制分成几个模块，每一个模块各有不同的控制任务和控制策略，各模式之间可以是主从关系，也可以是平等关系。这种方式实时性好，易于实现高速、高精度控制，易于扩展，可实现智能控制，是目前流行的方式，分散控制方式构成框图如图 1-4-3 所示。

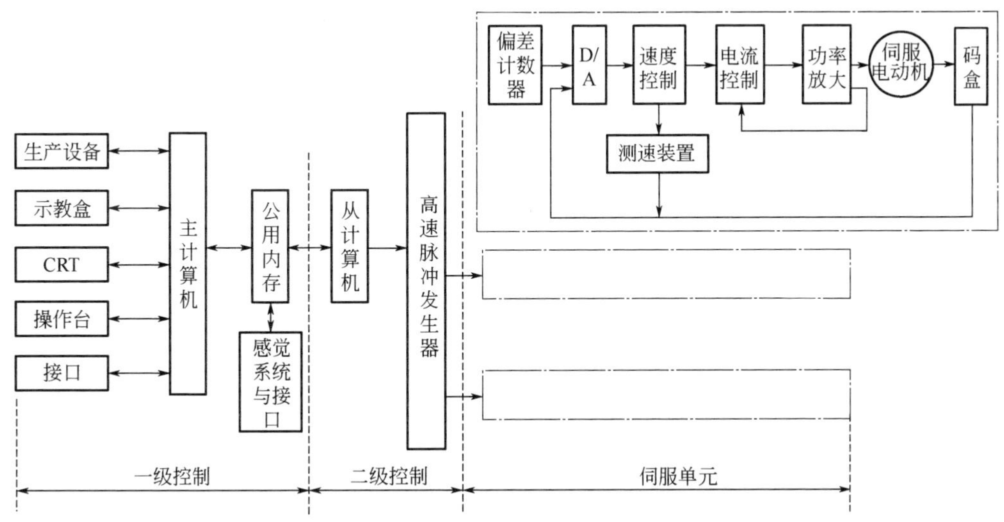

图 1-4-2　主从控制方式构成框图

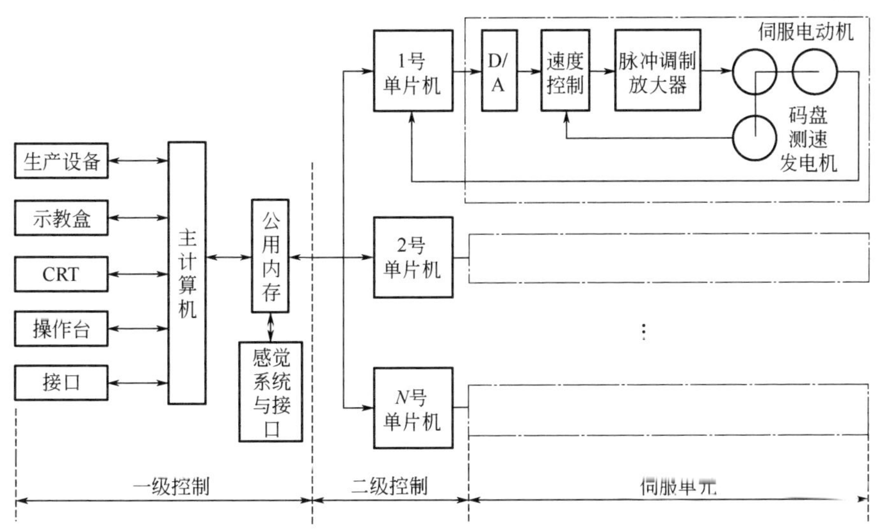

图 1-4-3　分散控制方式构成框图

工业机器人控制系统主要包括硬件和软件两个部分。

2．硬件部分

机器人控制系统的硬件组成如图 1-4-4 所示，其配置如下所述。

（1）控制计算机

控制系统的调度指挥机构。一般为微型机、微处理器，有 32 位、64 位等，如奔腾系列 CPU，以及其他类型 CPU。

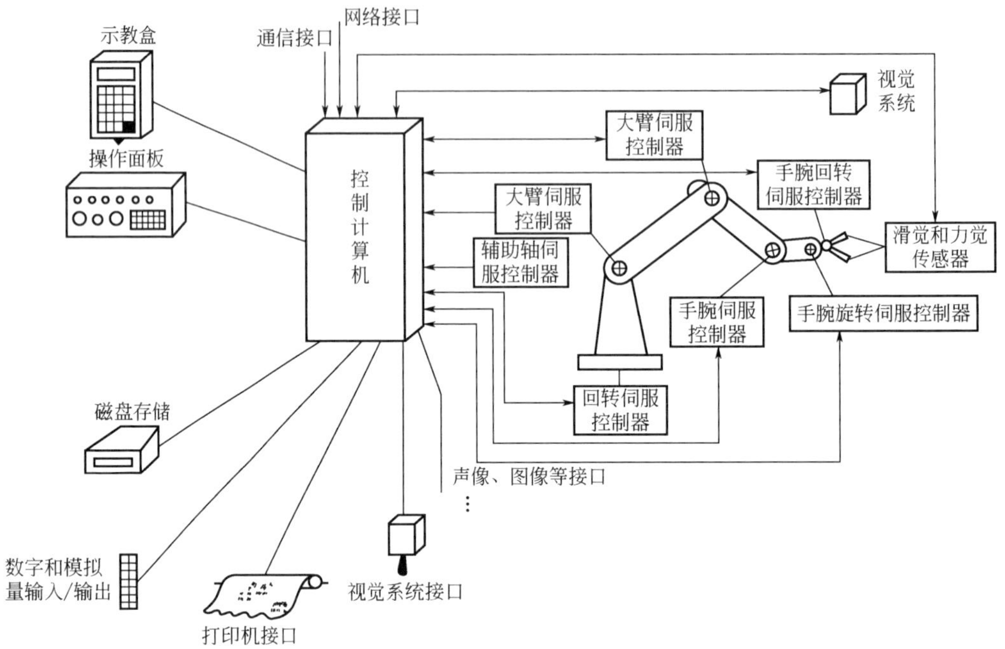

图 1-4-4　机器人控制系统的硬件组成

（2）示教盒

示教机器人的工作轨迹和参数设定，以及所有人机交互操作，拥有独立的 CPU 及存储单元，与主计算机之间以总线通信方式实现信息交互。

（3）操作面板

由各种操作按键、状态指示灯构成，只完成基本功能操作。

（4）硬盘和软盘存储器

存储机器人工作程序的外围存储器。

（5）数字和模拟量输入/输出

各种状态和控制命令的输入或输出。

（6）打印机接口

记录需要输出的各种信息并实现打印功能。

（7）传感器接口

用于接收机器人所使用的传感器的数据，实现机器人的闭环控制。一般用于接收力觉、触觉和视觉传感器等的数据流。

（8）轴控制器

完成机器人各关节位置、速度和加速度控制。

（9）辅助设备控制

用于控制和机器人配合的辅助设备，如手爪变位器等。

（10）通信接口

实现机器人和其他设备的信息交换，一般有串行接口、并行接口等。

（11）网络接口

常用的网络接口有 Ethernet 接口和 Fieldbus 接口。

① Ethernet 接口。可通过以太网实现数台或单台机器人的直接 PC 通信，数据传输速率高达 10Mb/s，可直接在 PC 机上用 Windows 库函数进行应用程序编程之后，支持 TCP/IP 通信协议，通过 Ethernet 接口将数据及程序装入各个机器人控制器中。

② Fieldbus 接口。支持多种流行的现场总线规格。如 Device net、AB Remote I/O、Interbus-s、Profibus-DP、M-NE 等。

3．软件部分

这里所说的软件主要是指控制软件，它包括运动轨迹规划算法和关节伺服控制算法及相应的动作顺序。软件编程可以用多种计算机语言实现，但由于多数机器人的控制比较复杂，编程工作的劳动强度较大，编写的程序可读性也较差。因此，通过通用语言的模块化，开发了机器人的专用语言。把机器人的专用语言与机器人系统融合，是当前机器人控制系统发展的主流。

四、工业机器人的控制方式

1．点位式

很多机器人要求准确地控制末端执行器的工作，而路径却无关紧要。例如，在印刷电路板上安插元件、点焊、装配等工作，都属于点位式工作方式。一般来说这种控制方式比较简单，但是要达到 2～3μm 的定位精度也是相当困难的。

2．轨迹式

在弧焊、喷漆、切割等工作中，要求机器人末端执行器按照示教的轨迹和速度运动。如果偏离预定的轨迹和速度，就会使产品报废。其控制方式类似于控制原理中的跟踪系统，可称为轨迹伺服控制。

3．力（力矩）控制方式

在装配、抓放物体等工作时，除要准确定位外，还要求使用适度的力或力矩进行工作，这时就要利用力（力矩）伺服控制方式。这种方式的控制原理与位置伺服控制原理基本相同，只不过输入量和反馈量不是位置信号，而是力（力矩）信号，因此系统中必须有力（力矩）传感器。有时也利用接近、滑动等功能进行适应式控制。

4．智能控制方式

工业机器人的智能控制是通过传感器获得周围环境的知识，并根据自身内部的知识库做出相应的决策。采用智能控制技术，使工业机器人具有了较强的环境适应性及自学习能力。智能控制技术的发展有赖于近年来人工神经网络、基因算法、遗传算法、专家系统等人工智能的迅速发展。

五、工业机器人的控制策略

机器人的控制策略很多，在此仅介绍一些常见的控制策略。

1．重力补偿

在机器人系统，特别是关节型机器人中，手臂的自重相对于关节点会产生一个力矩，这个力矩的大小随手臂所处的空间位置而变化。显然这个力矩对控制系统来说是不利的，但这个力矩的变化是有规律的，它可以通过传感器测出手臂的转角，再利用三角函数和坐标变换计算出来。如果在伺服系统的控制量中实时地加入一个抵消重力影响的量，那么控制系统就会大为简化。如果机械结构是平衡的，则不必补偿。力矩的计算要在自然坐标系中进行，重力补偿是各个关节独立进行的，称为单级补偿；也可以同时考虑其他关节的重力进行补偿，称为多级补偿。

2．前馈和超前控制

在轨迹式控制方式中，根据事先给定的运动规律，就可以从给定信号中提取速度、加速度信号，把它加在伺服系统的适当部位上，以消除系统的速度和加速度跟踪误差，这就是前馈。前馈控制不影响系统的稳定性，控制效果却是显著的。

同样，由于运动规律是已知的，可以根据某一时刻的位置与速度，估计下一时刻的位置误差，并把这个估计量加到下一时刻的控制量中，这就是超前控制。

超前控制与前馈控制的区别在于：前者是指控制量在时间上提前，后者是指控制信号的流向是向前的。

3．耦合惯量及摩擦力的补偿

在一般情况下，只要外关节的伺服带宽大于内关节的伺服带宽，就可以把各关节的伺服系统看成独立的，这样处理可以使问题大为简化。剩下的问题仅仅是怎样把工作任务分配给各伺服系统。然而在高速度、高精度机器人中，必须考虑一个关节运动会引起另一个关节的等效转动惯量变化，也就是耦合惯量问题。要解决耦合惯量问题则需要对机器人进行加速度补偿。

高精度机器人还要考虑摩擦力的补偿。由于静摩擦力与动摩擦力的差别很大，因此系统启动时刻和启动后补偿量是不同的，摩擦力的大小可以通过实验测得。

4．传感器位置反馈

在点位控制方式中，单靠提高伺服系统的性能来保证精度要求有时是比较困难的。但是，可以在程序控制的基础上，再用一个位置传感器进一步消除误差。传感器可以是简单的，感知范围也可以较小。这种系统虽然硬件上有所增加，但软件的工作量却可以大大减少。这种系统为传感器闭环系统或大环伺服系统。

5．记忆-修正控制

在轨迹控制方式中，可以利用计算机的记忆和计算功能，记忆前一次的运动误差，改进后一次的控制量。经过若干次修正可以逼近理想轨迹。这种系统被称为记忆-修正控制系统，它适用于重复操作场合。

6．触觉控制

机器人的触觉可以判别物体的有无，也可以判断物体的形状。前者可以用于控制动作的启、停；后者可以用于选择零件、改变行进路线等。人们还经常利用滑觉（切向力传感器）来自动改变机器人夹持器的握力，使物体不致滑落，同时又不至于破坏物体。触觉控制可以使机器人具有某种程度的适应性，也可以把它看成一种初级的智能控制。

7．听觉控制

有的机器人可以根据人类声音做出判断给出回答或执行任务，这是利用了声音识别系统。该系统首先提取所收到的声音信号的特征，如幅度特征、过零率、音调周期、线性预测系数、升到共振峰等特性，然后与事先存储在计算机内的“标准模板”进行比较。这种系统可以识别特定人的有限词汇，较高级的声音识别系统还可以用句法分析的手段识别较多的语音内容。

8．视觉控制

利用视觉控制可以大量获取外界信息，但由于计算机容量及处理速度的限制，所处理的信息往往是有限的。机器人系统常用视觉系统判别物体形状和物体之间的关系，也可以用来测量距离、选择运动路径等。无论是光导摄像管，还是电荷耦合器件都只能获取二维图像信息。为了获取三维视觉信息，可以使用两台或多台摄像机，也可以从光源上想办法，如使用结构光。获得的信息用模式识别的方法进行处理。由于视觉系统结果复杂、价格昂贵，一般只用于比较高级的机器人中，在其他情况下，可以考虑使用简易视觉系统。光源不仅限于普通光，还可以使用激光、红外线、X 光、超声波等。

9．最佳控制

在高速度机器人中，除选择最佳路径外，还普遍采用最短时间控制，即所谓“砰砰控制”。简单地说，机械臂的动作分为两步：首先以最大能力加速，然后以最大能力减速，中间选择一个最佳切换时间，这样可以保证速度最快。

10．自适应控制

很多情况下，机器人手臂的物理参数是变化的。例如，夹持不同的物体处于不同的状态下，质量和惯性矩都是在变化的，因此运动方程式中的参数也在变化。工作过程中，还存在着未知的干扰。实时地辨别系统参数并调整增益矩阵，才能保证跟踪目标的准确性。这就是典型的自适应控制问题。由于系统复杂，工作速度快，和一般的过程控制中的自适应控制相比，问题要复杂得多。

11．解耦控制

机器人手臂的运动会对其他运动产生影响，即各自由度之间存在着耦合，即某处的运动对另一处的运动有影响。在耦合较弱的情况下，可以把它当作一种干扰，在设计中适当处理即可。在耦合严重的情况下，必须考虑一些解耦措施，使各自由度相对独立。

12．递阶控制

智能机器人具有视觉、触觉或听觉等多种传感器，自由度的数目往往较多，各传感器系统要对信息进行实时处理，各关节都要进行实时控制，它们是并行的，但需要有机地协调起来。因此控制必然是多层次的，每一层次都有独立的工作任务，它给下一层次提供控制指令和信息；下一层次又把自身的状态及执行结果反馈给上一层次。最低一层是各关节的伺服系统，最高一层是管理（主）计算机，称为协调级。由此可见，大系统控制理论可以用在机器人控制系统中。

六、工业机器人的驱动系统

工业机器人驱动系统按动力源可分为液压驱动、气动驱动和电动驱动 3 种基本驱动类型。

根据需要，可采用 3 种基本驱动类型中的一种，或由 3 种基本驱动类型结合的合成式驱动系统。液压驱动、气动驱动和电动驱动的主要特点见表 1-4-1。

表 1-4-1　液压驱动、气动驱动和电动驱动的主要特点

内容	驱动方式		
	液压驱动	气动驱动	电动驱动
输出功率	输出功率很大，压力范围为 50～140N/cm^2	输出功率大，压力范围为 48～60N/cm^2，最大可达 100N/cm^2	
控制性能	利用液体的不可压缩性，控制精度较高，输出功率大，可无级调速，反应灵敏，可实现连续轨迹控制	气体压缩性大，精度低，阻尼效果差，低速不易控制，难以实现高速、高精度的连续轨迹控制	控制精度高，功率较大，能精确定位，反应灵敏，可实现高速、高精度的连续轨迹控制，伺服特性好，控制系统复杂
响应速度	很高	较高	很高
结构性能及体积	结构适当，执行机构可标准化、模拟化，易实现直接驱动。功率/质量比大，体积小，结构紧凑，密封问题较大	结构适当，执行机构可标准化、模拟化，易实现直接驱动。功率/质量比大，体积小，结构紧凑，密封问题较小	伺服电动机易于标准化，结构性能好，噪声低，电动机一般需配置减速装置，除 DD 电动机（直驱电动机）外，难以直接驱动。结构紧凑，无密封问题
安全性	防爆性能较好，用液压油作为传动介质，在一定条件下有火灾危险	防爆性能好，高于 1 000kPa（10 个大气压）时应注意设备的抗压性	设备自身无爆炸和火灾危险，直流有刷电动机换向时有火花，对环境的防爆性能较差
对环境的影响	液压系统易漏油，对环境有污染	排气时有噪声	无
在工业机器人中的应用范围	适用于重载、低速驱动工业机器人，电动机伺服系统适用于喷涂机器人、点焊机器人和托运机器人	适用于中小负载驱动、精度要求较低的有限点位程序控制机器人，如冲压机器人本体的气动平衡及装配机器人气动夹具	适用于中小负载、要求具有较高的位置控制精度和轨迹控制精度、速度较高的机器人，如 AC 伺服喷涂机器人、点焊机器人、弧焊机器人、装配机器人等
成本	液压元件成本较高	成本低	成本高
维修及使用	方便，但油液对环境温度有一定要求	方便	较复杂

1．液压驱动

图 1-4-5　液压驱动工业机器人

液压驱动工业机器人如图 1-4-5 所示，是利用油液作为传递的工作介质。电动机带动液压泵输出压力油，将电动机输出的机械能转换成油液的压力能，压力油经过管道及一些控制调节装置进入油缸，推动活塞杆运动，从而使机械臂产生伸缩、升降等运动，将油液的压力能又转换成机械能。

（1）液压系统的组成

液压系统主要由液压泵、液压机（液压执行装置）、控制调节装置和辅助装置等组成。

① 液压泵。能量转换装置，将电动机输出的机械能转换为油液的压力能，用压力油驱动整个液压系统工作。

② 液压机（液压执行装置）。压力油驱动运动部件对外工作的部分。机械臂做直线运动，

液压机就是机械臂伸缩油缸，也有做回转运动的液动机，一般称为液压马达，回转角度小于360°的液动机，一般称为回转油缸（或摆动油缸）。

③ 控制调节装置。各类阀，包括压力控制阀、流量控制阀、方向控制阀。主要调节控制液压系统油液的压力、流量和方向，使机器人的机械臂、手腕、手指等能够完成所要求的运动。

④ 辅助装置。如油箱、滤油器、储能器、管路和管接头及压力表等。

（2）液压伺服驱动系统

液压驱动机器人分为程序控制驱动和伺服控制驱动两种类型。前者属非伺服型，适用于有限点位要求的简易搬运机器人，液压驱动机器人中应用较多的是伺服控制驱动系统。在此主要介绍液压伺服驱动系统。

液压伺服驱动系统由液压源、驱动器、伺服阀、传感器和控制回路组成，如图 1-4-6 所示。

液压泵将压力油供给伺服阀，给定位置指令值与位置传感器的实测值之差经放大器放大后送到伺服阀。当信号输入到伺服阀时，压力油被供到驱动器并驱动载荷。当反馈信号与输入指令值相同，驱动器便停止。伺服阀在液压伺服系统中是不可缺少的一部分，它利用电信号实现液压系统的能量控制。在响应快、载荷大的伺服系统中往往采用液压驱动器，原因在于液压驱动器的输出力与质量比最大。

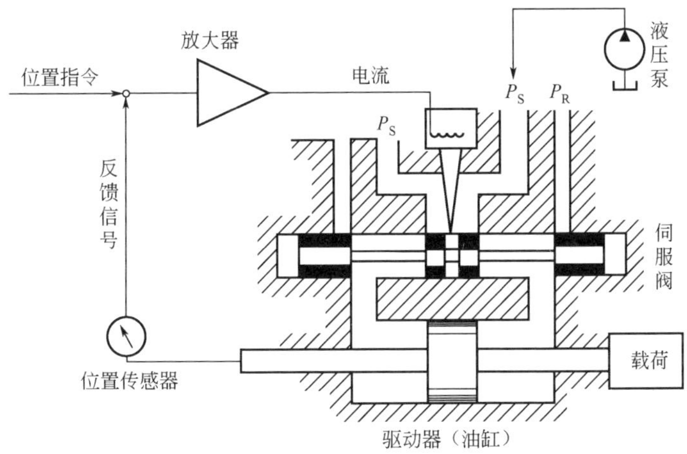

图 1-4-6 液压伺服驱动系统

2. 气动驱动

气动驱动工业机器人如图 1-4-7 所示，气动驱动控制以压缩空气作为工作介质，工作原理与液压驱动相似。

图 1-4-7 气动驱动工业机器人

工业机器人气动驱动结构图如图 1-4-8 所示。

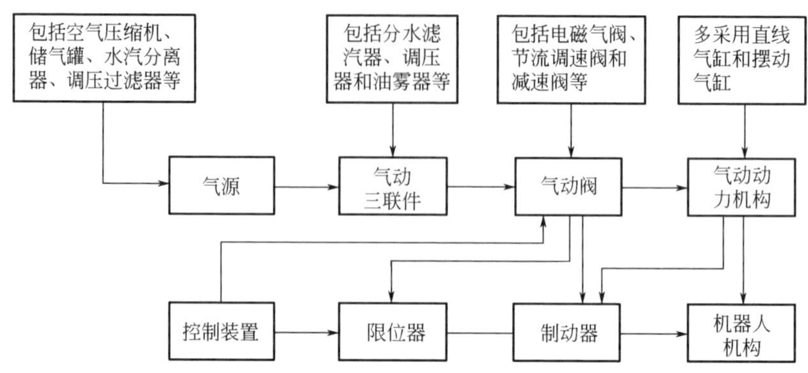

图 1-4-8　工业机器人气动驱动结构图

气动驱动系统由以下 4 部分组成。

（1）气源系统

压缩空气是保证气动系统正常工作的动力源。一般工厂均设有压缩空气站。压缩空气站的设备主要是空气压缩机和气源净化辅助设备。

由于压缩空气中含有蒸汽、油气和灰尘，这些杂质如果被直接带入储气罐、管道及气动元件和装置中，会引起腐蚀、磨损、阻塞等一系列问题，从而造成气动系统效率和寿命降低、控制失灵等严重后果。因此，压缩空气需要净化。

（2）气源净化辅助设备

气源净化辅助设备主要有后冷却器、水油分离器、储气罐和过滤器等。

① 后冷却器。后冷却器安装在空气压缩机出口处的管道上，它的作用是使压缩空气降温。一般的工作压力为 8kg/cm^2 的空气压缩机，排气温度高达 140～170℃，压缩空气中所含有的水和油（气缸润滑油混入压缩空气）均为气态。经后冷却器降温 40～50℃后，水汽和油气凝聚成水滴和油滴，再经油水分离器析出。

② 水油分离器。将水、油分离出去。

③ 储气罐。存放大量的压缩空气，以供给气动装置连续和稳定的压缩空气，并可减少由于气流脉动所造成的管道振动。

④ 过滤器。过滤压缩空气。一般气动控制元件对空气的过滤要求比较严格，常采用简易过滤器过滤后，再经分水过滤器二次过滤。

（3）气动执行机构

气动执行机构有气缸和气动马达两种。

气缸和气动马达（气马达）是将压缩空气的压力能转换为机械能的能量转换装置。气缸输出力，驱动工作部分做直线往复运动或往复摆动；气动马达输出力矩，驱动机构做回转运动。

（4）空气控制阀和气动逻辑元件

空气控制阀是气动控制元件，它的作用是控制和调节气路系统中压缩空气的压力、流量和方向，从而保证气动执行机构按规定的程序正常地进行工作。

空气控制阀有压力控制阀、流量控制阀和方向控制阀 3 类。

气动逻辑元件是通过可动部件的动作，进行元件切换而实现逻辑功能的。采用气动逻辑元件给自动控制系统提供了简单、经济、可靠和寿命长的新方式。

3. 电动驱动

电动驱动也称电气驱动，是利用电动机产生的力或力矩直接或通过减速机构等间接的驱动机器人的各个运动关节的驱动方式，一般由电动机及其驱动器组成。电动驱动工业机器人如图 1-4-9 所示。

图 1-4-9　电动驱动工业机器人

（1）电动机

工业机器人常用的电动机有直流伺服电动机、交流伺服电动机和步进伺服电动机。

① 直流伺服电动机（DC 伺服电动机）。直流伺服电动机的控制电路比较简单，所构成的驱动系统价格比较低廉，但是在使用过程中直流伺服电动机的电刷会有磨损，需要定时调整及更换，既增加了工作负担又会影响机器人的性能，且电刷易产生火花，在喷雾、粉尘等工作环境中容易引起火灾等，存在安全隐患。

② 交流伺服电动机（AC 伺服电动机）。交流伺服电动机的结构比较简单，转子由磁体构成，直径较细；定子由三相绕组组成，可通过大电流，无电刷，运行安全可靠；适用于频繁启动、停止工作，而且过载能力、力矩惯量比、定位精度等优于直流伺服电动机；但是其控制电路比较复杂，所构成的驱动系统价格相对比较高。

③ 步进伺服电动机。步进伺服电动机是以电脉冲驱动使其转子转动产生转角值的动力装置。其中输入的脉冲数决定转角值，脉冲频率决定转子的速度。其控制电路较为简单，且不需要转动状态的检测电路，因此所构成的驱动系统价格比较低廉。但是，步进伺服电动机的功率比较小，不适用于大负荷的工业机器人使用。

（2）驱动器

伺服驱动器也称伺服控制器或伺服放大器，是用来控制、驱动伺服电动机的一种控制装置，多数是采用脉冲宽度调制（PWM）进行控制驱动完成机器人的动作。为了满足实际工作对机器人的位置、速度和加速度等物理量的要求，通常采用如图 1-4-10 所示的工业机器人电动驱动原理，由位置控制构成的位置环，速度控制构成的速度环和转矩控制构成的电流环组成。

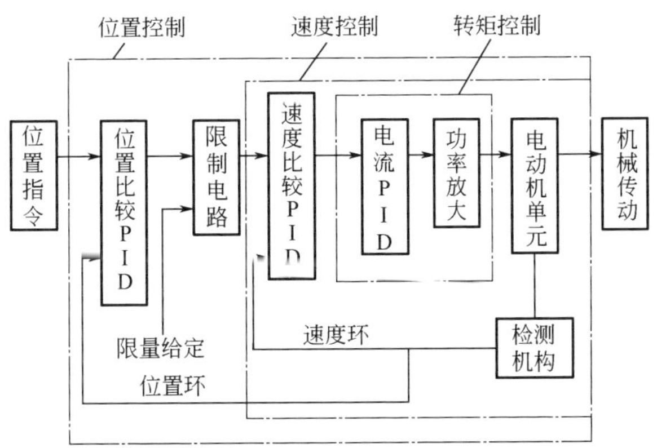

图 1-4-10　工业机器人电动驱动原理

驱动器的电路一般包括功率放大器、电流保护电路、高低压电源、计算机控制系统电路等。根据控制对象（电动机）的不同，驱动器一般分为直流伺服电动机驱动器、交流伺服电动机驱动器和步进伺服电动机驱动器。

① 直流伺服电动机驱动器。直流伺服电动机驱动器一般采用 PWM 伺服驱动器，通过改变脉冲宽度来改变加在电动机电枢两端的电压进行电动机的转速调节。PWM 伺服驱动器具有调速范围宽、低速特性好、响应快、效率高等特点。

② 交流伺服电动机驱动器。交流伺服电动机驱动器通常采用电流型脉宽调制（PWM）变频调速伺服驱动器，将给定的速度与电动机的实际速度进行比较，产生速度偏差；根据速度偏差产生的电流信号控制交流伺服电动机的转动速度。交流伺服电动机驱动器具有转矩转动惯量比高的优点。

③ 步进伺服电动机驱动器。步进伺服电动机驱动器是一种将电脉冲转化为角位移的执行机构，主要由脉冲发生器、环形分配器和过滤放大器等组成。通过控制供电模块对步进电动机的各相绕组按时序给步进伺服电动机进行供电；驱动器发送一个脉冲信号，能够驱动步进伺服电动机转动一个固定的角度（也称步距角）；通过控制所发送的脉冲个数实现电动机的转角位移量控制，通过控制脉冲频率实现电动机的转动速度和加速度的控制，达到定位和调速的目的。

一、任务准备

实施本任务教学所使用的实训设备及工具材料见表 1-4-2。

表 1-4-2　实训设备及工具材料

序号	分类	名称	型号规格	数量	单位	备注
1	工具	电工常用工具		1	套	
2	设备器材	6 轴机器人本体	ABB	1	台	
3		控制柜	IRC5	1	套	
4		示教器		1	套	
5		示教器电缆		1	条	
6		机器人动力电缆		1	条	
7		机器人编码器电缆		1	条	

二、认识机器人控制柜

本任务采用的 ABB 公司生产的 IRC5 控制电柜，如图 1-4-11 所示。IRC5 以先进动态建模技术为基础，对机器人性能实施自动优化，大幅提升了 ABB 机器人执行任务的效率。IRC5 控制柜包括开关按钮、模式切换按钮、I/O 输入输出板、动力电缆、编码器电缆、示教器电缆、

通信电缆等。机器人的运动算法全部集成在控制柜里面，可实现强大的数据运算和各种运行逻辑的控制。

图 1-4-11　IRC5 控制柜

IRC5 控制柜部件的功能说明见表 1-4-3。

表 1-4-3　IRC5 控制柜部件的功能说明

标号	部件名称	说　明
1	机器人示教器电缆	示教器与机器人控制柜的通信连接
2	机器人 I/O 端子排	机器人 I/O 输入/输出接口，与外部进行 I/O 通信
3	自动/手动钥匙旋钮	用于切换机器人自动运行与手动运行
4	机器人急停按钮	机器人的紧急制动
5	机器人抱闸按钮	按下按钮后机器人的所有关节失去抱闸功能，便于拖动示教机器人或拖动机器人离开碰撞点，避免二次碰撞，损坏机器人
6	机器人伺服上电按钮	机器人伺服上电（主要应用于自动模式）
7	机器人电源开关	控制机器人设备电源的通断
8	机器人编码器电缆	机器人 6 轴伺服电机编码器的数据传输
9	机器人动力电缆	机器人伺服电机的动力供应

二、认识示教器

1. 示教器的组成

机器人示教器是一种手持式操作员装置，用于执行与操作机器人系统的许多任务：编写程序、运行程序、修改程序、手动操纵、参数配置、监控机器人状态等。示教器包括使能器按钮、触摸屏、触摸笔、急停按钮、操纵杆和一些功能按钮，示教器结构示意图如图 1-4-12 所示。

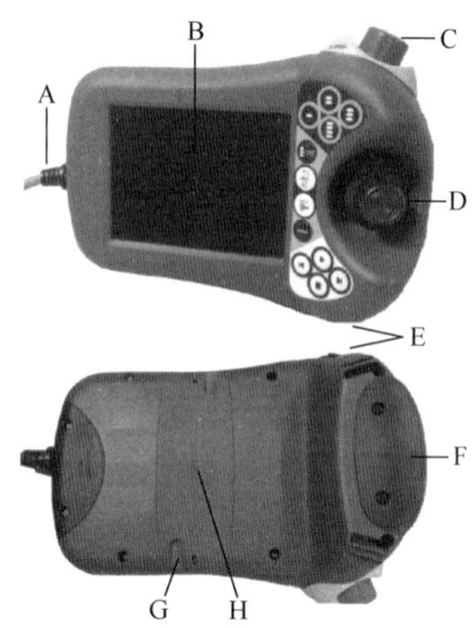

图 1-4-12　示教器结构示意图

示教器主要部件功能说明见表 1-4-4。

表 1-4-4　示教器主要部件功能说明

标号	部件名称	说　明
A	连接器	与机器人控制柜连接
B	触摸屏	机器人程序的显示和机器人状态的显示
C	急停按钮	紧急情况下停止机器人
D	操纵杆	控制机器人的各种运动，如轴运动、直线运动
E	USB 接口	将机器人程序拷贝到 U 盘或者将 U 盘的程序拷贝到示教器
F	使能器按钮	给机器人的 6 个电机使能上电
G	触摸笔	与触摸屏配套使用
H	重置按钮	将示教器重置为出厂状态

示教器的功能按键如图 1-4-13 所示。

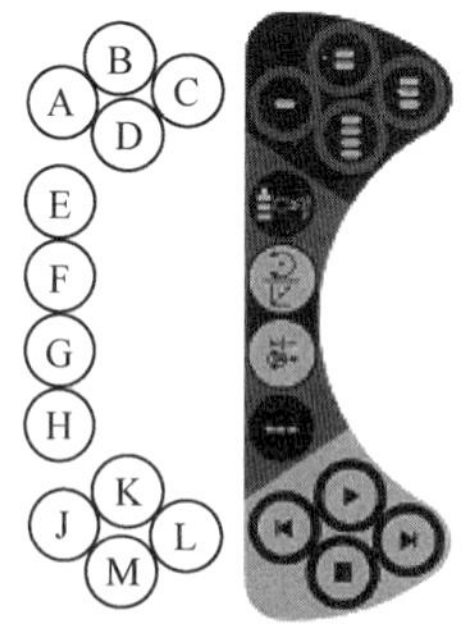

图 1-4-13　示教器的功能按键

示教器按键的功能说明见表 1-4-5。

表 1-4-5　示教器按键的功能说明

标号	说　明
A～D	预设按键，可以根据实际需求设定按键功能
E	选择机械单元（用于多机器人控制）
F	切换运动模式，机器人重定位或者线性运动
G	切换运动模式，实现机器人的单轴运动，轴 1～3 或轴 4～6
H	切换增量控制模式，开启或者关闭机器人增量运动
J	后退按键，使程序逆向运动，程序运行到上一条指令
K	前进按键，使程序正向运动，程序运行到下一条指令
L	启动按键，机器人正向运行整个程序
M	暂停按钮，机器人暂停运行程序

2. 示教器的手持方式

示教器的手持方式如图 1-4-14 所示。用左手手持，4 指穿过张紧带，指头触摸使能器按钮，掌心与大拇指握紧示教器。

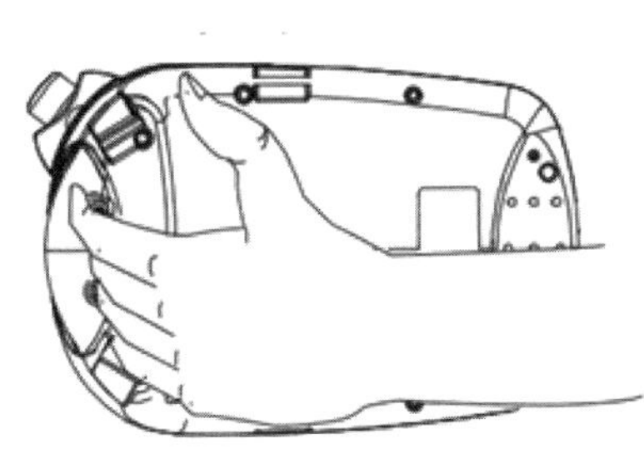

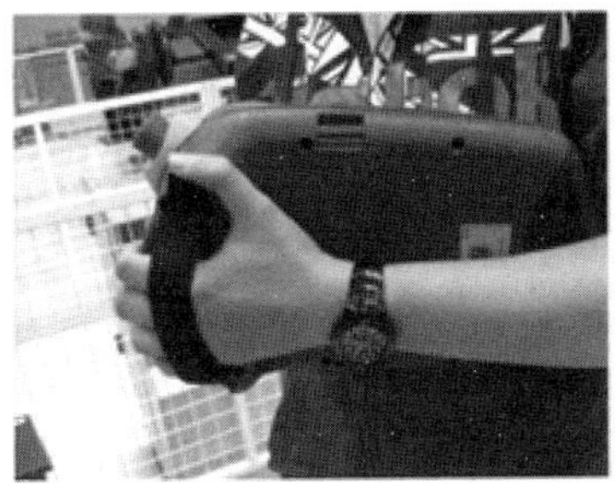

图 1-4-14　示教器的手持方式

操作机器人示教器时，一般用左手持设备，手指握住使能器按钮。机器人使能按钮有两个挡位，一挡伺服上电，二挡使机器人处于防护装置停止状态。使用适当的力度握住使能器才能给机器人使能上电。

四、工业机器人系统的启动

1. 工业机器人系统的连接

按照如图 1-4-15 所示的工业机器人系统的接线图进行工业机器人系统的连接。

2. 系统的启动

（1）系统接线无误后，在指导教师的许可下接通系统电源，配电系统电源操作面板如图 1-4-16 所示。

（2）将操作控制柜的“4P 断路器”往上打，开启电源，控制柜的两个散热风扇转动；再将控制柜的“关机/开机”旋钮开关旋转到右边开机状态。电柜电源已经启动完毕，操作控制柜电源操作面板如图 1-4-17 所示。

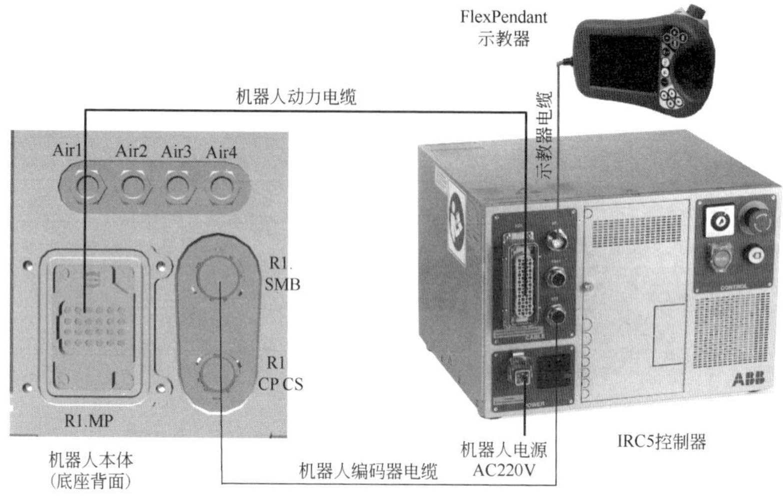

图 1-4-15　工业机器人系统的接线图

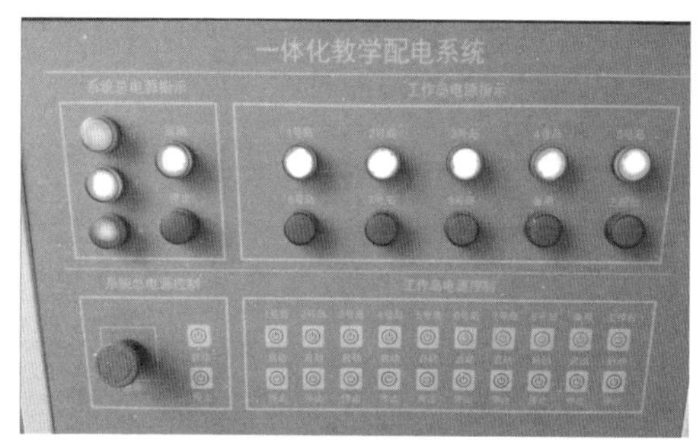

图 1-4-16　配电系统电源操作面板

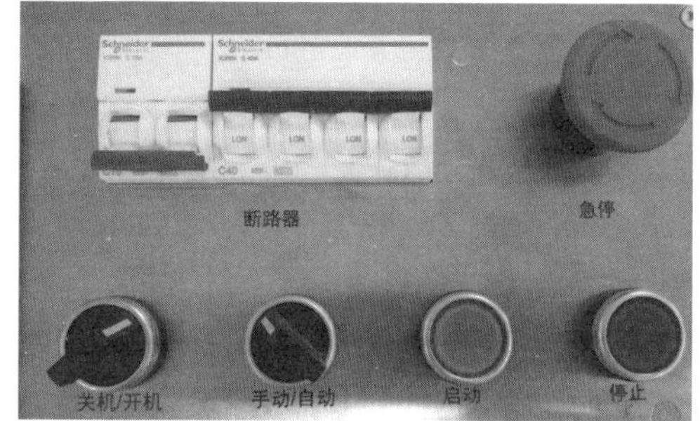

图 1-4-17　操作控制柜电源操作面板

（3）将机器人控制柜背面的电源开关，从水平旋转到垂直状态（即从 OFF 旋转到 ON），机器人系统开机完成。将“自动/手动钥匙旋钮”旋转到右边手型图案，使机器人进入手动模式。控制柜电源操作面板（背面）如图 1-4-18 所示。

图 1-4-18　控制柜电源操作面板（背面）

五、手动操纵工业机器人

1. 单轴运动控制

（1）左手持机器人示教器，右手单击示教器界面左上角的“≡∨”打开 ABB 菜单栏；单击“手动操纵”按钮，进入手动操纵界面，如图 1-4-19 所示。

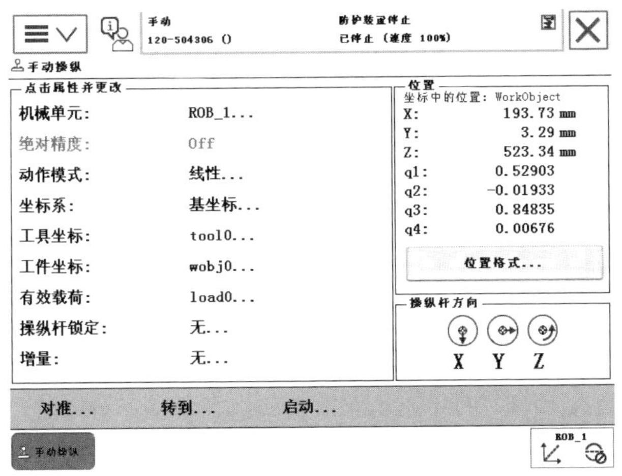

图 1-4-19　手动操纵界面

（2）单击“动作模式”，进入“动作模式”选择界面。选择“轴 1-3”，单击“确定”按钮，动作模式设置成了“轴 1-3”，如图 1-4-20 所示。

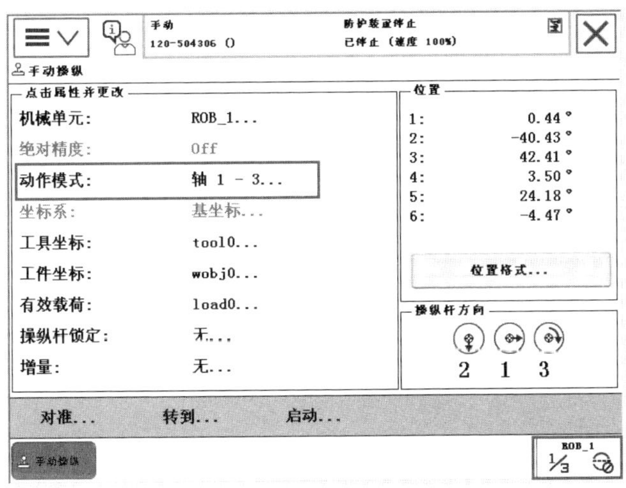

图 1-4-20　“动作模式”选择界面 1

（3）移动如图 1-4-20 中的操纵杆，发现左右摇杆控制 1 轴左右运动，前后摇杆控制 2 轴上下运动，逆时针或顺时针旋转摇杆控制 3 轴上下运动。

（4）单击“动作模式”，进入“动作模式”选择界面。选择“轴 4-6”，单击“确定”按钮，动作模式设置成了“轴 4-6”，如图 1-4-21 所示。

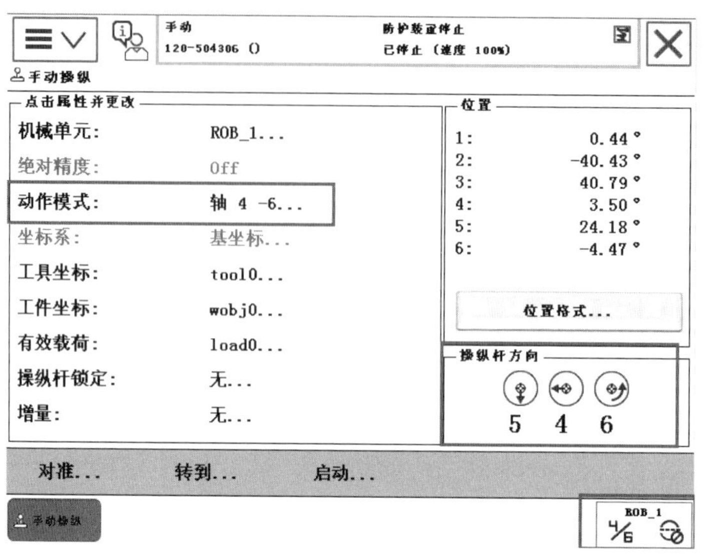

图 1-4-21 “动作模式”选择界面 2

（5）移动图 1-4-21 中的操纵杆，发现左右摇杆控制 4 轴左右运动，前后摇杆控制 5 轴上下运动，逆时针或顺时针旋转摇杆控制 6 轴逆或顺时针运动。

【提示】轴切换技巧：示教器上的按键能够完成“轴 1-3”和“轴 4-6”的切换。

2. 线性运动与重定位运动控制

（1）单击“动作模式”，进入“动作模式”选择界面。选择“线性”，单击“确定”按钮，动作模式设置成了线性运动，如图 1-4-22 所示。

（2）移动图 1-4-22 所示中的操纵杆，发现左右摇杆控制机器人法兰中心左右运动，前后摇杆控制机器人法兰中心前后运动，逆时针或顺时针旋转摇杆控制机器人法兰中心上下运动。

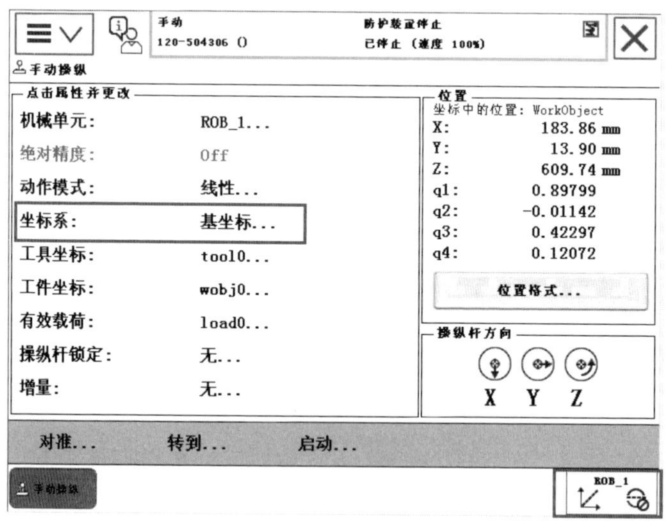

图 1-4-22 “线性”动作模式选择界面

（3）单击“动作模式”，进入“动作模式”选择界面。选择“重定位”，单击“确定”按钮，动作模式设置成了重定位运动，如图 1-4-23 所示。

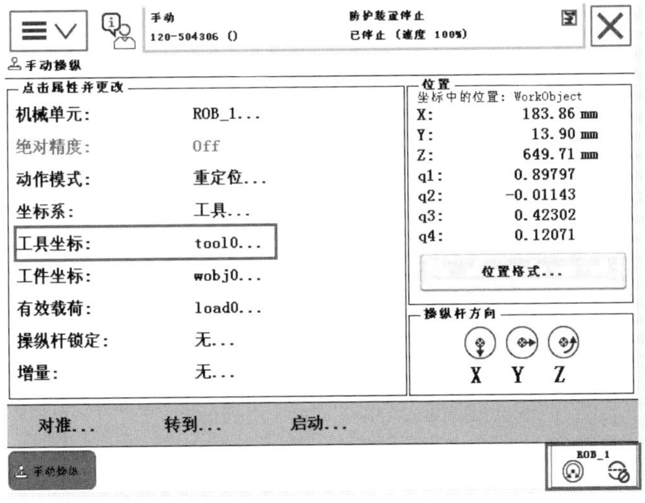

图 1-4-23　“重定位”动作模式选择界面

（4）移动图 1-4-23 中的操纵杆，发现机器人围绕着法兰盘中心运动。

对任务实施的完成情况进行检查，并将结果填入表 1-4-6。

表 1-4-6　任务测评表

序号	主要内容	考核要求	评分标准	配分	扣分	得分
1	认识控制柜	正确描述控制柜的组成及各部件的功能说明	1．说出控制柜的组成有错误或遗漏，每处扣 5 分 2．描述控制柜部件的功能有错误或遗漏，每处扣 5 分	20		
2	机器人系统启动	正确连接工业机器人控制系统，并能完成系统的启动	1．系统接线有错误或遗漏，每处扣 5 分 2．未能启动系统，每处扣 10 分	20		
3	手动操纵工业机器人	1.单轴运动控制 2.线性运动与重定位运动控制	1．不能完成单轴运动控制，扣 20 分 2．不能完成线性运动控制，扣 20 分 3．不能完成重定位运动控制，扣 20 分 4．不能根据控制要求，完成工业机器人手动操纵操作，扣 50 分	50		
4	安全文明生产	劳动保护用品穿戴整齐；遵守操作规程；讲文明懂礼貌；操作结束要清理现场	1．操作中，违反安全文明生产考核要求的任何一项扣 5 分，扣完为止 2．当发现学生有重大事故隐患时，要立即予以制止，并每次扣安全文明生产总分 10 分	10		
合　计						
开始时间：			结束时间：			

一、填空题

1．工业机器人的控制系统主要包括_______、_______、________3 方面。

2．机器人的控制结构按其控制方式不同可分为_______、_______、分散控制方式。

3．工业机器人的控制方式有点位式、_______力（力矩控制方式）、智能控制方式。

4．工业机器人的驱动器按动力源可分为_______、________和电动驱动。

5．伺服驱动器是通过______、_______和_______三种方式对伺服电动机进行控制，实现高精度的系统定位。

二、选择题

1．伺服驱动器一般分为两种结构：（　　）和分离式。

A．集成式　　B．分离式　　C．统一式　　D．集中式

2．液压系统主要由（　　）组成。

A．油泵　　B．液动机

C．控制调节装置　　D．辅助装置

3．气动驱动系统主要由（　　）组成。

A．气源系统　　B．气源净化辅助设备

C．气动执行机构　　D．空气控制阀和气动逻辑元件

4．常用的驱动电动机有（　　）。

A．直流伺服电动机　　B．交流伺服电动机

C．步进电动机　　D．三相异步电动机

5．步进电动机是一种将（　　）转换成相应的角位移或直线位移的数字模拟装置。

A．速度信号　　B．电脉冲信号

C．光信号　　D．角速度信号

三、简答与分析题

1．简述工业机器人的控制系统的基本组成及其功能。

2．工业机器人伺服系统的组成有哪些？

模块二 工业机器人示教编程

任务1　初识工业机器人的作业示教

学习目标

✧ 知识目标

1. 掌握工业机器人示教的主要内容。
2. 熟悉工业机器人在线示教的特点与操作流程。
3. 掌握工业机器人示教—再现工作原理。

✧ 能力目标

能够进行工业机器人简单作业在线示教与再现。

工作任务

工业机器人编程方式主要经历 3 个阶段，即示教再现编程阶段、离线编程阶段和自主编程阶段。目前生产中应用的机器人系统大多处于示教再现编程阶段。

本任务的内容是通过学习，掌握工业机器人示教编程的特点及示教再现编程的主要内容、示教再现编程的具体方法和步骤，并通过工业机器人简单作业在线示教与再现，掌握机器人示教再现的操作方法。

相关知识

一、工业机器人示教的主要内容

现在企业引入的工业机器人仍然以第一代工业机器人为主，它的基本工作原理是示教—再现。“示教”也称导引，即由操作者直接或间接导引机器人，一步步按实际作业要求告知机器人应该完成的动作和作业的具体内容，机器人在导引过程中以程序的形式将其记忆下来，并存储在机器人控制装置内；“再现”则是通过存储内容的回放，使机器人能在一定精度范围内按照程序展现所示教的动作和布置的作业内容。也就是说，使用机器人代替工人进行自动化作业，必须预先赋予机器人完成作业所需的信息，即运动轨迹、作业条件和作业顺序。

1. 运动轨迹

运动轨迹是机器人为完成某一作业，工具中心点（TCP）所经过的路径，它是机器人示教的重点。从运动方式上看，工业机器人具有点到点（PTP）运动和连续路径（CP）运动两种形式；按运动路径种类区分，工业机器人具有直线和圆弧两种动作类型，其他任何复杂的运动轨迹都可由它们组合而成。

示教时，不可能将作业运动轨迹上所有的点都示教一遍，一是费时，二是占用大量的存储空间。实际上，对于有规律的轨迹，原则上仅需示教几个程序点（也称示教点，按示教先后顺序存储的位置点）。

例如，直线轨迹示教 2 个程序点（直线起始点和直线结束点）；圆弧轨迹示教 3 个程序点（圆弧起点、圆弧中间点和圆弧结束点）。在具体操作过程中，通常采用 PTP 方式示教各段运动轨迹的端点，而端点之间的 CP 运动由机器人控制系统的路径规划模块经插补运算而产生。

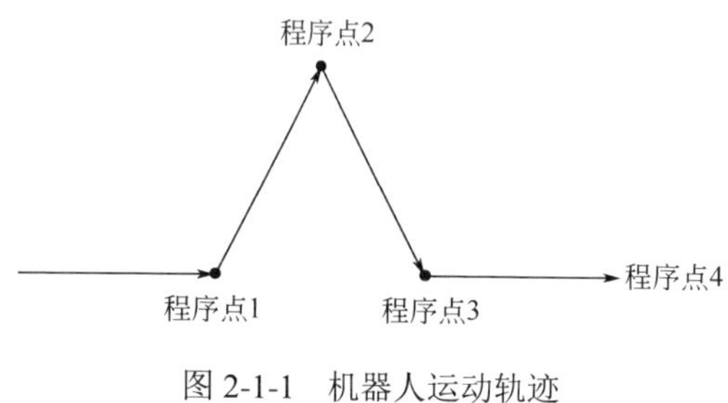

图 2-1-1　机器人运动轨迹

例如，当再现如图 2-1-1 所示的运动轨迹时，机器人按照程序点 1 输入的插补方式和再现速度移动到程序点 1 的位置。然后，在程序点 1 和 2 之间，按照程序点 2 输入插补方式和再现速度移动。同样，在程序点 2 和 3 之间，按照程序点 3 输入插补方式和再现速度移动。以此类推，当机器人到达程序点 3 的位置后，按照程序点 4 输入的插补方式和再现速度移向程序点 4 的位置。

【提示】1. 插补方式：机器人再现时，决定程序点之间采取何种轨迹移动。
2. 再现速度：机器人再现时，程序点间的移动速度。

由此可见，机器人运动轨迹的示教主要是确认程序点的属性。一般来说，每个程序点主要包括如下 4 部分信息。

（1）位置坐标

描述机器人 TCP 的 6 个自由度（3 个平动自由度和 3 个转动自由度）。

（2）插补方式

机器人再现时，从前一程序点移动到当前程序点的动作类型。表 2-1-1 是工业机器人的常见插补方式。

（3）再现速度

机器人再现时，从前一程序点移动到当前程序点的速度。

（4）空走点/作业点

机器人再现时，空走点/作业点决定从当前程序点移动到下一程序点是否实施作业。作业点则指从当前程序点移动到下一程序点的整个过程需要实施的作业，主要用于作业开始点和作业中间点两种情况；空走点指从当前程序点移动到下一程序点的整个过程不需要实施作业，主要用于示教除作业开始点和作业中间点外的程序点。需要指出的是，在作业开始点和作业结束点一般都有相应的作业开始和作业结束命令。如 YASKAWA 机器人，焊接作业开始命令 ARCDF 和结束命令 ARCOF、搬运作业开始命令 HAND ON 和结束命令 HAND OFF 等。

【提示】1. 作业区间的再现速度一般按作业参数中指定的速度移动，而空走区间的移动速度则按移动命令中指定的速度移动。

2. 登录程序点时，程序点属性值也将一同被登录。

表 2-1-1　工业机器人的常见插补方式

插补方式	动作描述	动作图示
关节插补	机器人在未规定采取何种轨迹移动时，默认采用关节插补。出于安全考虑，通常在程序点 1 用关节插补示教	终点 起点
直线插补	机器人从前一程序点到当前程序点运行一段直线，即直线轨迹仅示教 1 个程序点（直线结束点）即可。直线插补主要用于直线轨迹的作业示教	终点 起点
圆弧插补	机器人沿着用圆弧插补示教的 3 个程序点执行圆弧轨迹移动。圆弧插补主要用于圆弧轨迹的作业示教	中间点　终点 起点

2．作业条件

为获得好的产品质量与作业效果，在机器人再现之前，有必要合理配置其作业的工艺条件。例如，弧焊作业的工艺条件包括电流、电压、速度和保护气体流量；点焊作业包括电流、压力、时间和焊钳类型；涂装作业包括涂液吐出量、选泵、旋杯旋转、调扇幅气压和高电压等。工业机器人作业条件的输入方法有以下 3 种。

（1）使用作业条件文件

输入作业条件的文件称为作业条件文件。使用这些文件，可以使作业命令的应用更为简便。例如，对机器人弧焊作业而言，焊接条件文件有引弧条件文件（输入引弧时的条件）、熄弧条件文件（输入熄弧时的条件）和焊接辅助条件文件（输入再引弧功能、再启动功能及自动解除粘丝功能）3 种。每种文件的调用以编号形式指定。

【提示】作业命令：伴随工业机器人应用领域的不同，其控制系统所安装的作业软件包也有所不同，如弧焊作业操作、点焊作业软件、搬运作业软件、包装作业软件、装配作业软件、压铸作业软件等。

（2）在作业命令的附加项中直接设定

采用此方法进行作业条件设定，首先需要了解机器人指令的语言形式，或者程序编辑画面的构成要素。程序语句的主要构成要素如图 2-1-2 所示，程序语句一般由行标号、命令及附加项几部分组成。要修改附加项数据，将光标移动到相应语句上，然后按下示教器上的相关按键即可。

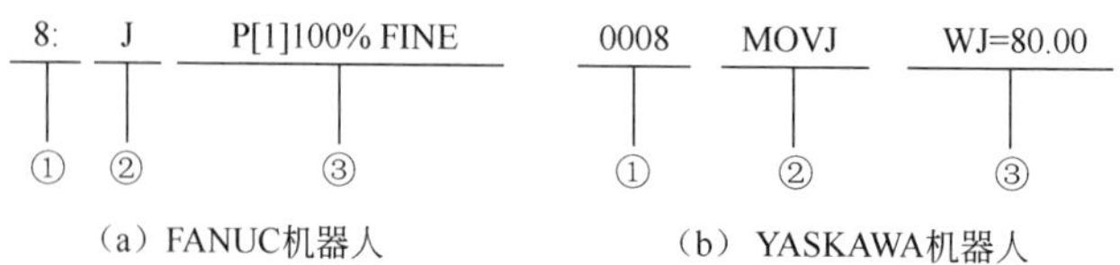

（a）FANUC机器人　　（b）YASKAWA机器人

图 2-1-2　程序语句的主要构成要素

①—行标号；②—命令；③—附加项

（3）手动设定

在某些应用场合下，有关作业参数的设定需要手动进行。例如，弧焊作业时的保护气体流量，点焊作业时的焊接参数等。

3. 作业顺序

同作业条件的设置类似，合理的作业顺序不仅可以保证产品的质量，而且可以有效提高效率。作业顺序的设置主要涉及以下两个方面。

（1）作业对象的工艺顺序

作业对象的工艺顺序，基本已融入到机器人运动轨迹的合理规划部分。即在某些简单作业场合，作业顺序的设定同机器人运动轨迹的示教合二为一。

（2）机器人与外围周边设备的动作顺序

在完整的工业机器人系统中，除机器人本身外，还包括一些周边设备，如变位机、移动滑台、自动工具快换装置等。机器人要完成期望作业，需要依赖其控制系统与这些周边辅助设备的有效配合，互相协调使用，以减少停机时间，降低设备故障率，提高安全性，并获得理想的作业质量。

二、工业机器人的简单示教与再现

为使机器人能够进行再现，就必须把机器人工作单元的作业过程用机器人语言编成程序。然而，目前机器人编程语言还不是通用语言，各机器人生产厂商都有自己的编程语言，如 ABB 机器人编程用 RAPID 语言(类似C 语言),FANUC 机器人用 KAREL 语言(类似Pascal 语言),YASKAWA 机器人用 Moto-Plus 语言（类似C 语言），KUKA 机器人用 KRL 语言（类似C 语言）等。

然而，一般用户接触到的语言都是机器人生产厂商自己开发的针对用户的语言平台，通俗易懂，在这一层面，因各机器人所具有的功能基本相同，因此不论语法规则和语言形式变化多大，其关键特性大都相似，工业机器人行业四巨头的机器人移动命令见表 2-1-2。因此，只要掌握某一品牌机器人的示教与再现方法，对于其他厂家机器人的作业编程就较容易实现。

表 2-1-2　工业机器人行业四巨头的机器人移动命令

运动形式	移动方式	移动命令			
		ABB	FANUC	YASKAWA	KUKA
点位运动	PTP	MoveJ	J	MOVJ	PTP
连续路径运动	直线	MoveL	L	MOVL	LIN
	圆弧	MoveC	C	MOVC	CIRC

以工业机器人为主的柔性加工生产单元作为未来制造业的主要发展方向，其功能的灵活性和智能性在很大程度上决定于机器人的示教能力。即在工业机器人应用系统中，机器人的

作业示教是一个关键环节。其中，在线示教因简单直观、易于掌握，是工业机器人目前普遍采用的示教方式。

1. 在线示教及其特点

由操作人员手持示教器引导，控制机器人运动，记录机器人作业的程序点并插入所需的机器人命令来完成程序的编制，工业机器人的在线示教如图 2-1-3 所示。典型的示教过程是依靠操作者观察机器人及其末端夹持工具相对于作业对象的位姿，通过对示教器操作，反复调整程序点处机器人的作业位姿、运动参数和工艺条件，然后将满足作业要求的这些数据记录下来，再转入下一程序点的示教。为示教方便及获取信息的快捷、准确，操作者可以选择在不同坐标系下手动操纵机器人。整个示教完成后，机器人自动运行（再现）示教时记录的数据，通过插补运算，就可重复再现在程序点上记录的机器人位姿。

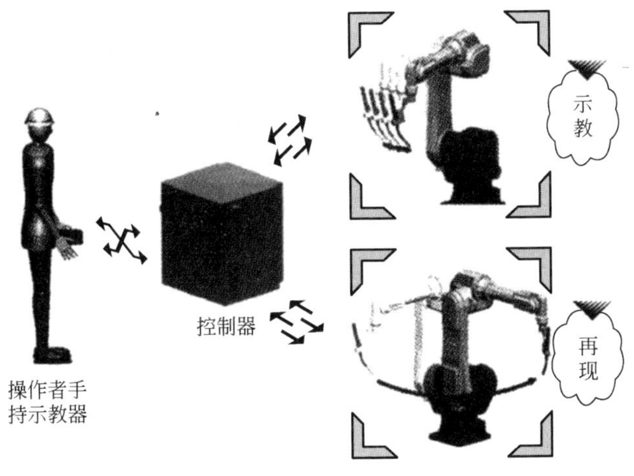

图 2-1-3　工业机器人的在线示教

在早期的机器人作业编程系统中，还有一种人工牵引示教（也称直接示教或手把手示教）。即由操作人员牵引装有力-力矩传感器的机器人末端执行器对工件实施作业，机器人实时记录整个示教轨迹与工艺参数，然后根据这些在线参数就能准确再现整个作业过程。该示教方式控制简单，但劳动强度大，操作技巧性高，精度不易保证。如果示教失误，修正路径的唯一方法就是重新示教。因此，通常所说的在线示教编程主要指前一种（示教器）方式。

采用在线示教进行机器人作业任务编制具有如下特点。

（1）利用机器人具有较高的重复定位精度的优点，降低了系统误差对机器人运动绝对精度的影响，这也是目前机器人普遍采用这种示教方式的主要原因。

（2）要求操作者具有相当的专业知识和熟练的操作技能，并需要现场近距离示教操作，因而具有一定的危险性，安全性较差。对工作在有毒粉尘、辐射等环境下的机器人，这种示教方式有害操作者的健康。

（3）示教过程烦琐、费时，需要根据作业任务反复调整末端执行器的位姿，占用了大量的机器人工作时间，时效性较差。

（4）机器人在线示教的精度完全靠操作者的经验决定，对于复杂运动轨迹难以取得令人满意的示教效果。

（5）出于安全考虑，机器人示教时要关闭与外围设备联系的功能。然而，对那些需要根据外部信息进行实时决策的应用就显得无能为力。

（6）在柔性制造系统中，这种编程方式无法与 CAD 数据库相连接，这对工厂实现 CAD/CAM/Robotics 一体化带来困难。

基于上述特点，采用在线示教的方式可完成那些应用于大批量生产、工作任务简单且不变化的机器人作业任务编程。

2. 在线示教的基本步骤

如图 2-1-4 所示是机器人从工件 *A* 点到工件 *B* 点的运动轨迹，下面通过在线示教方式为机器人输入从工件 *A* 点到工件 *B* 点的加工程序。此程序由编号 1～6 的 6 个程序点组成，每个程序点的用途说明见表 2-1-3。具体作业编程可参照如图 2-1-5 所示的机器人在线示教的基本流程开展。

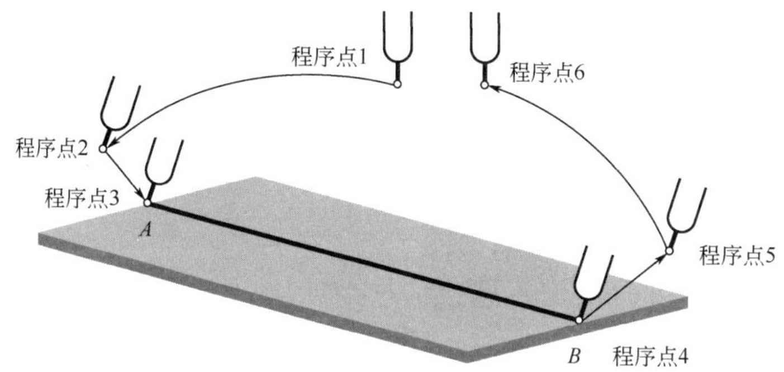

图 2-1-4 机器人运动轨迹

表 2-1-3 程序点的用途说明

程序点	说明	程序点	说明	程序点	说明
程序点 1	机器人原点	程序点 3	作业开始点	程序点 5	作业规避点
程序点 2	作业临近点	程序点 4	作业结束点	程序点 6	机器人原点

（1）示教前的准备

开始示教前，应做如下准备工作。

① 工件表面清理。使用钢刷、砂纸等工具将钢板表面的铁锈、油污等杂质清理干净。

② 工件装夹。利用夹具将钢板固定在机器人工作台上。

③ 安全确认。确认操作者与机器人之间的安全距离。

④ 机器人原点确认。通过机器人机械臂各关节处的标记或调用原点程序复位机器人。

（2）新建作业程序

作业程序是使用机器人语言描述机器人工作单元的作业内容，主要用于输入示教数据和机器人命令。为测试、再现示教动作，需通过示教器新建一个作业程序，如“Test”。

（3）程序点的输入

以图 2-1-4 所示的运动轨迹为例，给机器人输入一段直线焊缝的作业程序。处于待机位置的程序点 1 和程序点 6，要处于与工件、夹具等互不干涉的位置。另外，机器人末端工具由程序点 5 向程序点 6 移动时，也要处于与工件、夹具等互不干涉的位置。运动轨迹示教方法见表 2-1-4。

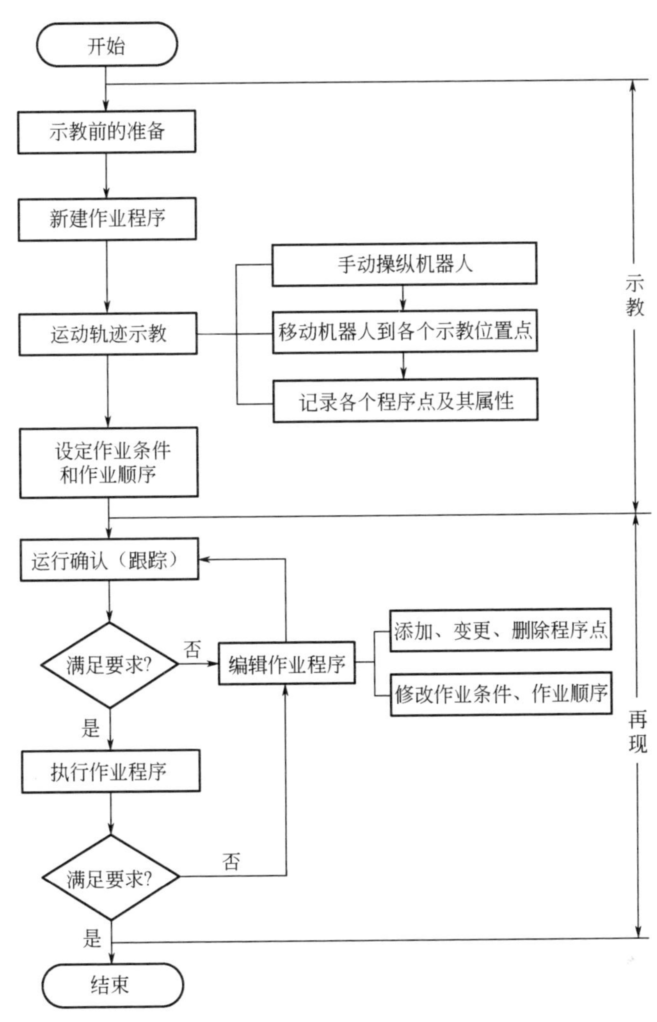

图 2-1-5　机器人在线示教的基本流程

表 2-1-4　运动轨迹示教方法

程序点	示 教 方 法
程序点 1 （机器人原点）	1．按手动操纵机器人要领移动机器人到原点 2．将程序点属性设定为“空走点”，插补方式选择“PTP” 3．确认保存程序点 1 为机器人原点
程序点 2 （作业临近点）	1．手动操纵机器人移动到作业临近点 2．将程序点属性设定为“空走点”，插补方式选择“PTP” 3．确认保存程序点 2 为作业临近点
程序点 3 （作业开始点）	1．手动操纵机器人移动到作业开始点 2．将程序点属性设定为“作业点/焊接点”，插补方式选择“直线插补” 3．确认保存程序点 3 为作业开始点 4．如有需要，手动插入焊接开始作业命令
程序点 4 （作业结束点）	1．手动操纵机器人移动到作业结束点 2．将程序点属性设定为“作业点/焊接点”，插补方式选择“直线插补” 3．确认保存程序点 4 为作业结束点 4．如有需要，手动插入焊接结束作业命令

续表

程序点	示 教 方 法
程序点 5 （作业规避点）	1. 手动操纵机器人移动到作业规避点 2. 将程序点属性设定为“空走点”，插补方式选择“直线插补” 3. 确认保存程序点 5 为作业规避点
程序点 6 （机器人原点）	1. 手动操纵机器人到原点 2. 将程序点属性设定为“空走点”，插补方式选择“PTP” 3. 确认保存程序点 6 为机器人原点

【提示】对于程序点 6 的示教，在示教器显示屏的通用显示区（程序编程画面），利用便利的文件编辑功能（如剪切、复制、粘贴等）可快速复制程序点 1 位置。

（4）设定作业条件

本实例中焊接作业条件的输入，主要涉及以下 3 个方面的内容。

① 在作业开始命令中设定焊接开始规范及焊接开始动作次序。

② 在焊接结束命令中设定焊接结束规范及焊接结束动作次序。

③ 手动调节保护气体流量。在编辑模式下合理配置焊接工艺参数。

（5）检查试运行

在完成机器人运动轨迹和作业条件输入后，需试运行测试一下程序，以便检查各程序点及参数设置是否正确，这就是跟踪。跟踪的主要目的是检查示教生成的运动及末端工具指向位置是否已记录。一般工业机器人可采用以下跟踪方式来确认示教的轨迹与期望是否一致。

① 单步运转。通过逐行执行程序语句，机器人实现两个临近程序点间的单步正向或反向移动。结束 1 行的执行后，机器人动作暂停。

② 连续运转。通过连续执行作业程序，从程序的当前行到程序的末尾结束，机器人完成多个程序点的顺向连续移动，因程序是顺序执行，所以该方式仅能实现正向跟踪，多用于作业周期估计。

确认机器人附近无安全隐患后，再进行下一步的作业程序运转测试。

① 打开要测试的程序文件。

② 移动光标至期望跟踪程序点所在命令行。

③ 持续按住示教器上的“跟踪功能键”，实现机器人的单步或连续运转。

【提示】1. 当机器人 TCP 当前位置与光标所在行不一致时，按下“跟踪功能键”，机器人将从当前位置移动到光标所在程序点位置；而当机器人 TCP 当前位置与光标所在行一致时，机器人将从当前位置移动到下一临近示教点位置。

2. 执行检查运行时，不执行起弧、涂装等作业命令，只执行空再现。

3. 利用跟踪操作可快速实现程序点的变更、增加和删除。

（6）再现施焊

示教操作生成的作业程序，经测试无误后，将“模式旋钮”对准“再现/自动”位置，通过运行示教过的程序即可完成对工件的再现作业。工业机器人程序的启动可采用以下两种方法。

① 手动启动。使用示教器上的“启动按钮”来启动程序的方式，适合于作业任务编程及其测试阶段。

② 自动启动。利用外部设备输入信号来启动程序的方式，在实际生产中经常采用。

在确认机器人的运行范围内没有其他人员或障碍物后，接通保护气体，采用手动启动方式实现自动焊接作业。具体方法如下。

① 打开要再现的作业程序，并移动光标到程序开头。

② 切换“模式旋钮”至“再现/自动”状态。

③ 按下示教器上的“伺服 ON 按钮”，接通伺服电源。

④ 按下“启动按钮”，机器人开始运行。

至此，机器人从工件 *A* 点到 *B* 点的简单作业示教与再现操作完毕。

【提示】执行程序时，光标跟随再现过程移动，程序内容自动滚动显示。

通过上述基本操作不难看出，机器人在线示教方式存在占用机器人时间长、效率低等诸多缺点，这与当今市场的柔性化发展趋势（多品种、小批量）背道而驰，已无法满足企业对高效、简单的作业示教需求。离线编程正是在这种产品寿命周期缩短、生产任务更迭加快、任务复杂程度增加的背景下应运而生的。

一、任务准备

实施本任务教学所使用的实训设备及工具材料见表 2-1-5。

表 2-1-5　实训设备及工具材料

序号	分类	名称	型号规格	数量	单位	备注
1	工具	内六角扳手	3.0mm	1	个	工具墙
2		内六角扳手	4.0mm	1	个	工具墙
3	设备器材	内六角螺丝	M4	4	颗	工具墙红色盒
4		内六角螺丝	M5	4	颗	工具墙红色盒
5		TCP 定位器		1	个	物料间领料
6		绘图笔夹具		1	个	物料间领料

二、TCP 单元的安装

在 TCP 单元 4 个方向上有用于安装固定的螺丝孔，把 TCP 模块放置到模块承载平台上，用 M4 内六角螺丝将其固定锁紧，保证模型紧固牢靠，TCP 整体布局与固定位置如图 2-1-6 所示。

三、绘图笔夹具的安装

TCP 单元训练采用绘图笔夹具，该夹具在与机器人 J_6 轴连接法兰上有四个 M5 螺丝安装孔，把夹具调整到合适位置，然后用螺丝将其紧固到机器人 J_6 轴上，绘图笔夹具的安装如图 2-1-7 所示。

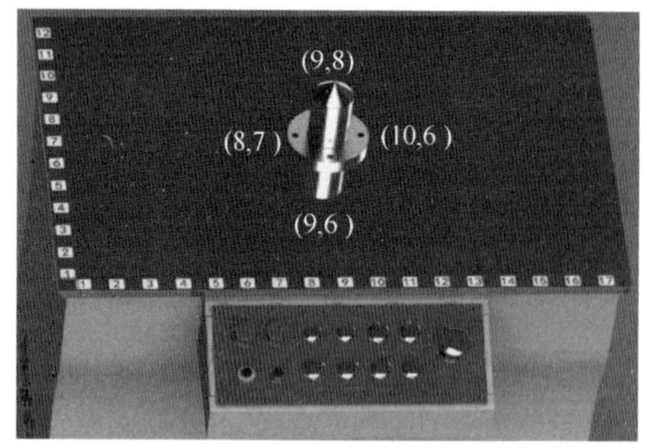

图 2-1-6　TCP 单元整体布局与固定位置

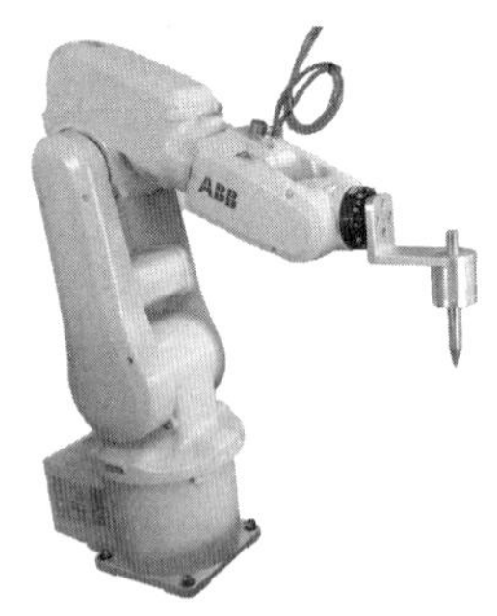

图 2-1-7　绘图笔夹具的安装

四、四点法设定 TCP

用四点法设定 TCP 的方法及步骤如下。

（1）单击示教器功能菜单按钮[≡∨]，再单击工具坐标，进入工具坐标设定界面，如图 2-1-8 所示。

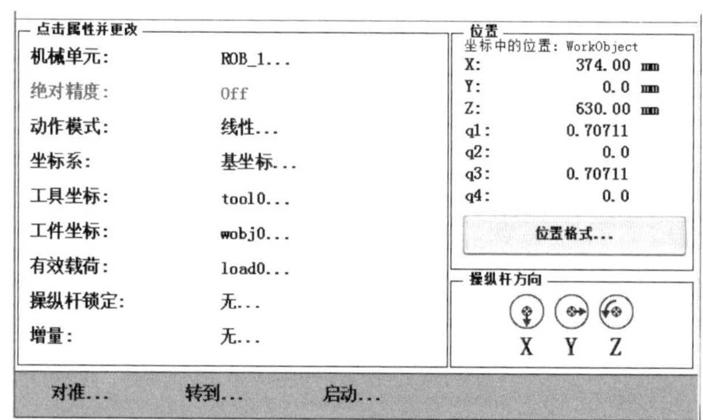

图 2-1-8　工具坐标设定界面

（2）单击如图 2-1-9 所示的“新建”按钮，进入工具初始值参数设置界面，如图 2-1-10 所示，再单击按钮[...]设置工具名称为“huitubi_t”，然后单击“初始值”按钮，可以进行各项初始值参数的设置。

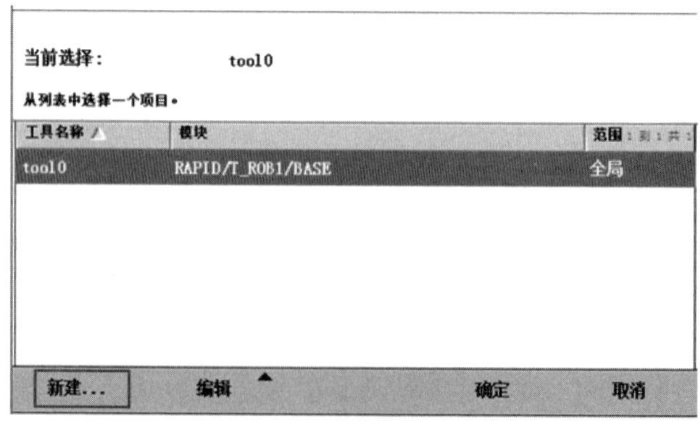

图 2-1-9　新建工具名称界面

新数据声明

数据类型：tooldata　　　当前任务：T_ROB1

名称：	huitubi_t
范围：	任务
存储类型：	可变量
任务：	T_ROB1
模块：	MainModule
例行程序：	<无>
维数	<无>

初始值　　确定　　取消

图 2-1-10　工具初始值参数设置界面

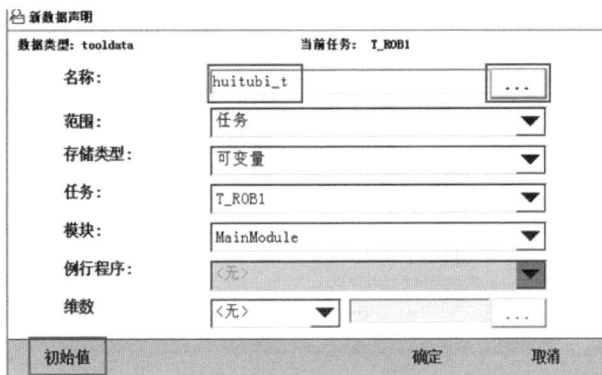

这里需要设定的参数有两个，一个是工具的重量“mass”值，单位 kg；另一个是工具相对于 6 轴法兰盘中心的重心偏移“cog”值，包括 *X*，*Y*，*Z* 3 个方向的偏移值，单位 mm。

（3）单击如图 2-1-11 所示的按钮，找到“mass”值，单击修改成工具重量值，这里修改为 1。找到“cog”值，在“cog”值中，要求 *X*，*Y*，*Z* 的 3 个数值不同时为零，这里 *X* 偏移值修改为 10，再单击两次“确定”按钮，如图 2-1-12 所示。

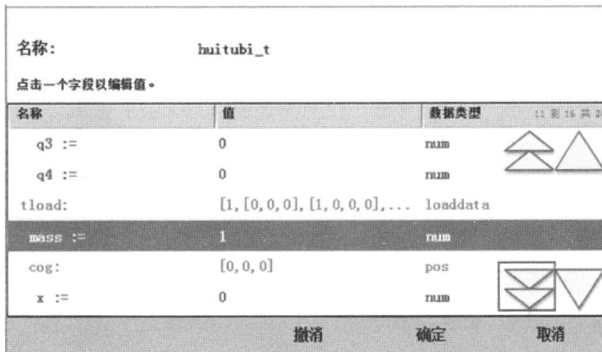

名称：　huitubi_t

点击一个字段以编辑值。

名称	值	数据类型
q3 :=	0	num
q4 :=	0	num
tload:	[1, [0, 0, 0], [1, 0, 0, 0], ...	loaddata
mass :=	1	num
cog:	[0, 0, 0]	pos
x :=	0	num

撤消　　确定　　取消

图 2-1-11　工具的重量“mass”值的设定

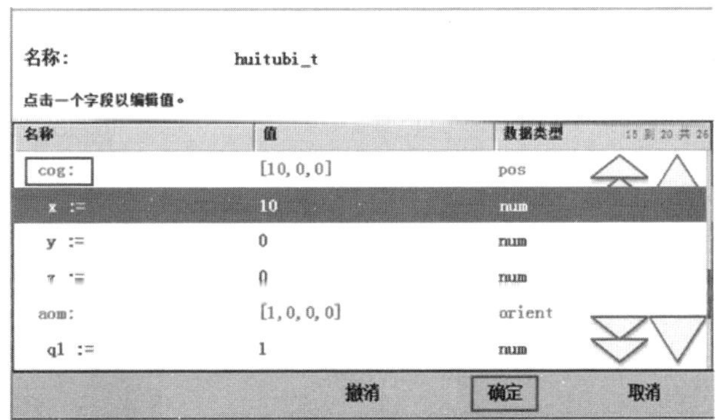

名称：　huitubi_t

点击一个字段以编辑值。

名称	值	数据类型
cog:	[10, 0, 0]	pos
x :=	10	num
y :=	0	num
z :=	0	num
aom:	[1, 0, 0, 0]	orient
q1 :=	1	num

撤消　　确定　　取消

图 2-1-12　工具的重心偏移“cog”值的设定

（4）选中“huitubi_t”工具，然后单击“编辑”按钮，再单击“定义”按钮，进入工具定义界面，如图 2-1-13 所示。

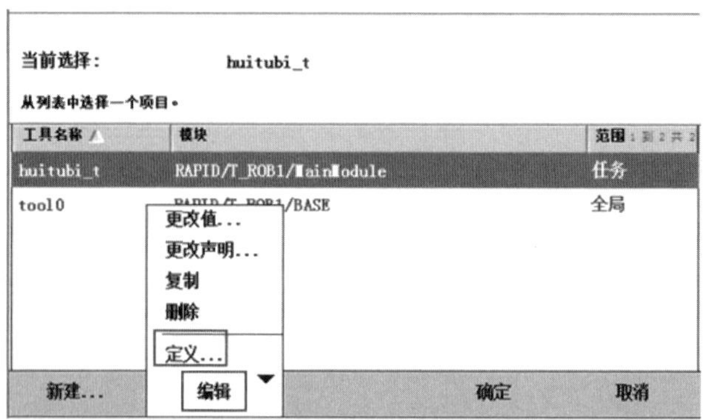
当前选择: huitubi_t
从列表中选择一个项目。

工具名称	模块	范围
huitubi_t	RAPID/T_ROB1/MainModule	任务
tool0	RAPID/T_ROB1/BASE	全局

更改值...
更改声明...
复制
删除
定义...
新建... 编辑 确定 取消

图 2-1-13　进入工具定义界面

（5）采用默认的四点法建立绘图笔 TCP。单击如图 2-1-14 所示的“点 1”，利用操纵杆运行机器人，使绘图笔的尖端与 TCP 定位器的尖端相碰，如图 2-1-15 所示。然后单击“修改位置”按钮，完成机器人姿态 1 的记录。

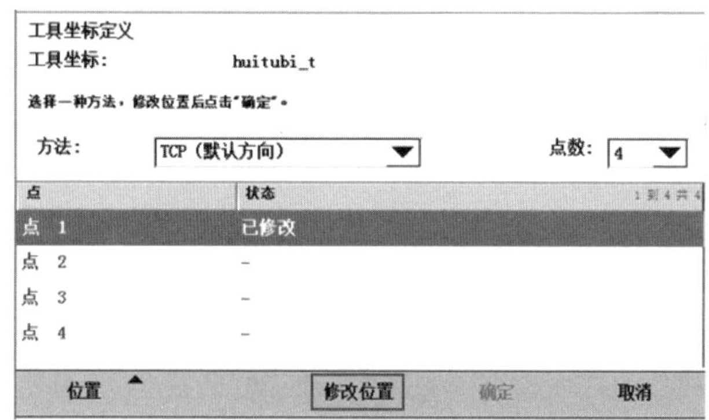
工具坐标定义
工具坐标: huitubi_t
选择一种方法，修改位置后点击“确定”。
方法: TCP（默认方向） 点数: 4

点	状态
点 1	已修改
点 2	-
点 3	-
点 4	-

位置 修改位置 确定 取消

图 2-1-14　“点 1”修改位置界面

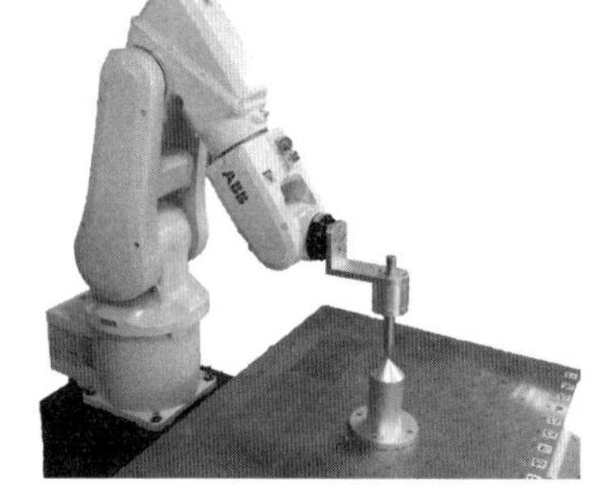

图 2-1-15　机器人姿态 1

（6）单击如图 2-1-16 所示的“点 2”，利用操纵杆改变机器人姿态，如图 2-1-17 所示。然后单击“修改位置”按钮，完成机器人姿态 2 的记录。

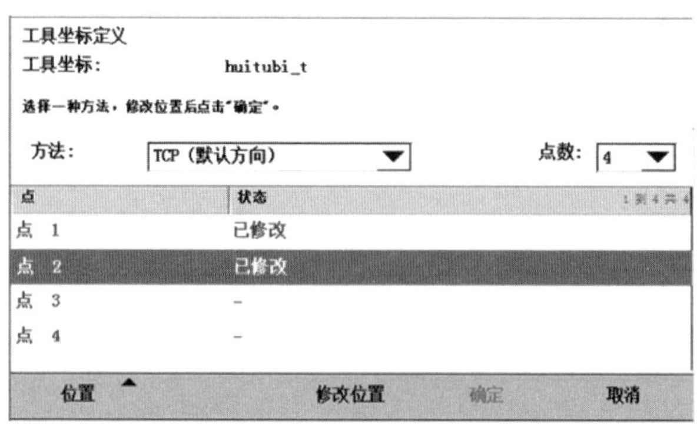
工具坐标定义
工具坐标: huitubi_t
选择一种方法，修改位置后点击“确定”。
方法: TCP（默认方向） 点数: 4

点	状态
点 1	已修改
点 2	已修改
点 3	-
点 4	-

位置 修改位置 确定 取消

图 2-1-16　“点 2”修改位置界面

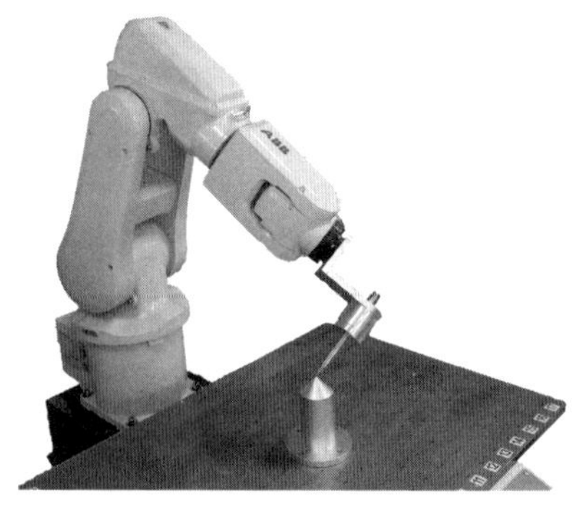

图 2-1-17　机器人姿态 2

（7）单击如图 2-1-18 所示中的“点 3”，利用操纵杆改变机器人姿态，如图 2-1-19 所示。然后单击“修改位置”按钮，完成机器人姿态 3 的记录。

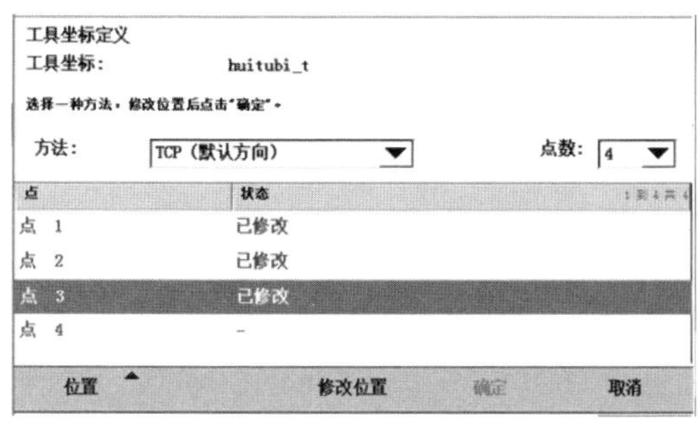

图 2-1-18　“点 3”修改位置界面

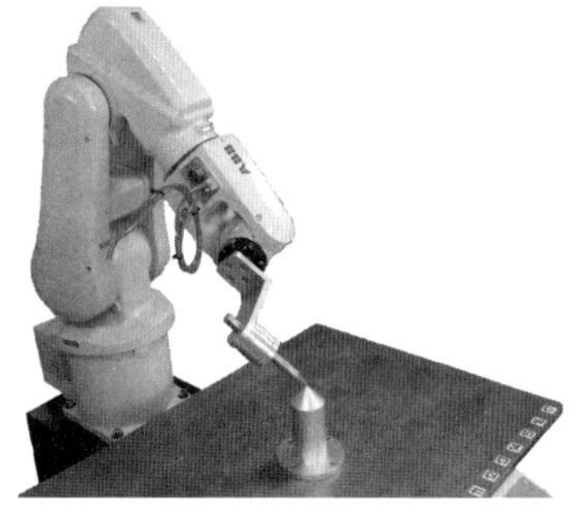

图 2-1-19　机器人姿态 3

（8）单击如图 2-1-20 所示中的“点 4”，利用操纵杆改变机器人姿态，如图 2-1-21 所示。然后单击“修改位置”按钮，完成机器人姿态 4 的记录。

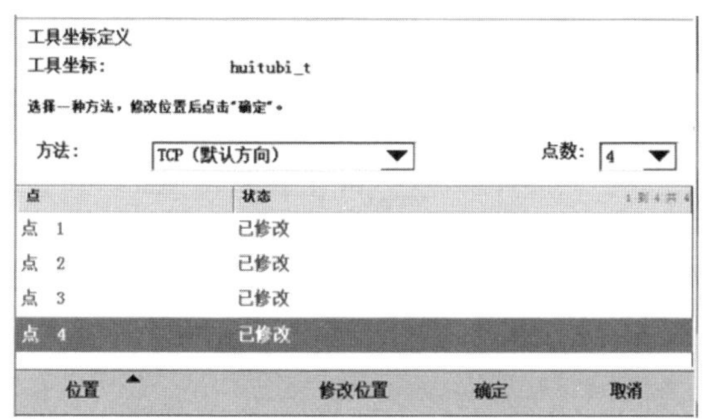

图 2-1-20　“点 4”修改位置界面

图 2-1-21　机器人姿态 4

（9）单击“确定”按钮并保存修改好的 4 个点，完成绘图笔 TCP 的建立。

五、重定位测试工具中心点

重定位测试工具中心点的方法及步骤如下所述。

（1）单击示教器功能菜单按钮☰∨，再单击工具坐标，进入工具设定界面，如图 2-1-22 所示。

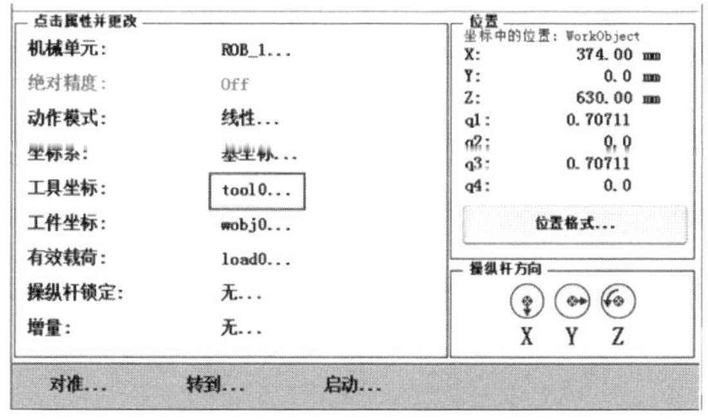

图 2-1-22　工具设定界面

（2）选中如图 2-1-23 所示的“huitubi_t”工具，单击“确定”按钮。然后按下按键，动作模式变为“重定位”，如图 2-1-24 所示。再按下示教器后面的电机使能键，操作操纵杆可以看到绘图笔的尖端固定不动，机器人绕着尖端改变姿态，说明 TCP 建立成功。

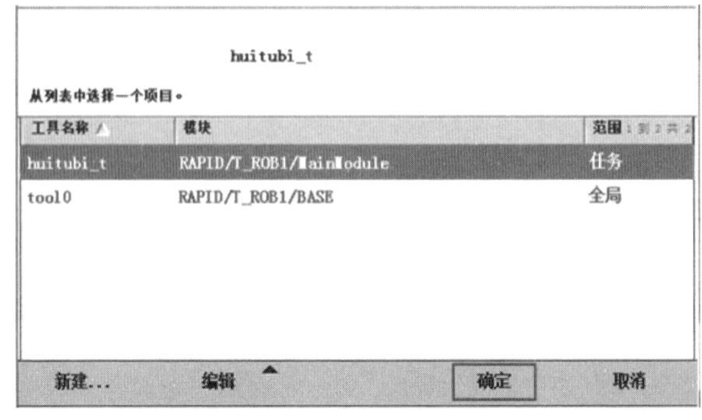

图 2-1-23　选择“huitubi_t”工具画面

图 2-1-24　重定位模式选择界面

六、自动识别工具的质量和重心

ABB 机器人提供了自动识别工具的质量和重心的功能，通过调用 LoadIdentity 程序即可实现。具体操作步骤如下。

（1）安装好绘图笔工具并新建完“huitubi_t”工具后，在工具坐标中选中该工具，按下按键，机器人进入单轴运动模式，利用操纵杆将机器人 6 个轴运动到接近 0° 的位置，准备工作完成，如图 2-1-25 所示。

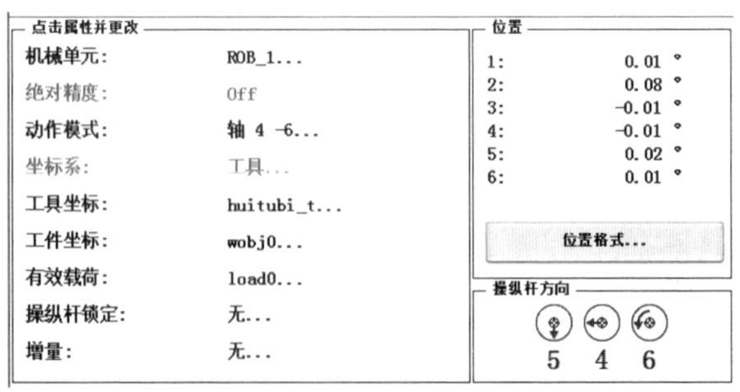

图 2-1-25　单轴运动模式选择界面

（2）在主菜单页面，单击“程序编辑器”，进入主程序编辑界面，单击“调试”按钮，再单击调用例行程序，如图 2-1-26 所示。

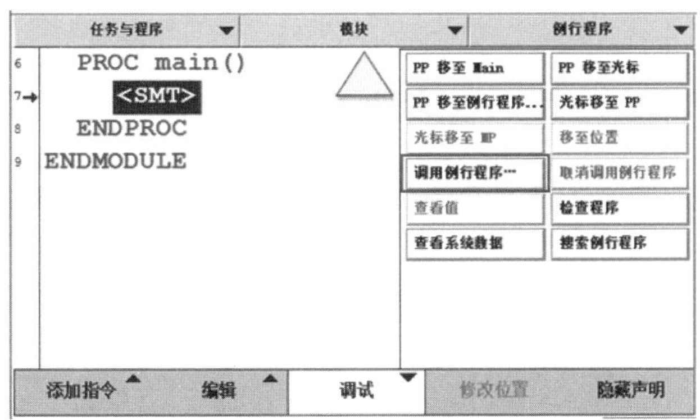

图 2-1-26　主程序编辑界面

（3）单击如图 2-1-27 所示中的“LoadIdentity”例行程序，单击“转到”按钮，打开该程序，例行程序运行界面如图 2-1-28 所示。

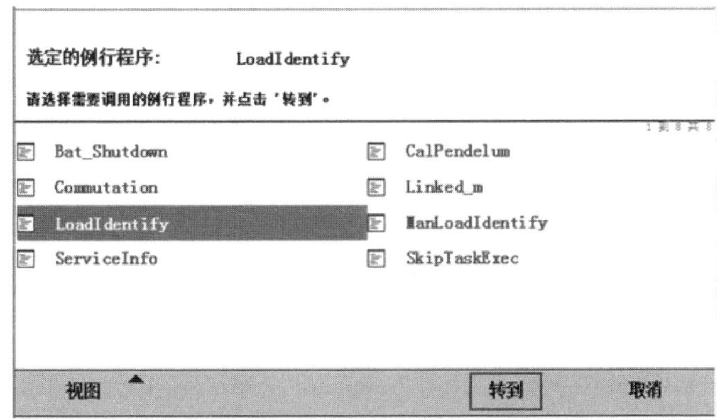

图 2-1-27　选定的例行程序界面

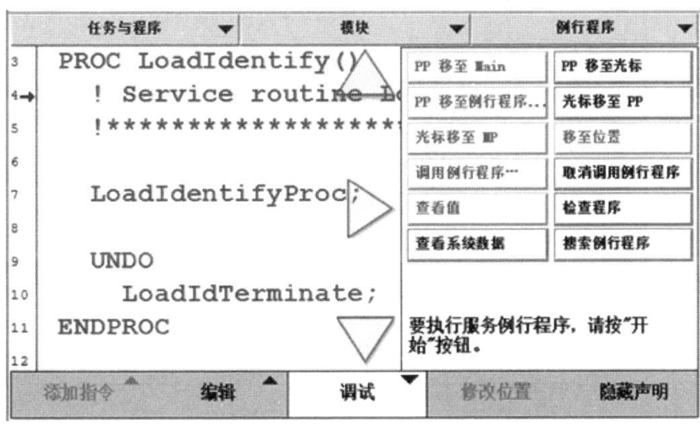

图 2-1-28　例行程序运行界面

（4）按下示教器后面的电机使能键，然后按下程序运行按键，程序自动运行，然后按照英文提示依次单击“OK”“Tool”“OK”“OK”。在载荷确认界面中，输入数字 2，单击“确定”按钮，如图 2-1-29 所示。

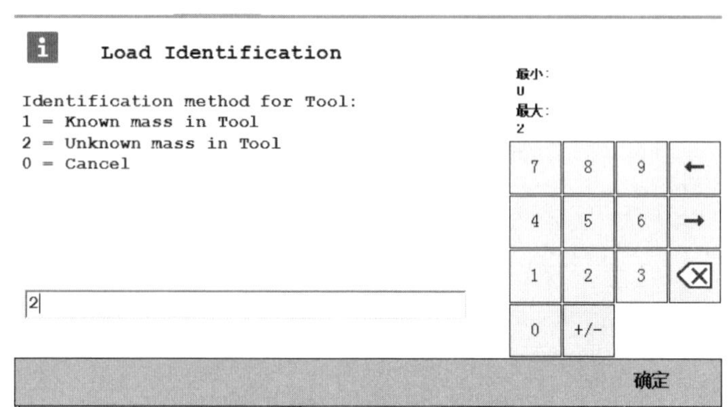

图 2-1-29　载荷确认界面

（5）单击“-90”或者“+90”，再依次单击“YES”“MOVE”，示教器自动运行到改变运行模块界面，如图 2-1-30 所示。此时，将机器人控制柜模式切换钥匙拨到自动状态，按下伺服电机上电按钮，再按下程序运行按钮，机器人自动运行，直至完成工具质量和重心的测量，再将机器人运行模式改回手动运行，单击“OK”，按下程序运行按钮，可以在示教器上看到工具质量数据和重心数据，单击“YES”，工具质量和重心将自动更新。

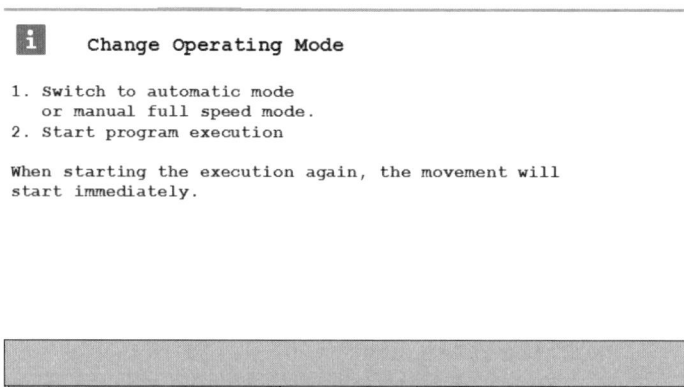

Change Operating Mode

1. Switch to automatic mode
   or manual full speed mode.
2. Start program execution

When starting the execution again, the movement will start immediately.

图 2-1-30　改变运行模块界面

任务测评

对任务实施的完成情况进行检查，并将结果填入表 2-1-6。

表 2-1-6　任务测评表

序号	主要内容	考核要求	评分标准	配分	扣分	得分
1	TCP 单元的安装	正确安装 TCP 单元	1. TCP 单元安装不牢固，每处扣 5 分 2. 不会安装，扣 10 分	10		

续表

序号	主要内容	考核要求	评分标准	配分	扣分	得分
2	绘图笔夹具的安装	正确安装绘图笔夹具	1. 绘图笔夹具安装不牢固，每处扣5分 2. 不会安装，扣10分	10		
3	四点法设定TCP	正确新建绘图笔的TCP	1. 不能使用四点法新建绘图笔的TCP，扣40分 2. 设定TCP有遗漏或错误，每处扣10分	40		
		正确调试绘图笔TCP	1. 不能使用重定位功能实现绘图笔绕着TCP点改变姿态，扣20分 2. 调试绘图笔TCP方法有遗漏或错误，每处扣10分	20		
4	自动识别工具质量和重心	会调用LoadIdentity程序，运行该程序识别工具的质量和重心	1. 不会调用LoadIdentity程序，运行该程序识别工具的质量和重心，扣20分 2. 自动识别工具质量和重心方法有遗漏或错误，每处扣10分	20		
5	安全文明生产	劳动保护用品穿戴整齐；遵守操作规程；讲文明礼貌；操作结束要清理现场	1. 操作中，违反安全文明生产考核要求的任何一项扣5分，扣完为止 2. 当发现学生有重大事故隐患时，要立即予以制止，并每次扣安全文明生产总分10分	10		
合计						
开始时间：			结束时间：			

一、填空题

1. ________也称导引，即由操作者直接或间接导引机器人，一步步按实际作业要求告知机器人应该完成的动作和作业的具体内容，机器人在导引过程中以________的形式记忆下来，并存储在机器人控制装置内；________则是通过存储内容的回放，使机器人在一定精度范围内按照程序展现所示教的动作和规定的作业内容。

2. ________的主要目的是检查示教生成的动作及末端工具指向位置是否已记录。

3. ________是利用计算机图形学的结果，在计算机中建立起机器人及其工作环境的模型，通过对图形的控制和操作，在不使用实际机器人的情况下示教，进而生成机器人程序。

二、选择题

1. 对工业机器人进行作业编程，主要包含（　　）。

①运动轨迹　②作业条件　③作业顺序　④插补方式

A. ①②　B. ①②③　C. ①③　D. ①②③④

2. 机器人运动轨迹的示教主要是确认程序点的属性，这些属性包括（　　）。

①位置坐标　②插补方式　③再现速度　④作业点/空走点

A. ①②　B. ①②③　C. ①③　D. ①②③④

3. 与传统的在线示教编程相比，离线编程具有如下优点（　　）。

①减少机器人的非工作时间；②使编程者远离苛刻的工作环境；③便于修改机器人程

序；④可结合各种人工智能等技术提高编程效率；⑤便于和 CAD/CAM 系统结合，做到 CAD/CAM/Robotics 一体化

A. ①②④⑤　　B. ①②③　　C. ①③④⑤　　D. ①②③④⑤

三、判断题

1．因技术尚未成熟，现在广泛应用的工业机器人绝大多数属于第一代机器人，它的基本工作原理是示教—再现。（　　）

2．机器人示教时，对于有规律的轨迹，原则上仅需示教几个关键点。（　　）

3．采用直线插补示教的程序点指的是从当前程序点移动到下一程序点运行一段直线。（　　）

4．离线编程是工业机器人目前普遍采用的编程方式。（　　）

5．虽然示教再现方式存在机器人占用机时、效率低等诸多缺点，人们也试图通过采用传感器使机器人智能化，但在复杂的生产现场和作业可靠性等方面处处碰壁，难以实现。因此，工业机器人的作业示教在相当长时间内仍将无法脱离在线示教的现状。（　　）

四、综合应用题

用机器人完成图 2-1-31 所示直线轨迹（$A \to B$）的焊接作业，回答以下问题。

（1）结合具体示教过程，填写表 2-1-7（请在相应选项下“√”）。

（2）实际作业编程时，为提高效率，对程序点 1 和程序点 6 如何处理？简述操作过程。

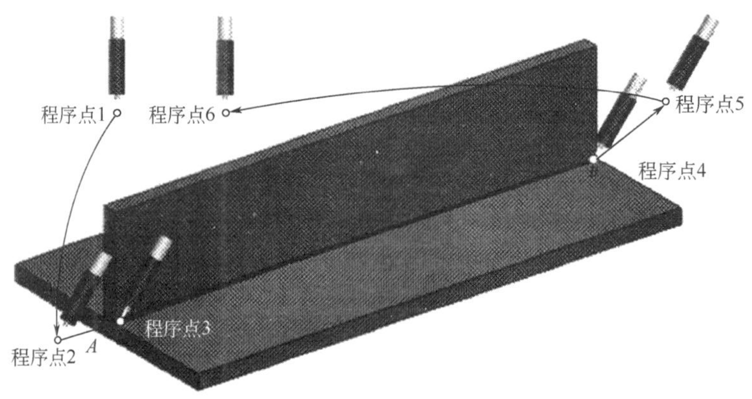

图 2-1-31　焊接直线轨迹

表 2-1-7　直线轨迹作业示教

程序点	作业点/空走点		插补方式	
	作业点	空走点	PTP	直线插补
程序点 1				
程序点 2				
程序点 3				
程序点 4				
程序点 5				
程序点 6				

任务 2　工业机器人绘图单元的编程与操作

学习目标

✧ 知识目标

1. 掌握运动控制程序的新建、编辑、加载方法。
2. 掌握工业机器人关节位置数据形式、意义及记录方法。
3. 掌握工业机器人绘图单元的程序编写。

✧ 能力目标

1. 能够新建、编辑和加载程序。
2. 能够完成绘图单元及绘图笔夹具的安装。
3. 能够完成绘图单元机器人程序编写。

工作任务

如图 2-2-1 所示，为工业机器人绘图单元工作站，其绘图单元结构示意图如图 2-2-2 所示。本任务采用示教编程方法，操作机器人描绘绘图模块中 A4 纸的运动轨迹。

具体控制要求如下所述。

（1）调出绘图单元主程序 main。左手持机器人示教器，右手单击示教器界面左上角的 ≡∨ 来打开 ABB 菜单栏；单击“程序编辑器”，进入程序编辑界面；单击“调试”按钮，弹出调试界面；单击“PP 移至例行程序”，进入例行程序选择界面；选择例行程序“main”，然后单击“确定”按钮，进入程序编辑界面。

（2）手动运行绘图单元程序。手压示教器的使能器按钮，单击示教器▶，运行绘图单元程序，机器人依次完成绘画等边三角形、方形、圆形和五角星的轨迹运动，最后机器人回到 ht_home 界面，并停止运动。

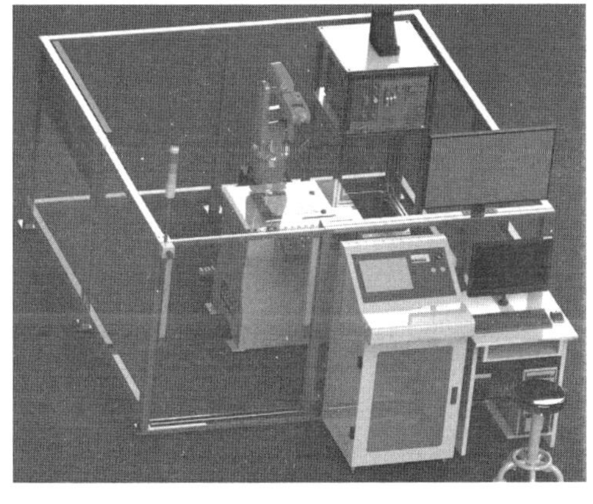

图 2-2-1　工业机器人绘图单元工作站

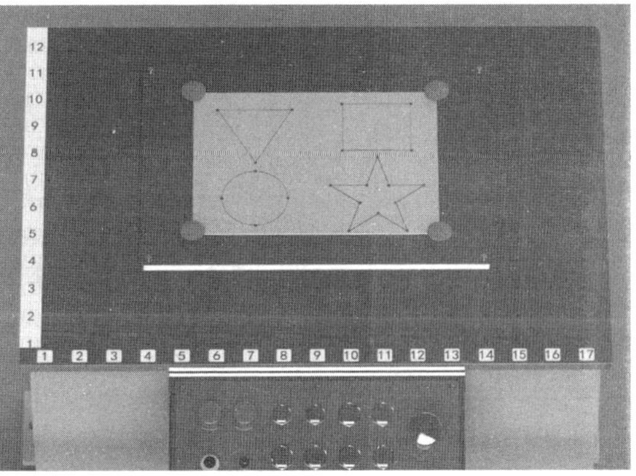

图 2-2-2　绘图单元结构示意图

相关知识

一、工业机器人绘图单元工作站

工业机器人绘图单元工作站是为了进行机器人轨迹数据示教编程而建立的，其主要由机器人本体、机器人控制器、绘图模块、A4 纸（已绘等边三角形、方形、圆、五角星）、绘图笔夹具、操作控制柜、模块承载平台、透明安全护栏、光幕安全门、零件箱和工具墙、编程电脑桌等组成，如图 2-2-3 所示。本工作站主要学习使用示教器编写机器人程序，并且手动调试和自动运行机器人程序。

二、机器人程序的基本认识

机器人程序是为了使机器人完成某种任务而设置的动作顺序描述。在示教操作中，产生的示教数据（如轨迹数据、作业条件、作业顺序等）和机器人指令都将保存在程序中，当机器人自动运行时，将执行程序再现所记忆的动作。

常见的程序编程方法有示教编程和离线编程两种。示教编程方法是由操作人员引导，控制机器人运动，记录机器人作业的程序点，并插入所需的机器人命令来完成程序的编写。离线编程方法是操作人员不对实际作业的机器人直接进行示教，而是在离线编程系统中进行编程或在模拟环境中进行仿真，生成示教数据，通过 PC 间接对机器人进行示教。示教编程方法包括示教、程序编辑和轨迹再现，可以通过示教器示教再现，由于示教方式使用性强，操作简便，因此大部分机器人都常用这种方法。

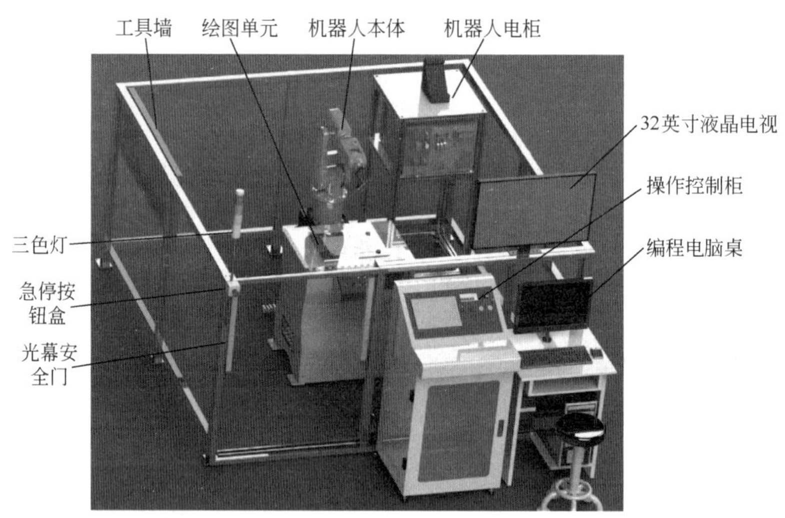

图 2-2-3　工业机器人绘图单元工作站的组成

程序的基本信息包括程序名、程序注释、子类型、组标志、写保护、程序指令和程序结束标志，如表 2-2-1 所示。

表 2-2-1　程序基本信息及功能

序号	程序基本信息	功　能
1	程序名	用以识别存入控制器内存中的程序，在同一目录下不能出现包含两个或两个以上拥有相同程序名的程序。程序名长度不超过 8 个字符，由字母、数字、下画线组成
2	程序注释	用来描述、选择界面上显示的附加信息。最长为 16 个字符，由字母、数字及符号（@、※）组成。新建程序后可在程序选择之后修改程序注释
3	子类型	用于设置程序文件的类型。目前本系统只支持机器人程序这一类型
4	组标志	设置程序操作的动作组，必须在程序执行前设置。目前本系统只有一个操作组 1（1，*，*，*，*）
5	写保护	指定程序可否被修改。若设置为“是”，则程序名、注释、子类型、组标志等不可修改；若设置为“否”，则程序信息可修改。当程序创建且操作确定后，可将此项设置为“是”来保护程序，防止他人或自己误修改
6	程序指令	包括运动指令、寄存器指令等示教过程中所涉及的所有指令
7	程序结束标志	程序结束标志（END）自动显示在程序的最后一条指令的下一行。只要有新的指令添加到程序中，程序结束标志就会在屏幕上向下移动，所以程序结束标志总放在最后一行，当系统执行完最后一条程序指令后，执行程序结束标志时，就会自动返回到程序的第一行并终止

三、常用运动指令

1．线性运动指令（MoveL）

线性运动指令也称直线运动指令。工具的 TCP 按照设定的姿态从起点匀速移动到目标位置点，TCP 运动路径是三维空间中 p1 点到 p2 点的直线运动，如图 2-2-4 所示。直线运动的起始点是前一运动指令的示教点，结束点是当前指令的示教点。

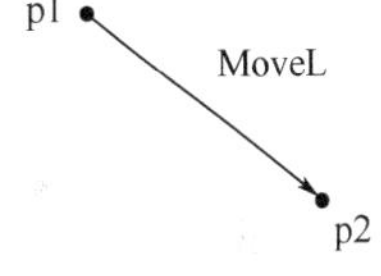

图 2-2-4　直线运动指令示例图

运动特点：①运动路径可预见；②在指定的坐标系中实现插补运动。

（1）指令格式

```
MoveL[\Conc,]ToPoint,Speed[\V] [\T],Zone[\Z] [\Inpos],Tool[\Wobj] [\Corr]。
```

线性运动指令格式及说明见表 2-2-2。

表 2-2-2　线性运动指令格式及说明

线性运动指令格式	说　明
[\Conc，]	协作运动开关
ToPoint	目标点’默认为*
Speed	运行速度数据
[\V]	特殊运行速度 mm/s
[\T]	运行时间控制 s
Zone	运行转角数据
[\Z]	特殊运行转角 mm
[\Inpos]	运行停止点数据

续表

线性运动指令格式	说　明
Tool	工具中心点（TCP）
[\Wobj]	工件坐标系
[\Corr]	修正目标点开关

指令举例如下：

```
MoveL p1,v2000,fine,grip1;
MoveL \Conc,p1,v2000,fine,grip1;
MoveL p1,v2000\V:=2200,z40\z:45,grip1;
MoveL p1,v2000,z40,grip1\Wobj:=wobjTable;
MoveL p1,v2000,fine\ Inpos:=inpos50,grip1;
MoveL p1,v2000,z40,grip1\corr;
```

（2）应用

机器人以线性方式运动至目标点，当前点与目标点两点决定一条直线，机器人运动状态可控，运动路径保持唯一，可能会出现死点，常用于机器人在工作中的移动操作。

2．关节运动指令（MoveJ）

程序一般起始点使用 MoveJ 指令。机器人将 TCP 沿最快速轨迹送到目标点，机器人的姿态会随意改变，TCP 路径不可预测。机器人最快速的运动轨迹通常不是最短的轨迹，因而关节轴运动不是直线。由于机器人轴的旋转运动，弧形轨迹会比直线轨迹更快。运动指令示意图如图 2-2-5 所示。

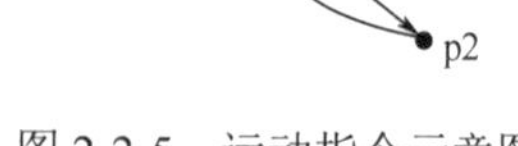

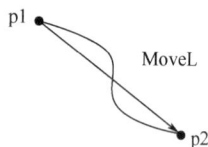

图 2-2-5　运动指令示意图

运动特点：①运动的具体过程是不可预见的；②六个轴同时启动并且同时停止。

使用 MoveJ 指令可以使机器人的运动更加高效快速，也可以使机器人的运动更加柔和，但是关节轴运动轨迹是不可预见的，所以使用该指令务必确认机器人与周边设备不会发生碰撞。

（1）指令格式

```
MoveJ[\Conc,]ToPoint,Speed[\V] [\T],Zone[\Z] [\Inpos], Tool[\Wobj];
```

关节运动指令格式及说明见表 2-2-3。

表 2-2-3　关节运动指令格式及说明

关节运动指令格式	说　明
[\Conc，]	协作运动开关
ToPoint	目标点’默认为*
Speed	运行速度数据
[\V]	特殊运行速度 mm/s
[\T]	运行时间控制 s
Zone	运行转角数据
[\Z]	特殊运行转角 mm

续表

关节运动指令格式	说　明
[\Inpos]	运行停止点数据
Tool	工具中心点（TCP）
[\Wobj]	工件坐标系

指令举例如下：

```
MoveJ p1,v2000,fine,grip1;
MoveJ\Conc,p1,v2000,fine,grip1;
MoveJ p1,v2000\V:=2200,z40\z:45,grip1;
MoveJ p1,v2000,z40,grip1\Wobj:=wobjTable;
MoveJ\Conc,p1,v2000,fine\ Inpos:=inpos50,grip1;
```

（2）应用

机器人以最快捷的方式运动至目标点，机器人运动状态不完全可控，但运动路径保持唯一，常用于机器人在空间内大范围移动行为操作。

（3）编程实例

根据如图 2-2-6 所示的运动轨迹，写出其关节指令程序。

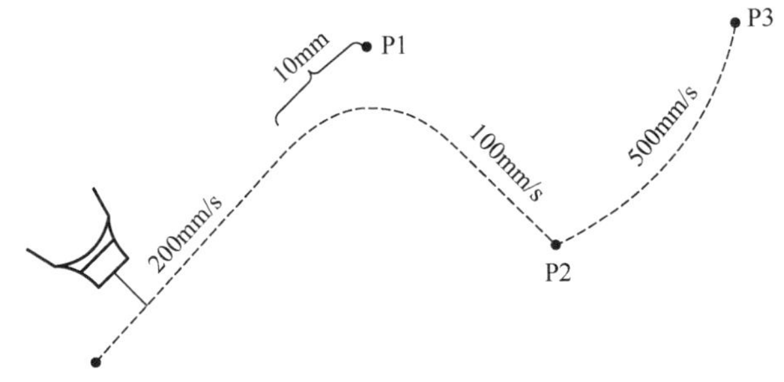

图 2-2-6　运动轨迹

图 2-2-6 所示的运动轨迹的指令程序如下：

```
MoveL p1,v200,z10,tool1;
MoveL p2,v100,fine,tool1;
MoveJ p3,v500,fine,tool1;
```

3．圆弧运动指令（MoveC）

圆弧运动指令也称为圆弧插补运动指令。3 点确定唯一圆弧，因此，圆弧运动需要示教 3 个圆弧运动点，起始点 p1 是上一条运动指令的末端点，p2 是中间辅助点，p3 是圆弧终点，如图 2-2-7 所示。

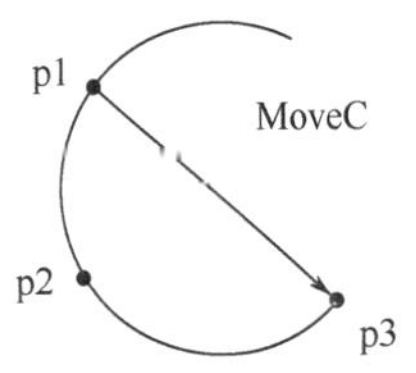

图 2-2-7　圆弧运动轨迹

（1）指令格式

```
MoveC[\Conc,]  CirPoint,ToPoint,Speed[\V]  [\T],Zone[\Z]  [\Inpos],Tool
[\Wobj] [\Corr];
```

圆弧运动指令格式及说明见表 2-2-4。

表 2-2-4　圆弧运动指令格式及说明

圆弧运动指令格式	说　明
[\Conc，]	协作运动开关
CirPoin	中间点’默认为*
ToPoint	目标点’默认为*
Speed	运行速度数据
[\V]	特殊运行速度（mm/s）
[\T]	运行时间控制（s）
Zone	运行转角数据
[\Z]	特殊运行转角（mm）
[\Inpos]	运行停止点数据
Tool	工具中心点（TCP）
[\Wobj]	工件坐标系
[\Corr]	修正目标点开关

圆弧运动指令举例如下：

```
MoveC p1,p2,v2000,fine,grip1;
MoveC \Conc,p1,p2,v200,\V:=500,z1\zz:=5,grip1;
MoveC p1,p2,v2000,z40,grip1\Wobj:=wobjTable;
MoveC p1,p2,v2000,fine\ Inpos:= 50,grip1;
MoveC p1,p2,v2000,fine,grip1\corr;
```

（2）应用

机器人通过中心点以圆弧移动方式运动至目标点，当前点、中间点与目标点 3 点决定一段圆弧轨迹，机器人运动状态可控，运动路径保持唯一，常用于机器人在工作中移动操作。

（3）限制

不可能通过一个 MoveC 指令完成一个圆，如图 2-2-8 所示需要多条指令共同完成。

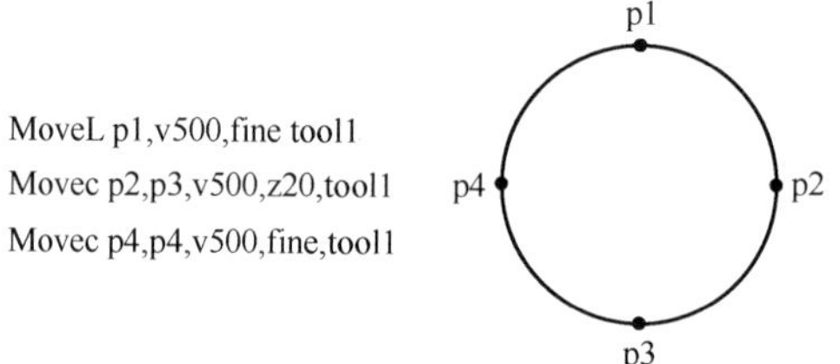
MoveL p1,v500,fine tool1
Movec p2,p3,v500,z20,tool1
Movec p4,p4,v500,fine,tool1
p1
p4
p2
p3

图 2-2-8　MoveC 指令的限制

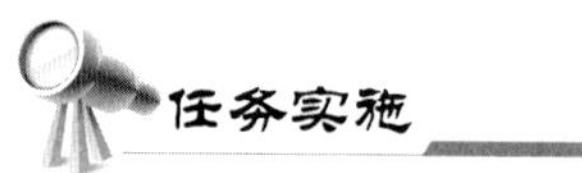
任务实施

一、任务准备

实施本任务教学所使用的实训设备及工具材料可参考表 2-2-5。

表 2-2-5　实训设备及工具材料

序号	分类	名称	型号规格	数量	单位	备注
1	工具	内六角扳手	3.0mm	1	个	工具墙
2		内六角扳手	4.0mm	1	个	工具墙
3	设备器材	内六角螺丝	M4	4	颗	工具墙红色盒
4		内六角螺丝	M5	4	颗	工具墙红色盒
5		绘图模块	含 4 个磁石	1	个	物料间领料
6		绘图笔夹具		1	个	物料间领料
7		A4 纸		1	张	物料间领料

二、绘图单元的安装

在绘图单元 4 个角有用于安装固定的螺丝孔，把绘图模块放置在模块承载平台上，用 M4 内六角螺丝将其固定锁紧，保证模型紧固牢靠，绘图单元整体布局与固定位置如图 2-2-9 所示。

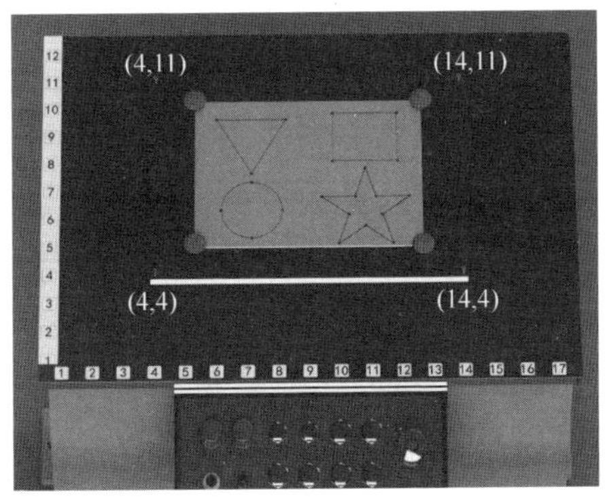

图 2-2-9　绘图单元整体布局与固定位置

三、绘图笔夹具的安装

本任务训练采用绘图笔夹具，在该夹具与机器人 J_6 轴连接法兰上有四个螺丝安装孔，把夹具调整到合适位置，然后用螺丝将其紧固到机器人 J_6 轴上，如图 2-2-10 所示。

四、机器人程序设计与编写

1. 机器人程序流程图设计

根据机器人运动轨迹编写机器人程序时，首先根据控制要求绘制机器人程序流程图，然后编写机器人主程序和子程序。主程序主要用于调用子程序和回原点 ht_home。子程序主要包括等边三角形子程序、方形子程序、圆形子程序和五角星子程序。

根据控制功能，设计机器人程序流程图，如图 2-2-11 所示。

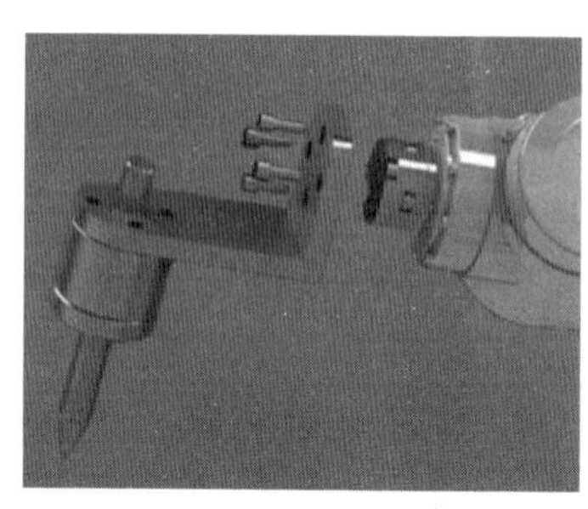
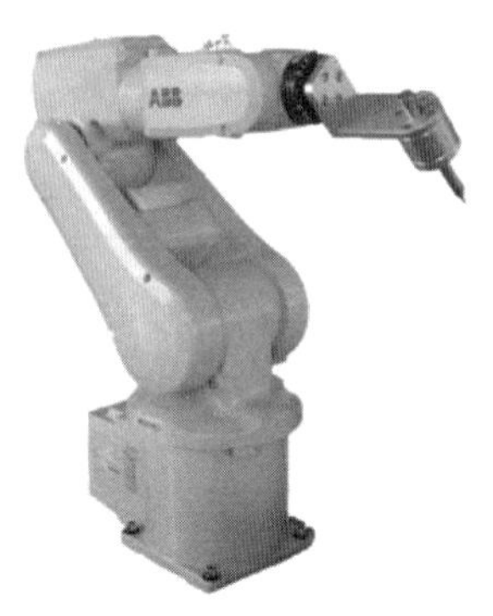
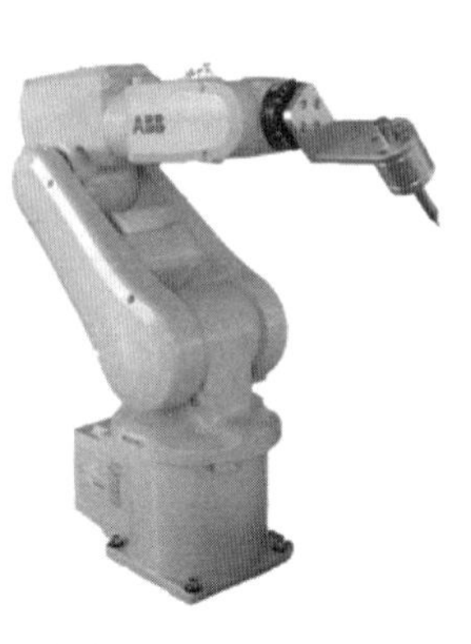

图 2-2-10　绘图笔夹具的安装

Main
↓
画等边三角形
↓
画方形
↓
画圆形
↓
画五角星
↓
ht_home
↓
结束

图 2-2-11　机器人程序流程图

2. 规划机器人运动轨迹

绘图单元上的图案分布如图 2-2-12 所示。根据机器人的运行轨迹，机器人运动轨迹示教点见表 2-2-6。

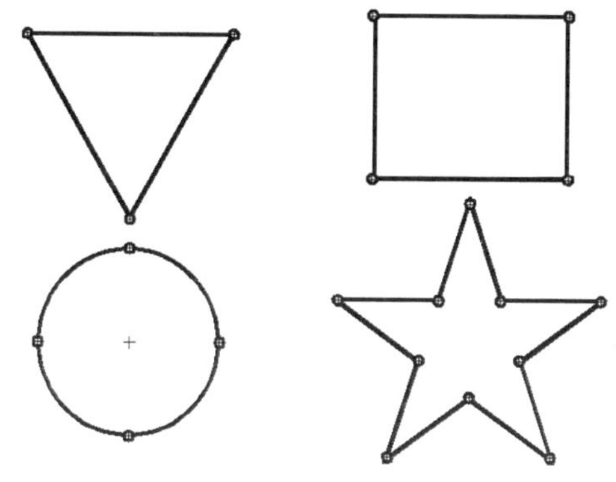

图 2-2-12　绘图单元的图案分布

表 2-2-6　机器人运动轨迹示教点

序号	点序号	注释	备注
1	ht_home	机器人绘图初始位置	需示教
2	p1～p3	等边三角形轨迹点	需示教
3	p4～p7	方形轨迹点	需示教
4	p8～p11	圆形轨迹点	需示教
5	p12～p21	五角星轨迹点	需示教

3. 编写机器人程序

（1）新建模块与例行程序

① 左手持机器人示教器，右手单击示教器界面左上角的☰∨，打开 ABB 菜单栏；单击“程序编辑器”，进入程序编辑界面；单击“模块”，进入模块界面，如图 2-2-13 所示。

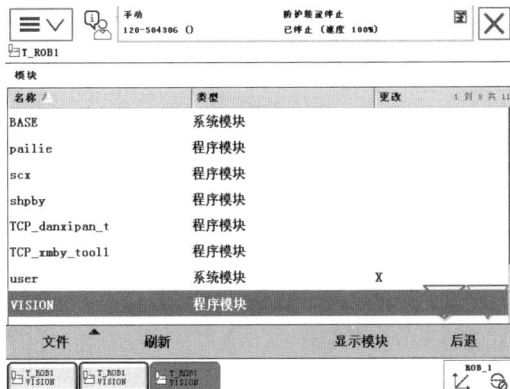

手动 120-504306 () 防护装置停止 已停止（速度 100%）

T_ROB1

模块

名称	类型	更改
BASE	系统模块	
pailie	程序模块	
scx	程序模块	
shpby	程序模块	
TCP_danxipan_t	程序模块	
TCP_xmby_tool1	程序模块	
user	系统模块	X
VISION	程序模块	

文件 刷新 显示模块 后退

图 2-2-13 示教器模块界面

② 单击左下角的“文件”，单击“新建模块”，选择“是”新建模块。模块命名为“huitu”，其他默认，单击“确定”按钮，再单击“确定”按钮，模块“huitu”新建完成，如图 2-2-14 所示。

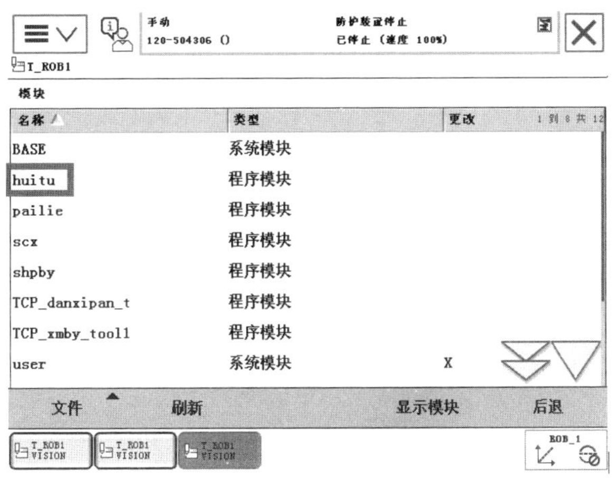

图 2-2-14 新建模块“huitu”界面

③ 选择“huitu”，单击“显示模块”，进入“huitu”模块的程序编辑器界面，如图 2-2-15 所示。图中 MODULE 指令用于新建模块程序。

④ 单击“例行程序”，进入“huitu”模块的例行程序界面。单击“文件”，单击“新建例行程序”；例行程序命名“main”（注：符号“_”需要先在软键盘单击“shift”才会出现），其他默认，单击“确定”按钮，再单击“确定”按钮，完成了 main 绘图单元主程序的新建。同理，新建出例行程序“ht_sanjiaoxing”“ht_fangxing”“ht_yuanxing”“ht_wujiaoxing”4 个绘图单元子程序，如图 2-2-16 所示。

（2）编写三角形子程序

① 根据控制要求和如图 2-2-17 所示的三角形示教点图形，编写三角形子程序；然后示教点 p1～p3；最后使用示教器手动调试三角形子程序，检查该程序。

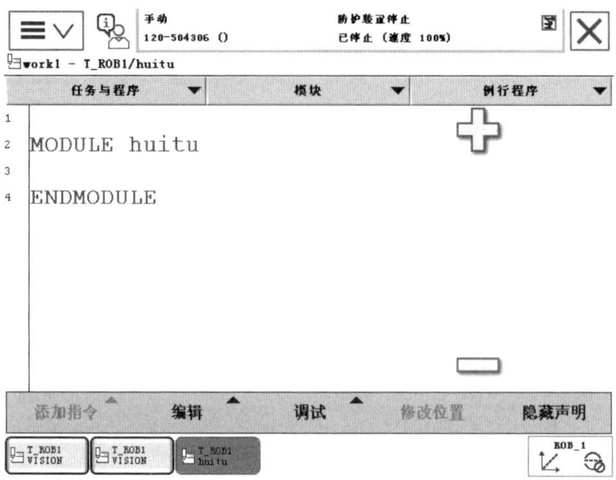

图 2-2-15 “huitu”模块的程序编辑器界面

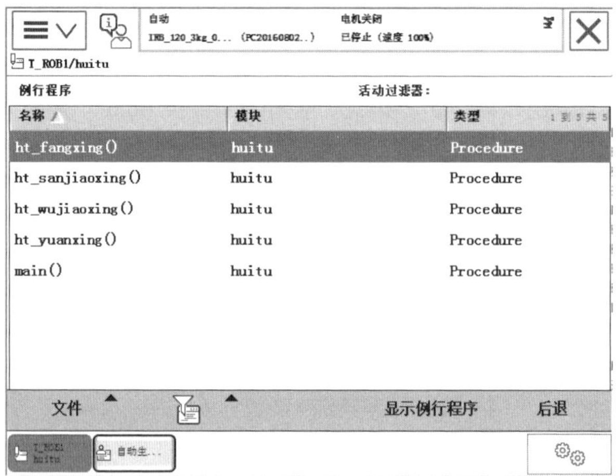

图 2-2-16 例行程序界面

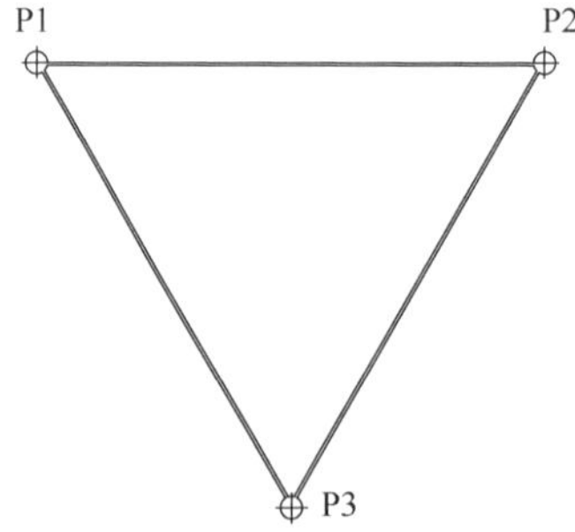

图 2-2-17 三角形示教点图形

三角形子程序参考如下：

```
PROC ht_sanjiaoxing( )
    MoveJ ht_home,v200,fine,tool0;
    MoveJ ht_p1,v100,z0,tool0;
```

```
        MoveL ht_p2,v100,z0,tool0;
        MoveL ht_p3,v100,z0,tool0;
ENDPROC
```

② 单击 ht_sanjiaoxing 子程序中的“<SMT>”，光标跳到 ht_sanjiaoxing 子程序位置，如图 2-2-18 所示。

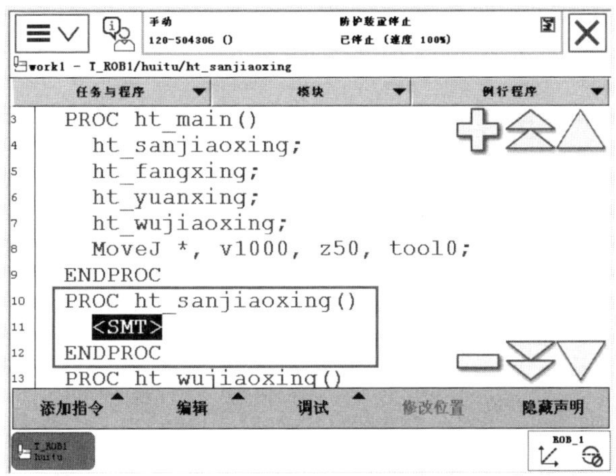

图 2-2-18　进入子程序位置

③ 编写绘画等边三角形子程序。先编写 ht_home 点（ht_home 点，每绘画完一个图形，机器人都回到这个点），单击“添加指令”，在“common”目录下单击“MoveJ”，指令 MoveJ 添加完成；单击“MoveJ *,v1000,z50,tool0;”，进入修改程序段详细信息界面，如图 2-2-19 所示。

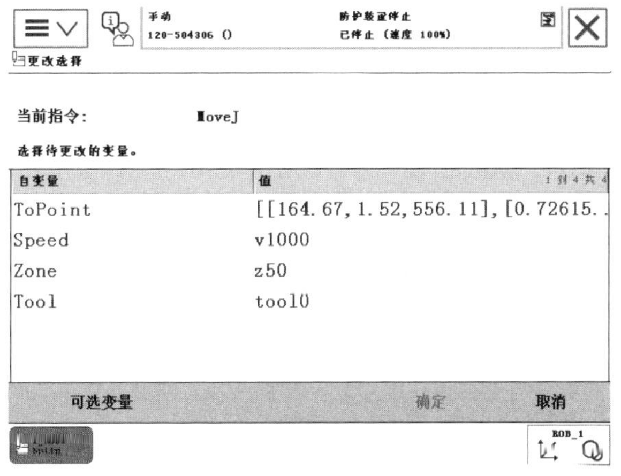

图 2-2-19　修改程序段详细信息界面

④ 单击 “ToPoint”，进入自变量选择界面。单击“新建”，名称命名为“ht_home”，单击“确定”按钮，再单击“确定”按钮，完成示教点 ht_home 变量新建。单击“v1000”，选择“v200”；单击“z50”，选择“fine”，工具默认“tool0”，单击“确定”按钮，再单击“确定”按钮，如图 2-2-20 所示。

图 2-2-20　自变量选择界面

⑤ 同理，添加指令“MoveJ”，程序段设置为“MoveJ ht_p1,v100,z0,tool0;”，如图 2-2-21 所示。

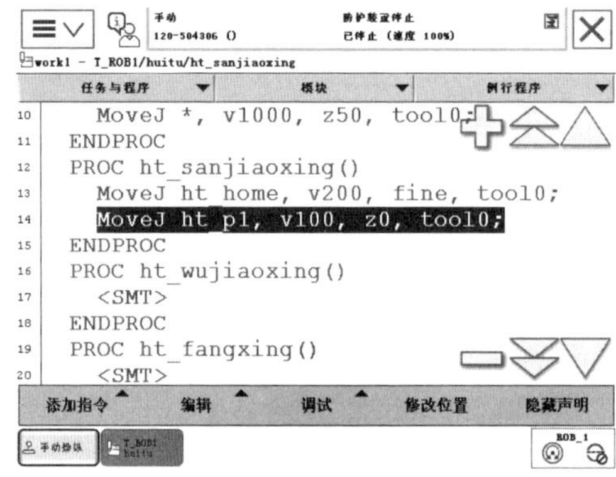

图 2-2-21　添加程序段界面

⑥ 将机器人手动操作到三角形的 p2 点，单击“添加指令”，在“common”目录下单击“MoveL”，指令 MoveL 添加完成；单击“MoveJ ht_p11,v100,z0,tool0;”，进入修改程序段详细信息界面，将程序段修改为“MoveL ht_p2,v100,z0,tool0;”，单击两次“确定”按钮，返回到程序编辑界面，如图 2-2-22 所示。

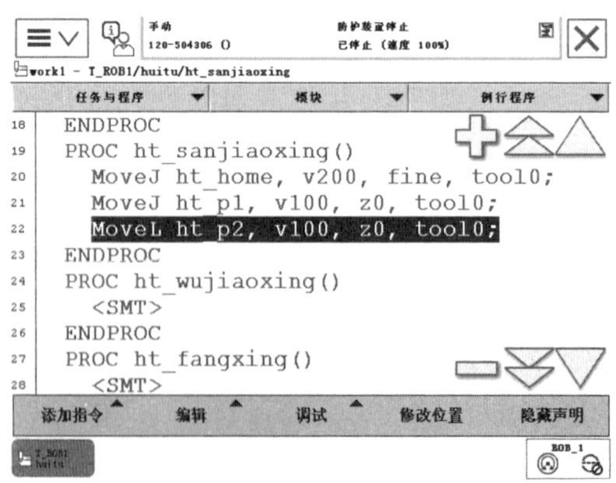

图 2-2-22　程序编辑界面

⑦ 程序段复制与粘贴。光标全部选中“MoveL ht_p2,v100,z0,tool0;”程序段，单击“编辑”，再单击“复制”，再次单击“粘贴”。程序段“MoveL ht_p2,v100,z0,tool0;”被复制到下方，如图 2-2-23 所示。

⑧ 将复制的程序段“MoveL ht_p2,v100,z0,tool0;”修改为“MoveL ht_p3,v100,z0,tool0;”，如图 2-2-24 所示。

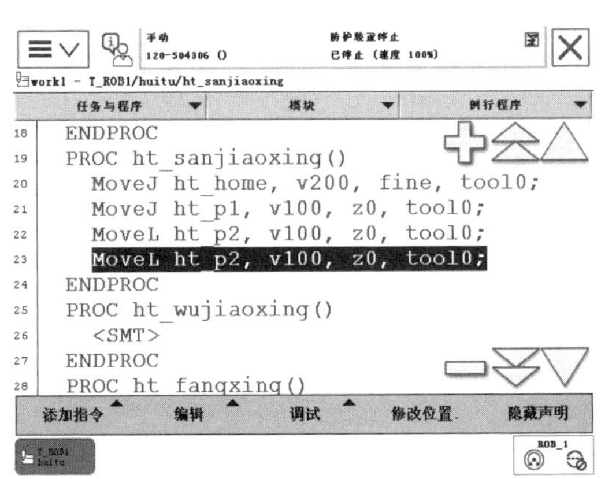

图 2-2-23　程序段复制与粘贴后的界面

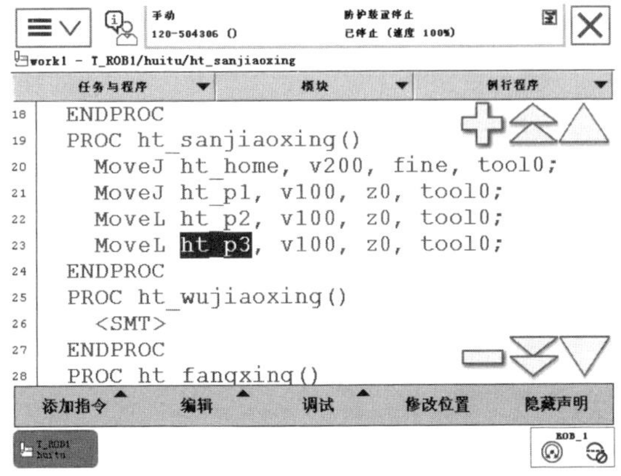

图 2-2-24　复制的程序段修改后的界面

⑨ 三角形子程序的示教。三角形子程序编写完成后，手动示教 ht_home 初始位置和 ht_p1、ht_p2、ht_p3 3 个点。使用示教器控制机器人移动到合适的位置与姿态如图 2-2-25 所示，将其作为绘图单元的初始位置 ht_home。选中“ht_home”，单击“修改位置”，单击“修改”，ht_home 示教完成，“确认修改位置”对话框如图 2-2-26 所示。同理控制机器人分别移动到三角形 p1～p3 点，分别示教 ht_p1、ht_p2 和 ht_p3 3 个点，完成三角形子程序的示教。

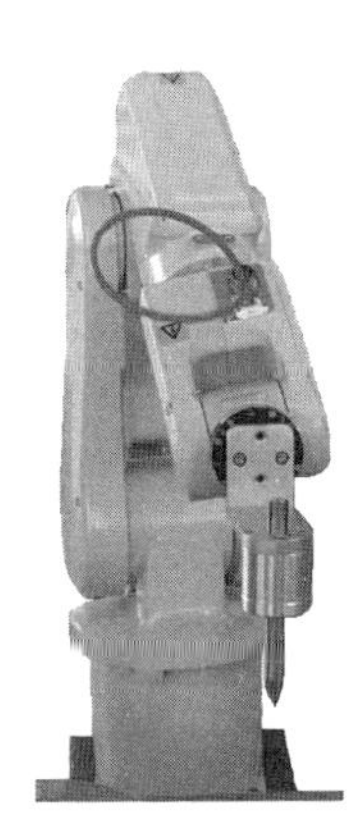

图 2-2-25　机器人移动到合适的位置与姿态

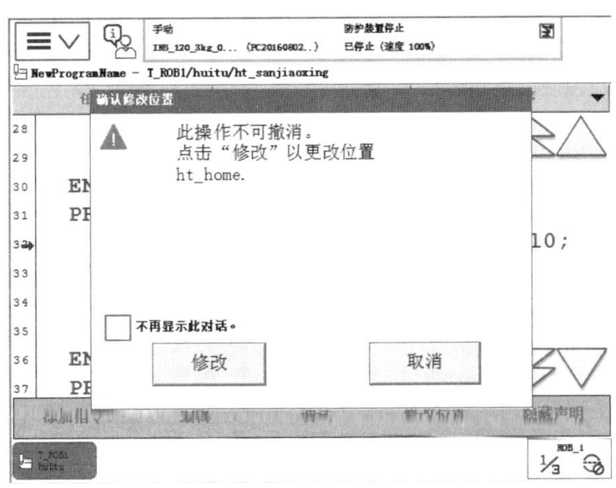

图 2-2-26　“确认修改位置”对话框

⑩ 手动调试三角形子程序。单击“调试”，单击“PP 移至例行…”；选择“ht_sanjiaoxing”，单击“确定”按钮；看到 PP 箭头移动到三角形子程序的第一段程序上，如图 2-2-27 所示；手压示教器的使能器按钮，单击示教器按钮，运行三角形子程序，机器人完成绘画等边三

角形的轨迹运动。

（3）编写方形子程序

① 根据控制要求和如图 2-2-28 所示的方形示教点图形，编写方形子程序；然后示教点 p4～p7；最后使用示教器手动调试方形子程序，检查该程序。

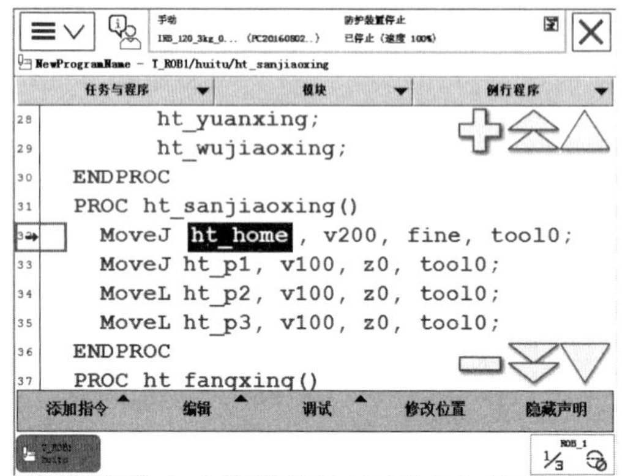

图 2-2-27　手动调试三角形子程序界面

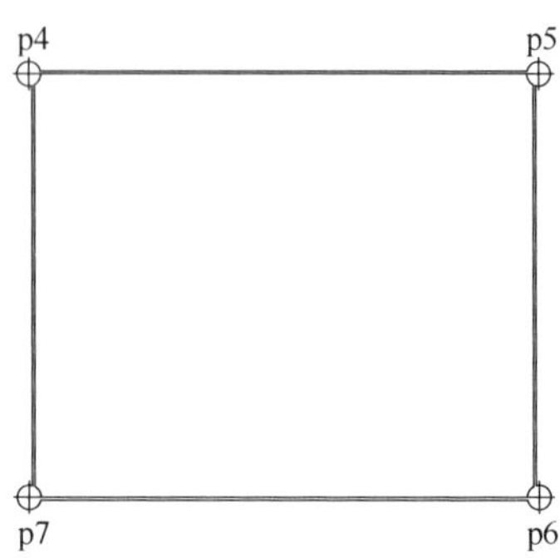

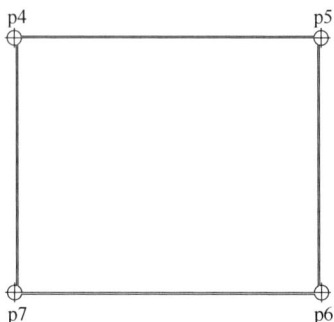

图 2-2-28　方形示教点图形

方形程序参考：

```
PROC ht_fangxing( )
    MoveJ ht_home,v200,fine,tool0;
    MoveJ ht_p4,v100,z0,tool0;
    MoveL ht_p5,v100,z0,tool0;
    MoveL ht_p6,v100,z0,tool0;
    MoveL ht_p7,v100,z0,tool0;
ENDPROC
```

② 单击 ht_fangxing 子程序中的“<SMT>”，光标跳到 ht_fangxing 子程序位置。参考方形子程序与前面三角形子程序编写完成方形子程序，编辑后的方形子程序如图 2-2-29 所示。

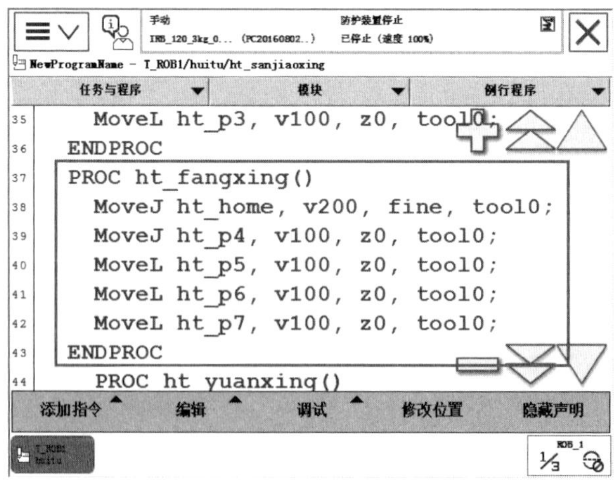

图 2-2-29　编辑后的方形子程序界面

③ 参考前面三角形子程序的示教与调试方式，示教方形轨迹点和手动调试方形例行程序。

（4）编写圆形子程序

① 根据控制要求和如图 2-2-30 所示的圆形示教点图形，编写圆形子程序；然后示教点 p8～p11；最后使用示教器手动调试圆形子程序，检查该程序。

圆形子程序参考：

```
PROC ht_yuanxing( )
    MoveJ ht_home,v200,fine,tool0;
    MoveJ ht_p8,v100,z0,tool0;
    MoveC ht_p9,ht_p11,v100,z0,tool0;
    MoveC ht_p10,ht_p8,v100,z0,tool0;
ENDPROC
```

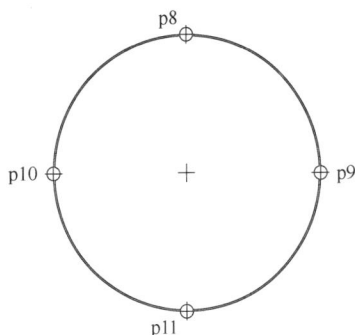

图 2-2-30　圆形示教点图形

② 单击 ht_yuanxing 子程序中的“<SMT>”，光标跳到 ht_yuanxing 子程序位置。添加程序段“MoveJ ht_home, v200,fine,tool0;”，“MoveJ ht_p8,v100,z0,tool0;”，MoveC 指令应用；然后，单击“添加指令”，在“common”目录下单击“MoveC”，指令 MoveC 添加完成；单击“MoveC ht_p10, ht_p20,v100,z0,tool0;”，进入修改程序段详细信息界面，将程序段修改为“MoveC ht_p9, ht_p10,v100,z0,tool0;”，单击两次“确定”按钮，返回到程序编辑界面；同理，添加程序段“MoveC ht_p11,ht_p8,v100,z0,tool0;”。编辑后的圆形子程序界面如图 2-2-31 所示。

③ 参考前面三角形子程序示教与调试方式，示教圆形轨迹点和手动调试圆形例行程序。

（5）编写五角星子程序

① 根据控制要求和如图 2-2-32 所示的五角星示教点图形，编写五角星子程序；然后示教点 p12～p21；最后使用示教器手动调试五角星子程序，检查该程序。

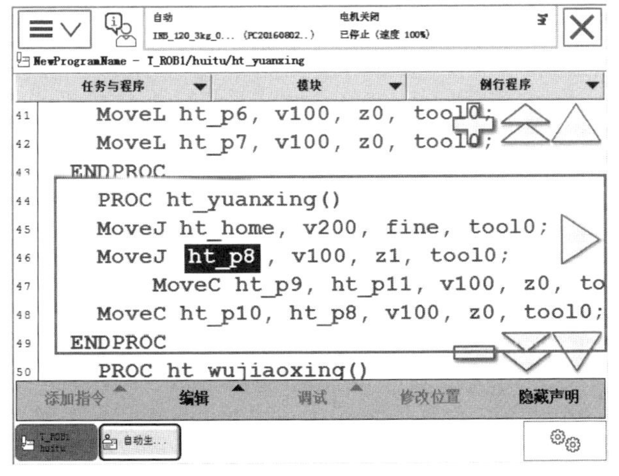

图 2-2-31　编辑后的圆形子程序界面

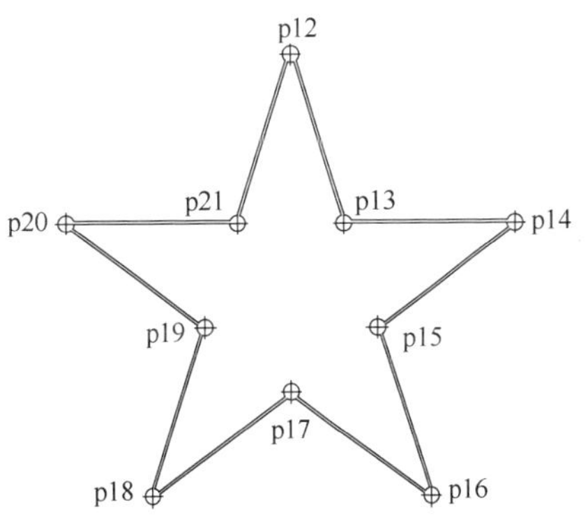

图 2-2-32　五角星示教点图形

五角星子程序参考：

```
PROC ht_wujiaoxing( )
        MoveJ ht_home,v200,fine,tool0;
        MoveL ht_p12,v100,z0,tool0;
        MoveL ht_p13,v100,z0,tool0;
        MoveL ht_p14,v100,z0,tool0;
        MoveL ht_p15,v100,z0,tool0;
        MoveL ht_p16,v100,z0,tool0;
        MoveL ht_p17,v100,z0,tool0;
        MoveL ht_p18,v100,z0,tool0;
        MoveL ht_p19,v100,z0,tool0;
        MoveL ht_p20,v100,z0,tool0;
        MoveL ht_p21,v100,z0,tool0;
        MoveL ht_p12,v100,z0,tool0;
ENDPROC
```

② 单击 ht_wujiaoxing 子程序中的“<SMT>”，光标跳到 ht_wujiaoxing 子程序位置。参考圆形子程序与三角形子程序编写完成五角星子程序，编辑后的五角星子程序界面如图 2-2-33 所示。

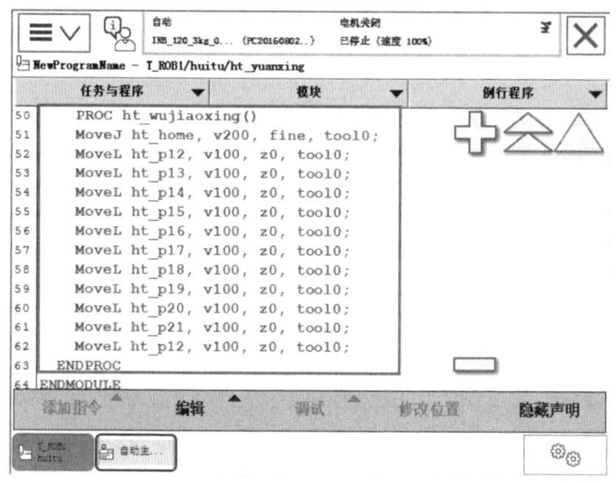

图 2-2-33　编辑后的五角星子程序界面

③ 参考前面三角形子程序示教与调试方式，示教五角星轨迹点和手动调试五角星例行程序。

（6）编写机器人主程序

① 根据控制要求，编写主程序 main。

main 程序参考：

```
PROC main( )
        ht_sanjiaoxing;
        ht_fangxing;
        ht_yuanxing;
        ht_wujiaoxing;
        MoveJ ht_home,v200,fine,tool0;
ENDPROC
```

② 选择例行程序“main”，单击“显示例行程序”，进入程序编辑器界面，如图 2-2-34 所示（提示：PROC 是新建例行程序的指令）。

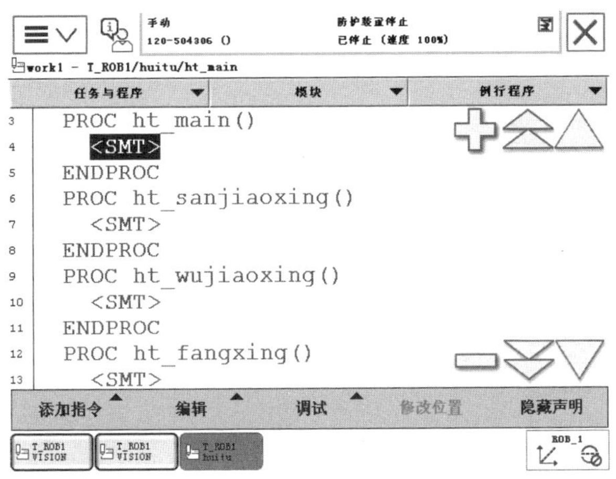

图 2-2-34　程序编辑器界面

③ 单击“添加指令”，在“common”目录下寻找并单击指令“ProcCall”，进入子程序调用界面，选择子程序“ht_sanjiaoxing”，单击“确定”按钮，成功调用 ht_sanjiaoxing 子程序。同理，调用剩下 3 个子程序“ht_fangxing”“ht_yuanxing”和“ht_wujiaoxing”；最后编写程序段“MoveJ ht_home，v200，fine，tool0；”，让机器人回到绘图初始位置。编辑后的主程序界面如图 2-2-35 所示。

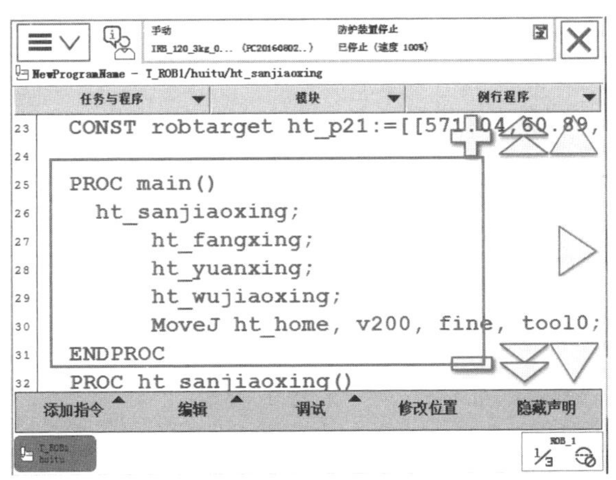

图 2-2-35　编辑后的主程序界面

④ 最后，手动调试主程序 main。

五、手动控制机器人自动运行

将机器人控制柜的钥匙旋钮置于⊘位置，在示教器上单击“确定”按钮，允许机器人自动运行；再单击“PP 移至 main”，最后单击“是”，使 PP 指针移动到 main 程序第一行；单击伺服开关⊙，伺服开关灯亮；单击操作器上的⊙，机器人开始自动运行，依次完成绘画等边三角形、方形、圆形和五角星的运动轨迹，最后机器人回到 ht_home 起始位置，并停止运动。

任务测评

对任务实施的完成情况进行检查，并将结果填入表 2-2-7。

表 2-2-7　任务测评表

序号	主要内容	考核要求	评分标准	配分	扣分	得分
1	机械安装	夹具与模块固定牢紧，不缺少螺丝	1．夹具与模块安装位置不合适，扣 5 分 2．夹具或模块松动，扣 5 分 3．损坏夹具或模块，扣 10 分	10		
2	机器人程序设计与示教操作	I/O 配置完整，程序设计正确，机器人示教正确	1．操作机器人动作不规范，扣 5 分 2．机器人不能完成描绘图形操作，每个图形扣 10 分 3．不会手动调试，扣 10 分 4．不会手动控制示教器自动运行，扣 15 分 5．机器人程序编写错误，每个扣 5 分 6．不会机器人示教，扣 40 分	80		
3	安全文明生产	劳动保护用品穿戴整齐；遵守操作规程；讲文明礼貌；操作结束要清理现场	1．操作中，违反安全文明生产考核要求的任何一项扣 5 分，扣完为止 2．当发现学生有重大事故隐患时，要立即予以制止，并每次扣安全文明生产总分 10 分	10		
合　计						
开始时间：			结束时间：			

模块三　工业机器人的基础应用

任务1　搬运机器人及其操作应用

学习目标

✧ 知识目标

1. 了解搬运机器人的分类及特点。
2. 掌握搬运机器人的系统组成及功能。
3. 熟悉搬运机器人作业示教的基本流程。
4. 熟悉搬运机器人的周边设备与布局。

✧ 能力目标

1. 能够识别搬运机器人工作站的基本构成。
2. 能够进行搬运机器人的简单作业示教。

工作任务

搬运机器人是经历人工搬运、机械手搬运两个阶段而出现的自动化搬运作业设备。搬运机器人的出现，不仅可提高产品的质量与产量，而且对保障人身安全，改善劳动环境，减轻劳动强度，提高劳动生产率，节约原材料消耗以及降低生产成本有着十分重要的意义，机器人搬运物料将变成自动化生产制造的必备环节，搬运行业也将因搬运机器人的出现而开启新纪元。

本任务的内容是通过学习，掌握搬运机器人的特点、基本系统组成、周边设备和作业程序，并能掌握搬运机器人作业示教的基本要领和注意事项。

相关知识

一、搬运机器人的分类及特点

搬运机器人作为先进的自动化设备，具有通用性强、工作稳定的优点，并且操作简便、功能丰富，搬运机器人也逐渐地向第三代智能机器人发展。本任务只对目前国内应用广泛的第一类搬运机器人（示教—再现型）进行介绍。搬运机器人的主要优点如下。

（1）动作稳定，可提高搬运准确性。

（2）提高生产效率，解放繁重体力劳动者，可实现无人或少人生产。

（3）改善工人劳作条件，摆脱有毒、有害环境。

（4）柔性高、适应性强，可实现多形状、不规则物料搬运。

（5）定位准确，保证批量一致性。

（6）降低制造成本，提高生产效益。

搬运机器人的结构形式和其他类型机器人相似，只是在实际制造中逐渐演变出多机型，以适应不同场合。从结构形式上看，搬运机器人可分为龙门式搬运机器人、悬臂式搬运机器人、侧壁式搬运机器人、摆臂式搬运机器人和关节式搬运机器人，搬运机器人分类如图 3-1-1 所示。

（a）龙门式搬运机器人

（b）悬臂式搬运机器人

（c）侧壁式搬运机器人

（d）摆臂式搬运机器人

（e）关节式搬运机器人

图 3-1-1　搬运机器人分类

1. 龙门式搬运机器人

龙门式搬运机器人坐标系主要由 *X* 轴、*Y* 轴和 *Z* 轴组成。其多采用模块化结构，可依据负载位置、大小等选择对应直线运动单元及组合结构形式（在移动轴上添加旋转轴便可成为 4 轴或 5 轴搬运机器人）。其结构形式决定其负载能力，可实现大物料、重吨位搬运，采用直角坐标系，编程方便简洁，广泛应用于生产线转运及机床上下料等大批量生产过程，龙门式搬运机器人如图 3-1-2 所示。

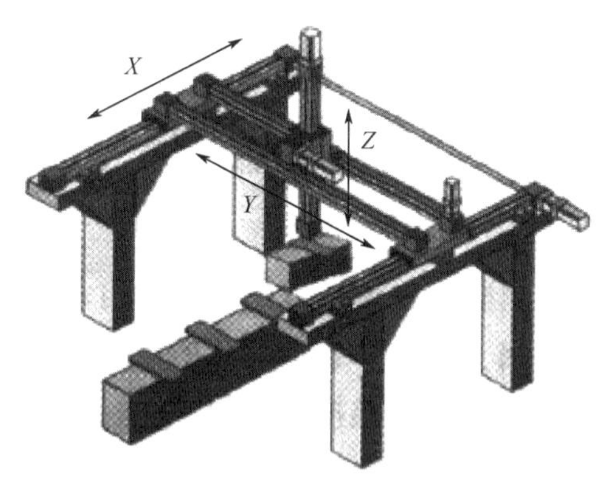

图 3-1-2　龙门式搬运机器人

2. 悬臂式搬运机器人

悬臂式搬运机器人坐标系主要由 *X* 轴、*Y* 轴和 *Z* 轴组成。其也可随不同的应用采取相应的结构形式（在 *Z* 轴的下端添加旋转或摆动就可以延伸成为 4 轴或 5 轴机器人）。此类机器人，多数结构为 *Z* 轴随 *Y* 轴移动，针对特定的场合，*Y* 轴也可在 *Z* 轴下方，方便进入设备内部进行搬运作业，广泛应用于卧式机床、立式机床及特定机床内部和冲压机

热处理机床的自动上下料，悬臂式搬运机器人如图 3-1-3 所示。

3．侧壁式搬运机器人

侧壁式搬运机器人坐标系主要由 X 轴、Y 轴和 Z 轴组成。其也可随不同的应用采取相应的结构形式（在 Z 轴的下端添加旋转或摆动就可以延伸成为 4 轴或 5 轴机器人）。这类机器人专用性强，主要应用于立体库类，如档案自动存取、全自动银行保管箱存取系统等，如图 3-1-4 所示为侧壁式搬运机器人。

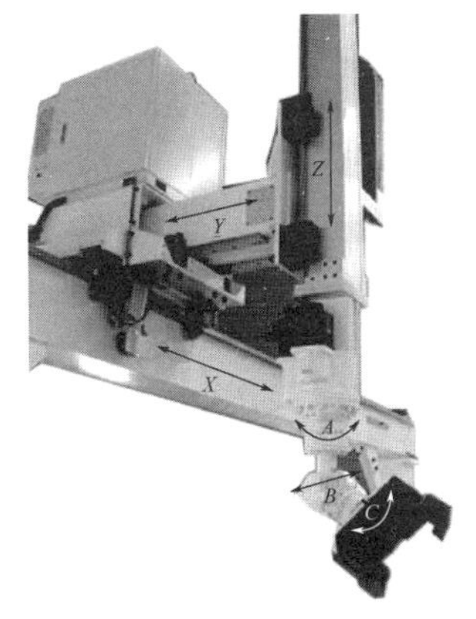

图 3-1-3　悬臂式搬运机器人

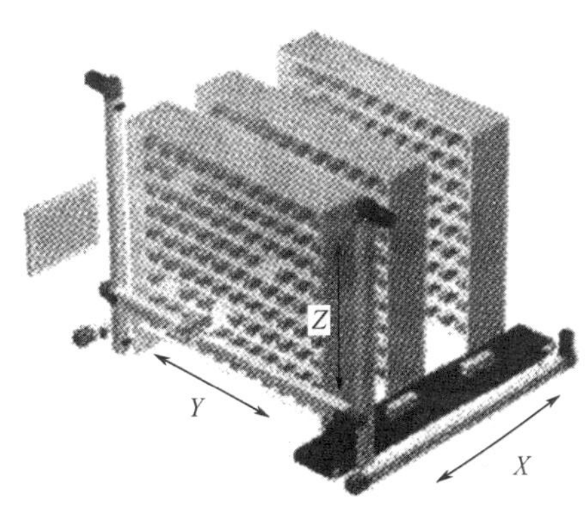

图 3-1-4　侧壁式搬运机器人

4．摆臂式搬运机器人

摆臂式搬运机器人坐标系主要由 X 轴、Y 轴和 Z 轴组成。Z 轴主要是升降，也称为主轴。Y 轴的移动主要通过外加滑轨，X 轴末端连接控制器，其绕 X 轴转动，实现 4 轴联动。此类机器人具有较高的强度和稳定性，广泛应用于国内外生产线，是关节式机器人的理想替代品，但其负载程度相对于关节式机器人小，如图 3-1-5 所示为摆臂式搬运机器人。

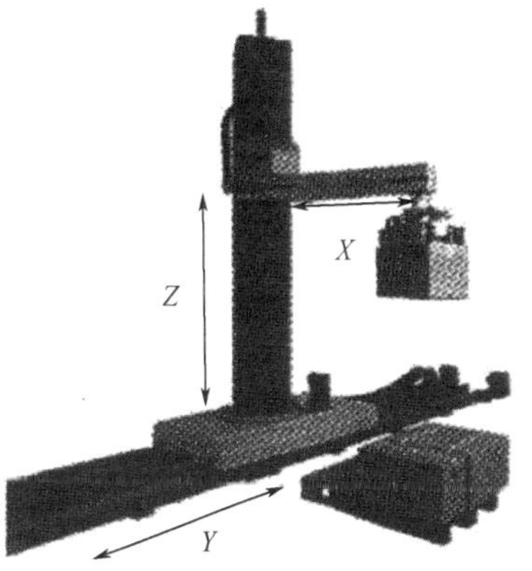

图 3-1-5　摆臂式搬运机器人

5．关节式搬运机器人

关节式搬运机器人是当今工业生产中常见的机器人，其共有 5～6 个轴，行为动作类似人的手臂，具有结构紧凑、占地空间小、相对工作空间大、自由度高等特点，适合于几乎任何轨迹或角度的工作。

采用标准关节机器人配合供料装置，就可以组成一个自动化加工单元。一个机器人可以服务于多种类型加工设备的上下料，从而节省自动化加工的成本。由于采用关节机器人，自动化单元的设计制造周期短、柔性大，产品换型转换方便，甚至可以实现较大变化的产品形状的换型要求。有的关节型机器人可以内置视觉系统，对于一些特殊的产品还可以通过增加视觉识别装置对工件的放置位置、相位、正反面等进行自动识别和判断，并根据结果进行相应的动作，实现智能化的自动化生产，同时可以让机器人在装卡工件之余，进行工件的清洗、吹干、检验和去毛刺等作业，大大提高了机器人的利用率。

关节机器人可以落地安装、天吊安装或者安装在轨迹上服务更多的加工设备。例如FANUCR-1000iA、R-2000iB等机器人可用于冲压薄板材的搬运，而ABB IRB140、IRB6660等多用于热锻机床之间的搬运，如图3-1-6所示为关节式机器人。

图3-1-6　关节式机器人

综述上述，龙门式搬运机器人、悬臂式搬运机器人、侧壁式搬运机器人、摆臂式搬运机器人均在直角坐标系下作业，其工作的行为方式主要是通过完成沿着 X、Y、Z 轴上的线性运动，所以不能满足对放置位置、相位等有特别要求工作的上下料作业需要。同时如果采用直角式（桁架式）机器人上下料，则对厂房高度有一定的要求且机床设备需“一”字并列排序。直角式（桁架式）搬运机器人和关节式机器人在实际应用中都有如下特征。

（1）能够实时调节动作节拍、移动速率、末端执行器动作状态。

（2）可更换不同末端执行器以适应物料形状的不同，方便快捷。

（3）能够与传送带、移动滑轨等辅助设备集成，实现柔性化生产。

（4）占地面积相对小、动作空间大，减少厂源限制因素。

二、搬运机器人的系统组成

搬运机器人是包括相应附属装置及周边设备而形成的一个完整系统。以关节式搬运机器人为例，其工作站主要由操作机、控制系统、搬运系统（气体发生装置、真空发生装置和手爪等）和安全保护装置等组成，搬运机器人系统组成如图3-1-7所示。操作者可通过示教器和操作面板进行搬运机器人运动位置和动作程序的示教，设定运动速度、搬运参数等。

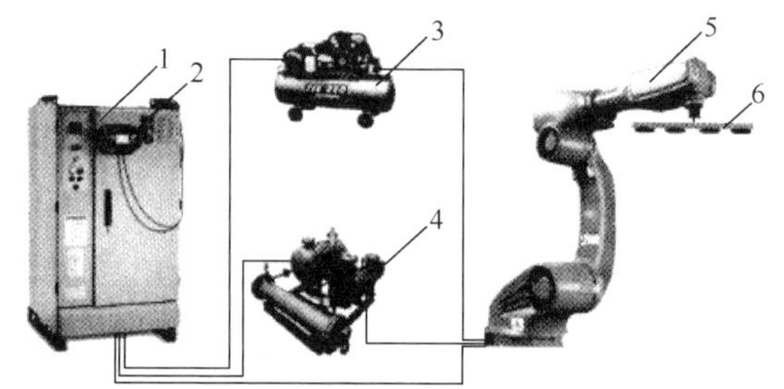

图3-1-7　搬运机器人系统组成

1—控制柜；2—示教器；3—气体发生装置；4—真空发生装置；5—操作机；6—手爪

1. 机器人本体

关节式搬运机器人常见的本体一般为4～6轴，搬运机器人本体运动轴如图3-1-8所示。搬运机器人本体在结构设计上与其他关节式工业机器人本体类似，在负载较轻时两者本体可以互换，但负载较重时搬运机器人本体通常会有附加连杆，其依附于轴形成平行四连杆机构，起到支撑整体和稳固末端作用，且不因臂展伸缩而产生变化。6轴搬运机器人本体部分具有回转、抬臂、前伸、手腕旋转、手腕弯曲和手腕扭转6个独立旋转关节，多数情况下5轴搬运机器人略去手腕旋转这一关节，4轴搬运机器人则是略去了手腕旋转和手腕弯曲这两个运动关节。

2. 末端执行器

搬运机器人的末端执行器是夹持工件移动的一种夹具，过去一种执行器（手爪）只能抓取一种或者一类形状、大小、重量上相似的工件，具有一定的局限性。随着科学技术的不断发展，执行器（手爪）也在一定范围内具有可调性，可配置感知器，以确保其具有足够的夹

持力，保证足够夹持精度。常见的搬运末端执行器有吸附式、夹钳式和仿人式等。吸附式末端执行器在前面任务已做介绍，在此重点介绍夹钳式和仿人式末端执行器。

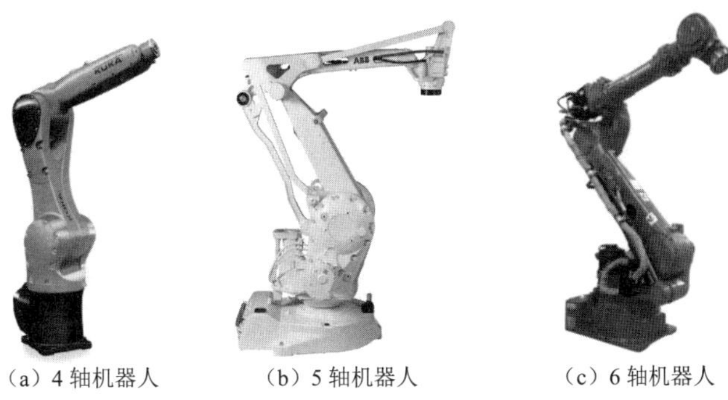

（a）4 轴机器人　　（b）5 轴机器人　　（c）6 轴机器人

图 3-1-8　搬运机器人本体运动轴

（1）夹钳式末端执行器

夹钳式通常用手爪拾取工件，手爪与人手相似，是现代工业机器人广泛应用的一种形式，通过手爪的开启闭合实现对工件的夹取，一般由手爪、驱动机构、传动机构、连接和支承元件组成。多用于负载重、高温、表面质量不高等吸附式无法进行工作的场合。

手爪是直接与工件接触的部件，其形状将直接影响抓取工件的效果，但在多数情况下只须两个手爪配合就可完成一般工件的夹取，对于复杂工件可以选择三爪或者多爪进行抓取。常见手爪前端形状分 V 形爪、平面形爪、尖形爪。

① V 形爪。常用于圆柱形工件，其夹持稳固可靠，误差相对较小，V 形爪如图 3-1-9 所示。

② 平面形爪。多数用于夹持方形工件（至少有两个平行面如方形包装盒），厚板形或者短小棒料，平面形爪如图 3-1-10 所示。

③ 尖形爪。常用于夹持复杂场合小型工件，避免与周围障碍物相碰撞，也可夹持炽热工件，避免搬运机器人本体受到热损伤，尖形爪如图 3-1-11 所示。

图 3-1-9　V 形爪

图 3-1-10　平面形爪

图 3-1-11　尖形爪

根据被抓取工件形状、大小及抓取部位的不同，爪面形式常有平滑爪面、齿形爪面和柔性爪面。

① 平滑爪面。指爪面光滑平整，多数用来夹持已加工好的工件表面，保证加工表面无损伤。

② 齿形爪面。指爪面刻有齿纹，主要目的是增加与夹持工件的摩擦力，确保夹持稳固可靠，常用于夹持表面粗糙毛坯或半成品工件。

③ 柔性爪面。柔性爪面内镶有橡胶、泡沫、石棉等物质，起增加摩擦、保护已加工工件表面、隔热等作用。多用于夹持已加工工件、炽热工件、脆性或薄壁工件等。

（2）仿人式末端执行器

仿人式末端执行器是针对特殊外形工件进行抓取的一类手爪，主要包括柔性手和多指灵巧手。柔性手配备多关节柔性手腕，其上每个手指由多关节链组成，由摩擦轮和牵引丝组成，工作时通过一根牵引线收紧另一根牵引线放松实现抓取，其抓取的工件多为不规则、圆形等轻便工件；多指灵巧手是最完美的仿人手爪，包括多根手指，每根手指都包含 3 个回转自由度且为独立控制，可实现精确操作，广泛应用于核工业、航天工业等高精度作业。仿人式手爪如图 3-1-12 所示。

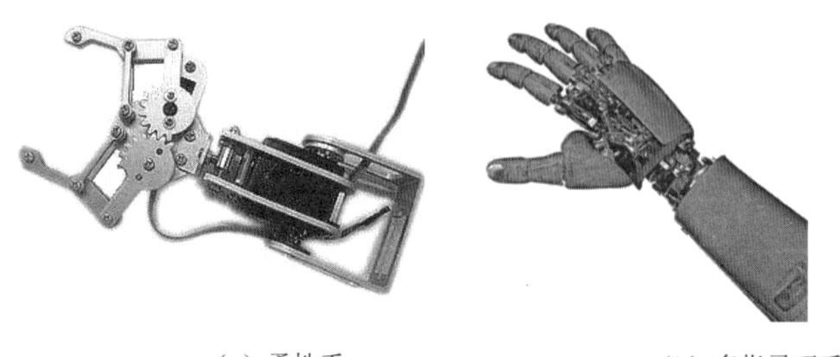

（a）柔性手　　（b）多指灵巧手

图 3-1-12　仿人式手爪

搬运机器人夹钳式、仿人式手爪一般都需要单独外力进行驱动，即需要连接相应外形信号控制装置及传感系统，以控制搬运机器人手爪实时的动作状态及力的大小，其手爪驱动方式多为气动、电动和液压驱动（对于轻型和中型的零件多采用气动的手爪，对于重型零件采用液压手爪，对于精度要求高或复杂的场合采用电动伺服的手爪）。驱动装置将产生的力或扭矩通过传动装置传递给末端执行器（手爪），以实现抓取与释放动作。依据手爪开启闭合状态，传动装置可分为回转型和移动型。回转型是夹钳式手爪常用形式，是通过斜楔、滑槽、连杆、齿轮螺杆或蜗轮蜗杆等机构组合而成，可适时改变传动比以实现对夹持工件不同力的需求；移动型手爪是指手爪做平面移动或者直线往复移动来实现开启闭合，多用于夹持具有平行面的工件，设计结构相对复杂，应用不如回转型手爪广泛。

综上所述，搬运机器人主要包括机器人和搬运系统。机器人由搬运机器人本体及完成搬运轨迹控制的控制柜组成。而搬运系统中末端执行器主要有吸附式、夹钳式和仿人式等形式。

三、搬运机器人的示教

搬运是生产制造业必不可少的环节，在机床上下料及中间运输应用中尤为广泛。在数控机床上下料及中间运输环节，搬运机器人取代人工完成工件的自动搬运装卸，主要针对大批量、重复性强或工件重量较大以及高温、粉尘等恶劣工作环境，具有定位精确、生产质量稳定、工作节拍可调、运行平稳可靠、维修方便等特点。目前，工业机器人四巨头企业都有相应的搬运机器人产品（ABB 的 IRB6640 和 IRB6620LX 系列、KUKA 的 KRQUANTEC extra 系列、FANUC 的 M、R 系列、YASKAWA 的 EPH、EP 系列）。如前面所述，工业机器人作业示教的一项重要内容——运动轨迹，即确定各程序点处工具中心点（TCP）的位姿。对搬运机器人而言，工具中心点因为末端执行器不同而设置在不同位置，就吸附式而言，其 TCP 一般设在法兰中心线与吸盘平面交点处，如图 3-1-13（a）所示；生产再现如图 3-1-13（b）所示。夹钳式 TCP 一般设在法兰中心线与手爪前端面交点处，如图 3-1-14（a）所示；生产再现如图 3-1-14（b）所示。

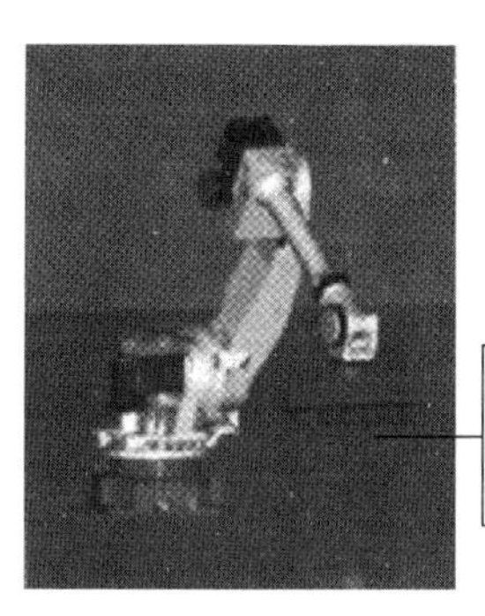

（a）吸盘式TCP

（b）生产再现

图 3-1-13　吸附式 TCP 点及生产再现

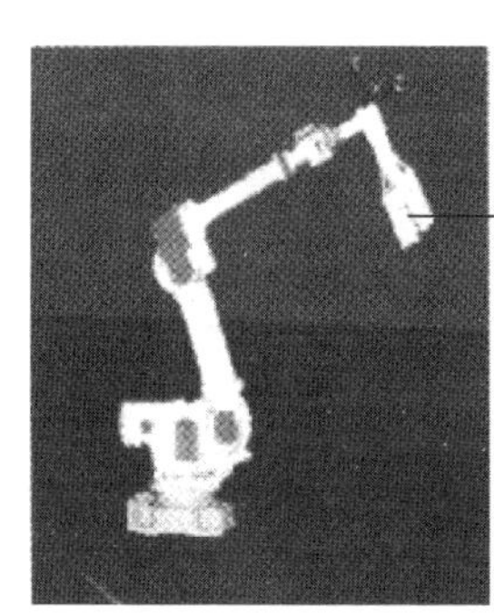

（a）夹钳式TCP

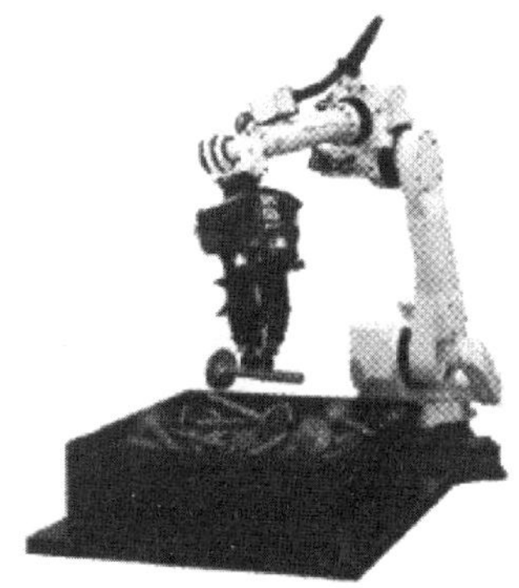

（b）生产再现

图 3-1-14　夹钳式 TCP 点及生产再现

1. 冷加工搬运作业

在材料冷加工工艺中搬运机器人可分为关节式或直角式，末端执行器可以为吸附式或夹钳式，具体采用哪一类需依据实际场地及负载情况等诸多因素共同决定，现以如图 3-1-15 所

图 3-1-15　冷加工搬运机器人运动轨迹

示冷加工搬运机器人运动轨迹为例，选择龙门式（5 轴）搬运机器人，末端执行器为双气动手爪（一个负责抓取毛坯放到工作台卡盘上，另一个负责从卡盘上取下加工完的工件），采用在线示教方式输入搬运作业程序。此程序由编号 1～13 的 13 个程序点组成，程序点说明见表 3-1-1。具体作业编程可参照如图 3-1-16 所示冷加工搬运机器人作业示教流程展开。

表 3-1-1　程序点说明

程序点	说明	手爪动作	程序点	说明	手爪动作
程序点 1	机器人原点	—	程序点 8	移动中间点	抓取
程序点 2	移动中间点	—	程序点 9	移动中间点	抓取
程序点 3	搬运临近点	—	程序点 10	搬运作业点	抓取
程序点 4	搬运作业点	抓取	程序点 11	搬运规避点	—
程序点 5	移动中间点	抓取	程序点 12	移动中间点	—
程序点 6	移动中间点	抓取	程序点 13	机器人原点	—
程序点 7	移动中间点	抓取			

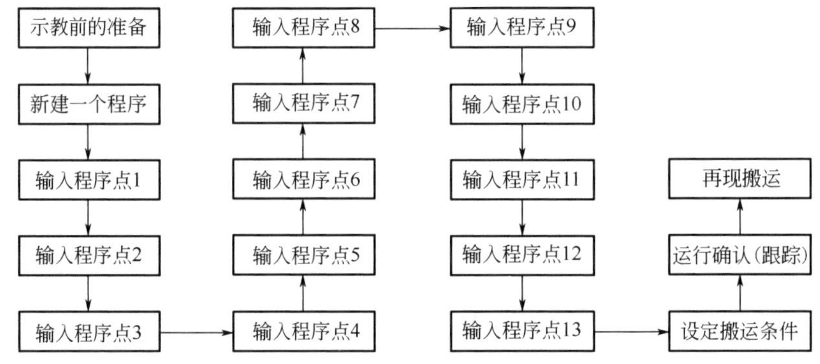

图 3-1-16　冷加工搬运机器人作业示教流程

（1）示教前的准备

示教前，应做好如下准备。

① 确认操作者与机器人之间保持安全距离。

② 确认机器人原点。

（2）新建作业程序

按下示教器的相关的菜单或按钮，新建一个作业程序，如“Handle__cold”。

（3）程序点的输入

在示教模式下，手动操作移动龙门搬运机器人，按图 3-1-15 所示的轨迹设定程序点 1～13，程序点 1 和程序点 13 须设置在同一点，可提高机器人效率，此外程序点 1～13 须处于与工件、夹具互不干涉的位置。冷加工搬运作业示教方法见表 3-1-2。

表 3-1-2　冷加工搬运作业示教方法

程序点	示 教 方 法
程序点 1 （机器人原点）	（1）按手动操作机器人要领移动机器人到搬运原点 （2）插补方式选择“PTP” （3）确认保存程序点 1 为搬运机器人原点

续表

程序点	示 教 方 法
程序点 2 （移动中间点）	（1）手动操作搬运机器人移动到中间点，并调整手爪姿态 （2）插补方式选择“PTP” （3）确认保存程序点 2 为搬运机器人作业移动中间点
程序点 3 （作业临近点）	（1）手动操作搬运机器人到搬运作业临近点，并调整手爪姿态 （2）插补方式选择“PTP” （3）确认保存程序点 3 为搬运机器人作业临近点
程序点 4 （搬运作业点）	（1）手动操作搬运机器人移动到搬运起始点且保持手爪姿态不变 （2）插补方式选择“直线插补” （3）再确认程序点，保证其为作业起始点 （4）若有需要可直接输入搬运作业命令
程序点 5 （搬运中间点）	（1）手动操作搬运机器人到搬运中间点，并适度调整手爪姿态 （2）插补方式选择“PTP” （3）确认保存程序点 5 为搬运机器人作业中间点
程序点 6～9 （搬运中间点）	（1）手动操作搬运机器人到搬运中间点，并适度调整手爪姿态 （2）插补方式选择“PTP” （3）确认保存程序点 6～9 为搬运机器人作业中间点
程序点 10 （搬运作业点）	（1）手动操作搬运机器人移动到搬运结束点且调整手爪姿态以适合放置工件 （2）插补方式选择“直线插补” （3）再次确认程序点，保证其为作业结束点 （4）若有需要可直接输入搬运作业命令
程序点 11 （搬运规避点）	（1）手动操作机器人移动到作业规避点 （2）插补方式选择“直线插补” （3）确认保存程序点 11 为作业规避点
程序点 12 （移动中间点）	（1）手动操作搬运机器人到移动中间点，并调整手爪姿态 （2）插补方式选择“PTP” （3）确认保存程序点 12 为搬运机器人作业移动中间点
程序点 13 （机器人原点）	（1）手动操作搬运机器人到机器人原点 （2）插补方式选择“PTP” （3）确认并保存程序点 13 为搬运机器人原点

（4）设定作业条件

搬运机器人的作业程序简单易懂，与其他 6 关节机器人程序均有类似之处，本实例搬运作业条件的输入，主要涉及以下几个方面。

① 在作业开始命令中设定搬运开始规范及搬运开始动作次序。

② 在搬运结束命令中设定搬运结束规范及搬运结束动作次序。

③ 合理调节手爪的夹持力。依据实际情况，在编辑模式下合理选择配置搬运工艺参数。

（5）检查试运行

确认搬运机器人周围安全，按如下操作进行跟踪测试作业程序。

① 打开要测试的程序文件。

② 移动光标到程序开头位置。

③ 按住示教器上的相关跟踪功能键，实现搬运机器人单步或连续运转。

（6）再现搬运

① 打开要再现的作业程序，并将光标移动到程序的开始位置，将示教器上的“模式”旋钮设定到“再现/自动”状态。

② 按下示教器上“伺服 ON”按钮，接通伺服电源。

③ 按下“启动”按钮，搬运机器人开始运行。

2. 热加工搬运作业

在材料热加工工艺中搬运机器人可为关节式或直角式，末端执行器多为夹钳式，具体采用哪一类须依据实际场地及负载情况等诸多因素共同决定，现以如图 3-1-17 所示热加工机器人搬运机器人运动轨迹为例，选择关节式（6 轴）搬运机器人，末端执行器为夹钳式，采用在线示教方法为机器人输入搬运作业程序。此程序由编号 1～10 的 10 个程序点组成，程序点说明（热加工搬运作业）见表 3-1-3。具体作业编程可参照如图 3-1-18 所示的热加工搬运机器人作业示教流程展开。

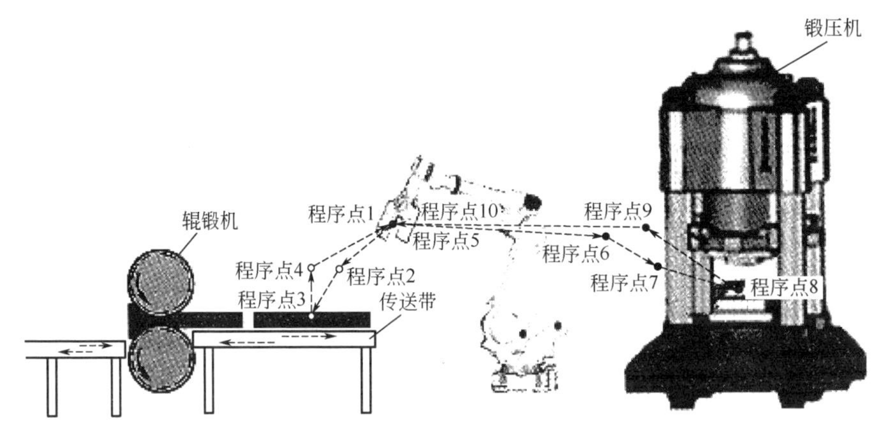

图 3-1-17　热加工搬运机器人运动轨迹

表 3-1-3　程序点说明（热加工搬运作业）

程序点	说明	手爪动作	程序点	说明	手爪动作
程序点 1	机器人原点	—	程序点 6	搬运中间点	抓取
程序点 2	搬运临近点	—	程序点 7	搬运中间点	抓取
程序点 3	搬运作业点	抓取	程序点 8	搬运作业点	放置
程序点 4	搬运中间点	抓取	程序点 9	搬运规避点	—
程序点 5	搬运中间点	抓取	程序点 10	机器人原点	—

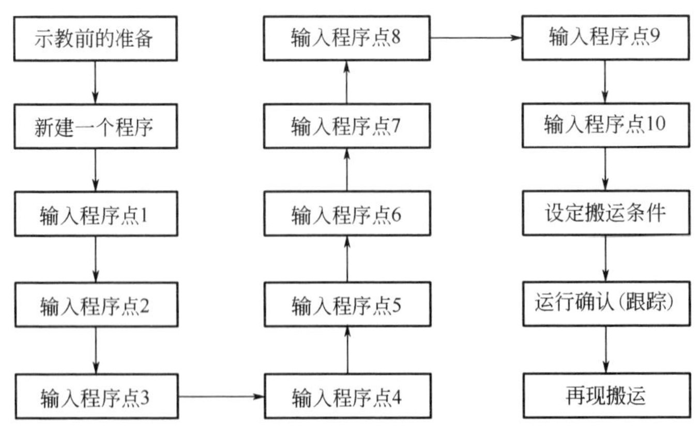

图 3-1-18　热加工搬运机器人作业示教流程

（1）示教前的准备

示教前，应做好如下准备。

① 确认操作者与机器人之间保持安全距离。

② 确认机器人原点。通过机器人机械臂各关节处的标记或调用原点程序复位机器人。

（2）新建作业程序

按下示教器的相关菜单或按钮，新建一个作业程序，如“Handle__hot”。

（3）程序点的输入

在示教模式下，手动操作移动搬运机器人按图 3-1-17 所示的轨迹设定程序点 1～10，程序点 1 和程序点 10 须设置在同一点，可方便编写程序，此外程序点 1～10 须处于与工件、夹具互不干涉的位置。热加工搬运作业示教方法见表 3-1-4。

表 3-1-4　热加工搬运作业示教方法

程序点	示 教 方 法
程序点 1 （机器人原点）	（1）按手动操作机器人要领移动机器人到搬运原点 （2）插补方式选择“PTP” （3）确认保存程序点 1 为搬运机器人原点
程序点 2 （搬运临近点）	（1）手动操作搬运机器人到搬运作业临近点，并调整夹钳姿态 （2）插补方式选择“PTP” （3）确认并保存程序点 2 为搬运机器人作业临近点
程序点 3 （搬运作业点）	（1）手动操作搬运机器人移动到搬运起始点且保持夹钳姿态不变 （2）插补方式选择“直线插补” （3）再次确认程序点，保证其为作业起始点 （4）若有需要可直接输入搬运作业命令
程序点 4 （搬运中间点）	（1）手动操作搬运机器人到搬运中间点，并适度调整夹钳姿态 （2）插补方式选择“直线插补” （3）确认保存程序点 4 为搬运机器人作业中间点
程序点 5、6 （搬运中间点）	（1）手动操作搬运机器人到搬运中间点，并适度调整夹钳姿态 （2）插补方式选择“PTP” （3）确认保存程序点 5、6 为搬运机器人作业中间点
程序点 7 （移动中间点）	（1）手动操作搬运机器人到搬运中间点，并适度调整夹钳姿态 （2）插补方式选择“直线插补” （3）确认保存程序点 7 为搬运机器人作业中间点
程序点 8 （搬运作业点）	（1）手动操作搬运机器人移动到搬运终止点且调整夹钳姿态以适合安放工件 （2）插补方式选择“直线插补” （3）再次确认程序点，保证其为作业终止点 （4）若有需要可直接输入搬运作业命令
程序点 9 （搬运规避点）	（1）手动操作机器人移动到作业规避点 （2）插补方式选择“直线插补” （3）确认保存程序点 9 为作业规避点
程序点 10 （机器人原点）	（1）手动操作搬运机器人到机器人原点 （2）插补方式选择“PTP” （3）确认并保存程序点 10 为搬运机器人原点

步骤（4）设定作业条件、步骤（5）检查试运行和步骤（6）再现搬运，操作与冷加工搬运实例相似，不再赘述。

综上所述，搬运机器人编程时运动轨迹上的关键点坐标位置通过示教方式获取，然后存入程序的运动指令中。插补方式常为“PTP”和“直线插补”即可满足基本搬运要求，但对

于改造或优化生产线等情况，一般需在离线编程软件上建立相应模型模拟实际生产环境，且搬运机器人作业程序的编制、运动轨迹坐标位置的获取以及程序的调试均在一台计算机上独立完成，不需要机器人本身的参与，并能计算机器人的搬运节拍，达到优化目的，减少出错同时也减轻编程人员的劳动强度。

四、搬运机器人的周边设备与工位布局

用机器人完成一项搬运工作，除需要搬运机器人（机器人和搬运设备）以外，还需要一些辅助周边设备。同时，为了节约生产空间，合理的机器人工位布局尤为重要。

1. 周边设备

目前，常见的搬运机器人辅助装置有增加移动范围的滑移平台、合适的搬运系统装置和安全保护装置等。

（1）滑移平台

对于某些搬运场合，由于搬运空间大，搬运机器人的末端工具无法到达指定的搬运位置或姿态，此时可通过外部轴的办法增加机器人的自由度。其中增加滑移平台是搬运机器人增加自由度最常用的方法，其可安装在地面上或安装在龙门框架上，如图 3-1-19 所示。

（a）地面安装

（b）龙门架安装

图 3-1-19　滑移平台安装分数

（2）搬运系统

搬运系统主要包括真空发生装置、气体发生装置、液压发生装置等，均为标准件。一般的真空发生装置和气体发生装置均可满足吸盘和气动夹钳所需动力，企业版常用空气控压站对整个车间提供压缩空气和抽成真空；液压发生装置的动力元件（电动机、液压泵等）布置在搬运机器人周围，执行元件（液压缸）与夹钳一体，需要安装在搬运机器人末端法兰上，与气动夹钳相类似。

2. 工位布局

由搬运机器人组成的加工单元或柔性化生产，可完全代替人工实现物料自动搬运，因此搬运机器人工作站布局是否合理将直接影响搬运速率和生产节拍。根据车间场地面积，在有利于提高生产节拍的前提下，搬运机器人工作站可采用 L 形、环状、“品”字、“一”字等布局。

（1）L 形布局

L 形布局将搬运机器人安装在龙门架上，使其行走在机床上方，可大限度节约地面资源，如图 3-1-20 所示。

（2）环状布局

环状布局又称“岛式加工单元”，如图 3-1-21 所示，以关节式搬运机器人为中心，机床围

绕其周围形成环状，进行工件搬运加工，可提高生产效率、节约空间，适合小空间厂房作业。

（3）“一”字布局

“一”字布局如图 3-1-22 所示，直角桁架机器人通常要求设备成一字排列，对厂房高度、长度具有一定要求，因其工作运动方式为直线编程，故很难满足对放置位置、相位等有特殊要求的上下料作业任务。

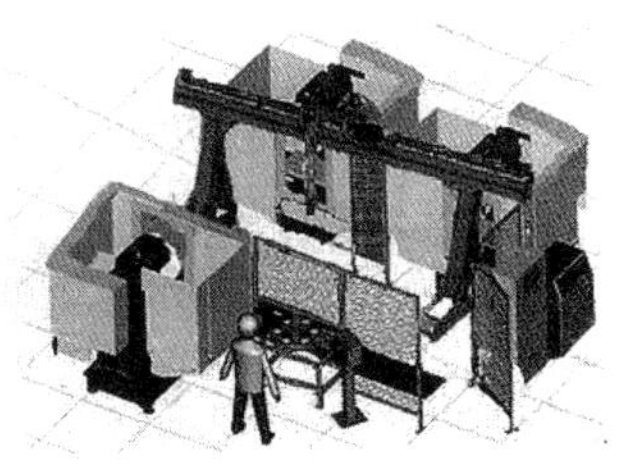

图 3-1-20　L 形布局

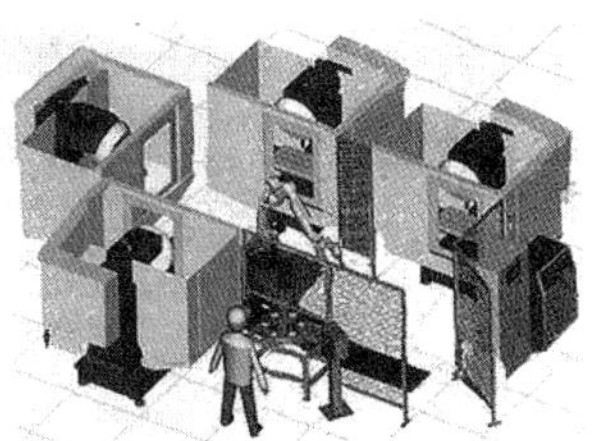

图 3-1-21　环状布局

图 3-1-22　“一”字布局

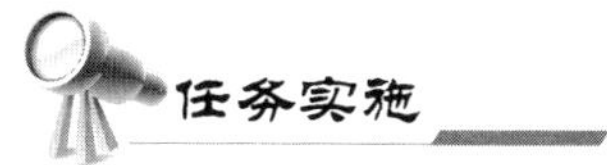

一、任务准备

实施本任务教学所使用的实训设备及工具材料可参考表 3-1-5。

表 3-1-5　实训设备及工具材料

序号	分类	名称	型号规格	数量	单位	备注
1	工具	内六角扳手	3.0mm	1	个	工具墙
2		内六角扳手	4.0mm	1	个	工具墙
3	设备器材	内六角螺丝	M4	4	颗	工具墙蓝色盒
4		内六角螺丝	M5	4	颗	工具墙黄色盒
5		水平搬运单元		1	个	物料间领料
6		单吸盘夹具		1	个	物料间领料

二、工业机器人搬运工作站的编程与操作

如图 3-1-23 所示是工业机器人水平搬运单元工作站，其水平搬运单元结构示意图如图 3-1-24 所示。本任务采用示教编程方法，操作机器人实现水平搬运单元运动轨迹的示教。

具体控制要求如下所述。

（1）单击搬运单元工作站控制触摸屏上的“上电”按钮，机器人伺服上电；单击触摸屏上 “启动”按钮或操作控制台面板上的“启动”按钮，机器人进入主程序；单击触摸屏上机

器人的“复位”按钮，机器人回到 HOME 点，系统进入等待状态；单击触摸屏上工作站的“启动”按钮，系统进入运行状态，水平搬运开始，机器人把图块搬运物料托盘 1 上的图块依次搬运到图块搬运物料托盘 2 上。

（2）单击触摸屏上的“停止”按钮，系统进入停止状态，所有气动机构均保持现有状态不变。

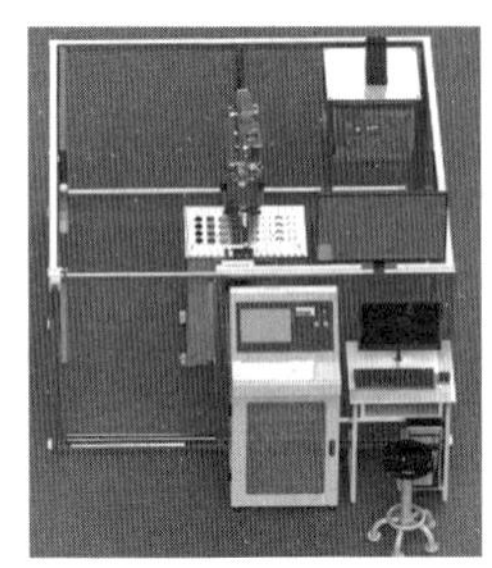

图 3-1-23　工业机器人水平搬运单元工作站

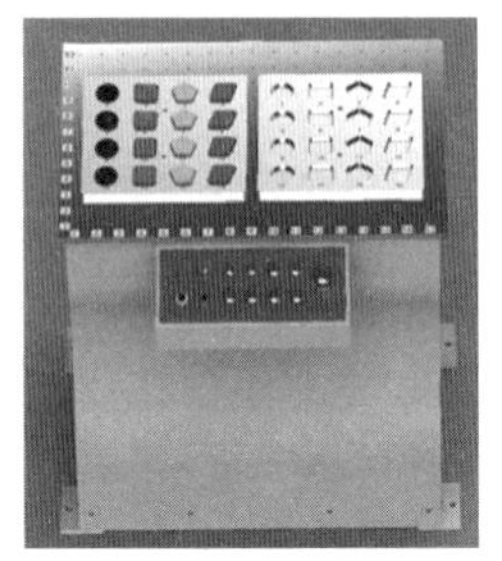

图 3-1-24　水平搬运单元结构示意图

1. 认识工业机器人水平搬运单元工作站

工业机器人水平搬运单元工作站是通过单吸盘吸取不同形状的图块，依次将图块从一个图块搬运物料托盘搬运到另一个图块搬运物料托盘。其主要由机器人本体、机器人控制器、水平搬运单元、单吸盘夹具、操作控制柜、模块承载平台、透明安全护栏、光幕安全门、零件箱和工具墙、编程电脑桌等组成，如图 3-1-25 所示。

2. 认识水平搬运单元

水平搬运模型结构示意图如图 3-1-25 所示。图块搬运训练模型组成部件见表 3-1-6。

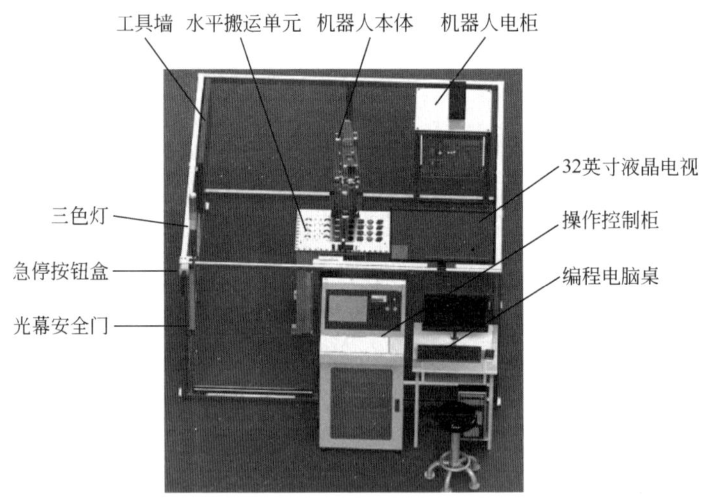

图 3-1-25　水平搬运模型结构示意图

表 3-1-6　图块搬运训练模型组成部件

序号	名称	序号	名称
1	图块搬运物料托盘 1	3	图块
2	模块承载平台	4	图块搬运物料托盘 2

三、控制柜 I/O 线路设计原理图

控制柜 I/O 线路原理图如图 3-1-26 所示。控制柜中元器件的作用见表 3-1-7。

表 3-1-7　控制柜中元器件的作用

符号	名称	作　用
PLC	S7-1200PLC	工作站控制中心
BMQ	流水线模块的编码器	用于计数脉冲，便于计算流水线速度
HL	三色灯	显示工作站状态
LB1	启动按钮	启动工作站并且显示运行状态灯
LB2	停止按钮	停止工作站并且显示运行状态灯
PI01	16DI/16D0 模块	用于与机器人 I/O 通信
XS12、XS13	机器人输入端子排	机器人接收外部信号
XS14、XS15	机器人输出端子排	机器人发送信号
PI1～PI16	钮子开关	手动输入信号给机器人
RQ1～RQ16	LED 灯	显示机器人输出状态

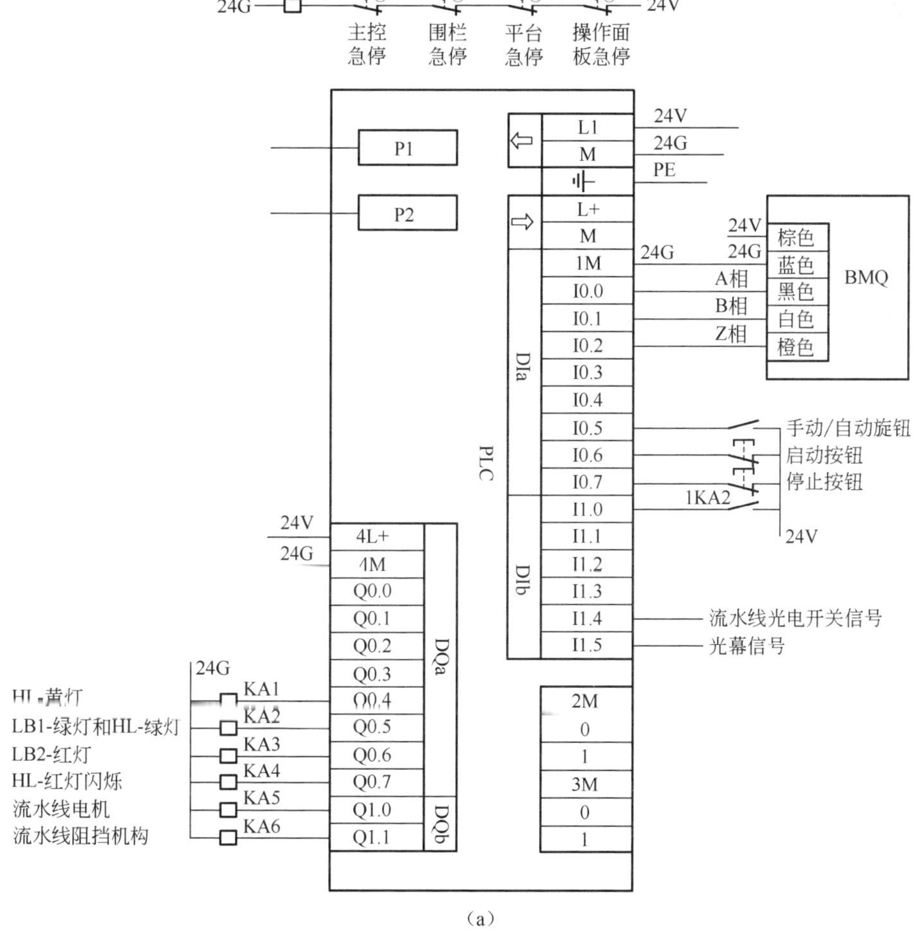

(a)

图 3-1-26　控制柜 I/O 线路原理图

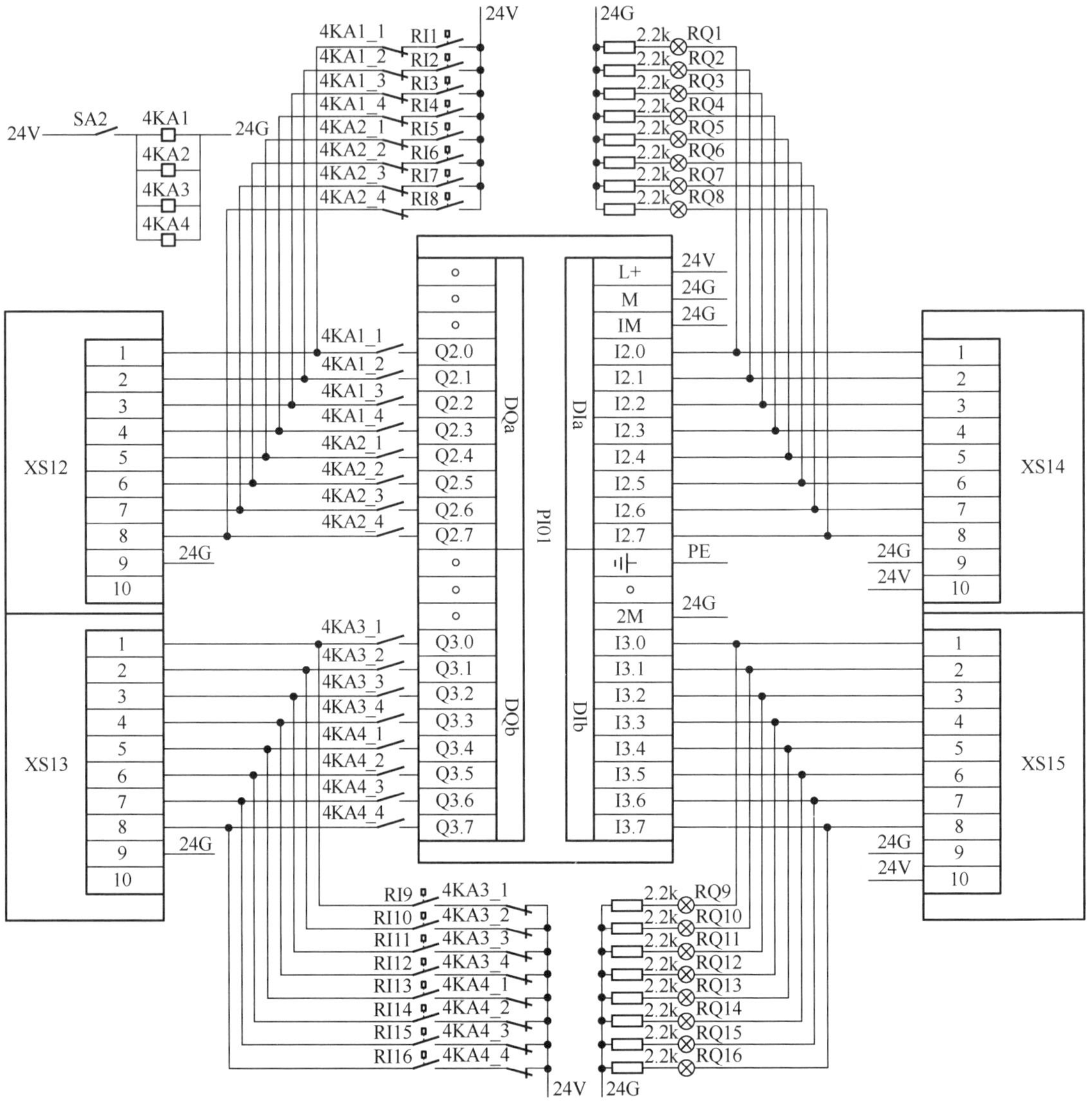

（b）

图 3-1-26　控制柜 I/O 线路原理图（续）

四、水平搬运单元的安装

在水平搬运单元的每个凹槽板中间有两个用于安装固定的螺丝孔，把水平搬运单元放置到模块承载平台上，用 M4 内六角螺丝将其固定锁紧，保证模型紧固牢靠，水平搬运单元整体布局如图 3-1-27 所示。

五、单吸盘夹具的安装

本单元训练采用单吸盘夹具，该夹具在与机器人 J_6 轴连接法兰上有 4 个螺丝安装孔，把

夹具调整到合适位置，然后用螺丝将其紧固到机器人 J_6 轴上，如图 3-1-28 所示。

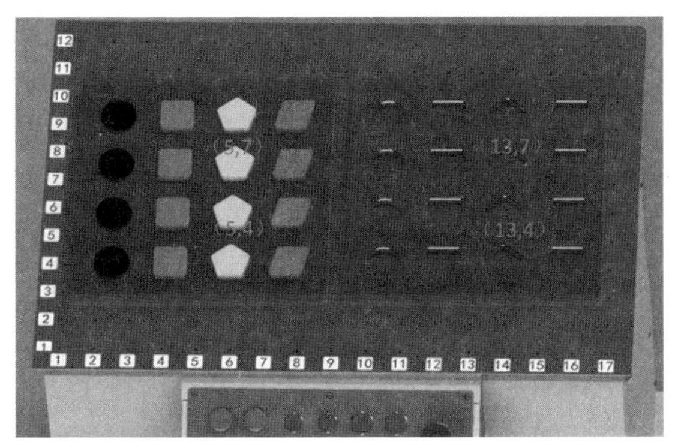

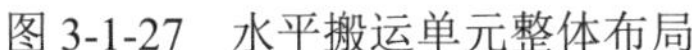

图 3-1-27　水平搬运单元整体布局

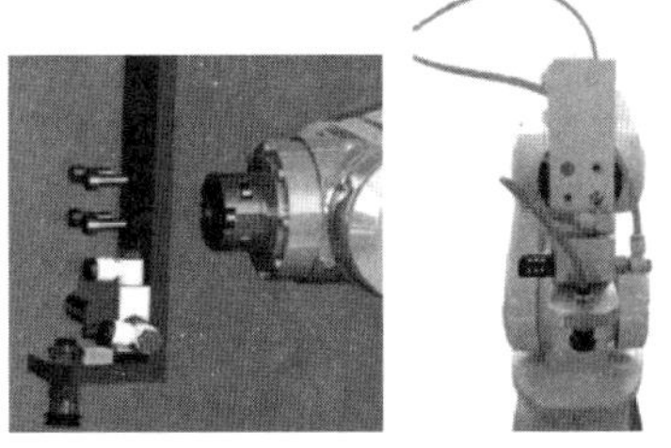

图 3-1-28　单吸盘夹具的安装

六、气路检查

水平搬运模块吸盘使用气动控制，实现水平搬运作业需要检查机器人背面底座的气动三联件，确认气路有气压，保证机器人能进行气动驱动，建议气压压力为 0.4MPa，气动三联件如图 3-1-29 所示。

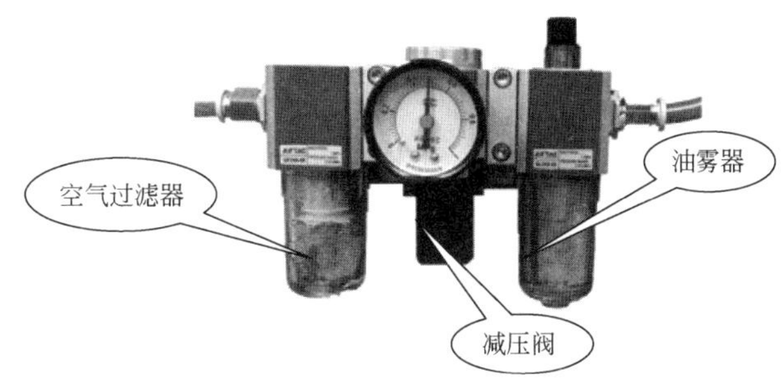

图 3-1-29　气动三联件

七、机器人程序设计与编写

根据机器人运动轨迹编写机器人程序时，首先根据控制要求绘制机器人程序流程图，然后编写机器人主程序和子程序。子程序主要包括复位程序、搬运程序、水平搬运子程序。编写子程序前要先设计好机器人的运行轨迹及定义好机器人的程序点。

1．设计机器人程序流程图

根据控制功能，设计机器人程序流程，如图 3-1-30 所示。

2．机器人运动工件坐标与示教点

图块搬运模型工件坐标点位图，如图 3-1-31 所示。

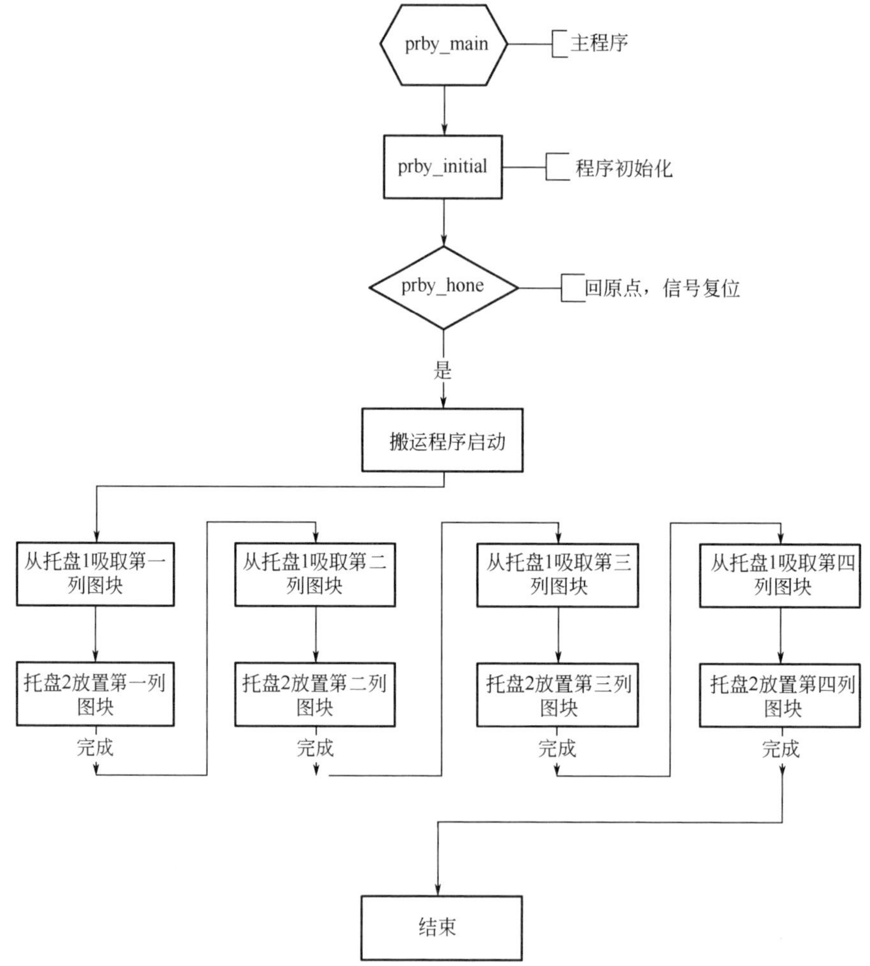

图 3-1-30　机器人程序流程

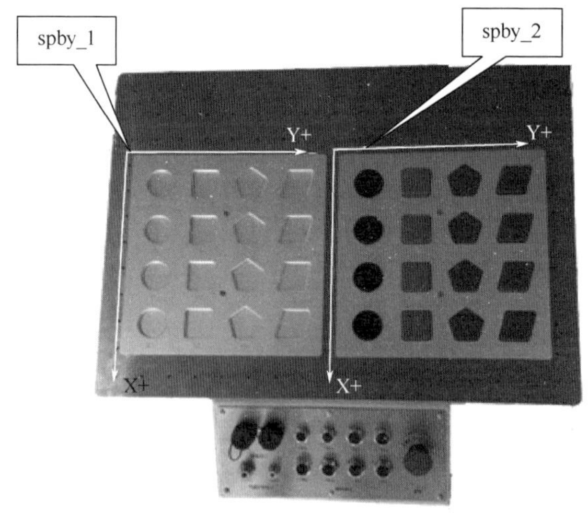

图 3-1-31　图块搬运模型工件坐标点位图

根据如图 3-1-32 所示的机器人的运行轨迹分布图，可确定机器人运动轨迹示教点见表 3-1-8。

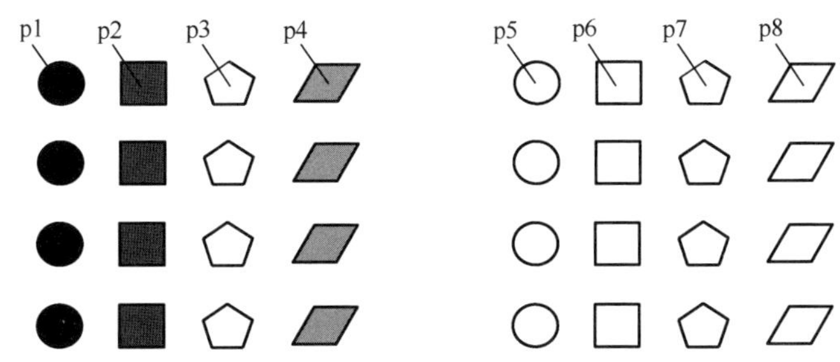

（a）图块搬运物料托盘1　　（b）图块搬运物料托盘2

图 3-1-32　机器人的运行轨迹分布图

表 3-1-8　机器人运动轨迹示教点

序号	点序号	注　释	备注
1	Home	机器人初始位置	需示教
2	p1	搬运吸取图块的第一列第一个点	需示教
3	p5	搬运放置图块的第一列第一个点	需示教
4	p2	搬运吸取图块的第二列第一个点	需示教
5	p6	搬运放置图块的第二列第一个点	需示教
6	p3	搬运吸取图块的第三列第一个点	需示教
7	p7	搬运放置图块的第三列第一个点	需示教
8	p4	搬运吸取图块的第四列第一个点	需示教
9	p8	搬运放置图块的第四列第一个点	需示教

3. 机器人系统 I/O 与 PLC 地址配置

机器人系统 I/O 与 PLC 地址配置见表 3-1-9。

表 3-1-9　机器人系统 I/O 与 PLC 地址配置

序号	机器人 I/O	PLC I/O	功能描述	备注
1	di01	Q2.0	机器人伺服上电	配置系统 motor_on
2	di02	Q2.1	启动 Main 程序	配置系统 Stsrt st main
3	di03	Q2.2	机器人停止	配置系统 Stop
4	do6	I2.5	机器人工艺完成信号	
5	do7	I2.6	机器人正在运行中信号	
6	do9	I3.0	第一列搬运信号	
7	do10	I3.1	第二列搬运信号	
8	do11	I3.2	第三列搬运信号	
9	do12	I3.3	第四列搬运信号	
10	do16	I3.7	机器人伺服上电信号	

4．机器人程序的编写

（1）程序组成

根据机器人控制要求，需要建立 1 个主程序及 5 个子程序，其中包括 1 个复位程序“fuwei( )”。3 个工件组装程序“banyun_1”“banyun_2”“banyun_3”“banyun_4”。程序建立如图 3-1-33 所示（仅供参考）。

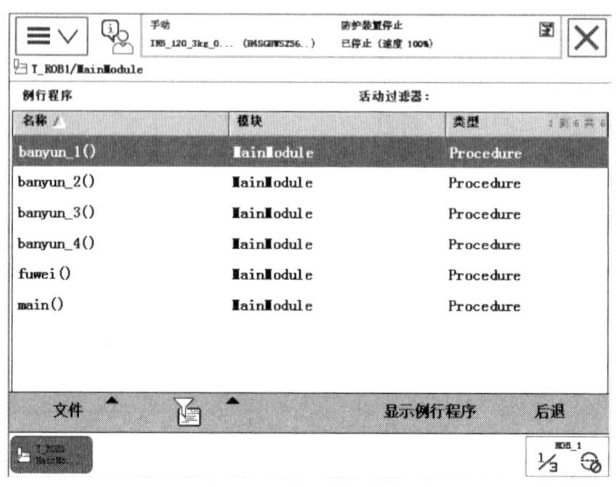

图 3-1-33　程序建立

（2）主程序的编写

主程序编写，在“main( )”程序中只需要调用各个例行程序即可（仅供参考）。

```
!水平搬运主程序
PROC main( )
        fuwei;                          !调用 fuwei 子程序
        banyun_1;                       !调用 banyun_1 子程序
        banyun_2;                       !调用 banyun_2 子程序
        banyun_3;                       !调用 banyun_3 子程序
        banyun_4;                       !调用 banyun_4 子程序
ENDPROC
```

（3）复位程序编写

复位程序编写，在“fuwei( )”程序中，机器人要回到 home 点（初始位置），所有信号复位（仅供参考）。

```
PROC fuwei( )
        MoveJ home,v150,fine,tool0;     !机器人回到原点
        reg1=1;                         !Reg1 变量赋初值
        Reset do2;                      !吸盘关闭
        Reset do6;                      !程序完成信号关闭
        Reset do7;                      !程序运行信号关闭
ENDPROC
```

（4）搬运程序

参照前面的示教点可知，将整个搬运程序分成 4 排图块的搬运，即“banyun_1”子程序

搬运第一排图块，“banyun_2”子程序搬运第二排图块，“banyun_3”子程序搬运第三排图块，“banyun_4”子程序搬运第四排图块。4 个子程序的设计思路类似，以“banyun_1”子程序为例详细说明。机器人先移动到 P1 点，吸取图块，再移动到 P5 点，放置第一个图块；第二个图块的位置就是 P1 点 X 正方向偏移 70mm，利用机器人的偏移指令“offs”，将机器人移到第二个图块位置吸取图块，同理，放置的第二个点也是 P5 点 X 正方向偏移 70mm 的位置放置。第一列搬运程序如下（仅供参考）。

```
PROC banyun_1()
    FOR reg1 FROM 1 TO 4 DO                                          !有 4 个图块，所以要循环 4 次
    !吸取图块
    MoveJ Offs(p1,70 * (reg1- 1),0,50),v100,z50,tool0\WObj:=pmby_1; !根据变量“reg1”的值，偏移到
                                                                     对应图块吸取位置上方 50mm 处
    MoveL Offs(p1,70 * (reg1- 1),0,0),v100,z50,tool0\WObj:=pmby_1;  !根据变量“reg1”的值，偏移到
                                                                     对应图块吸取位置处
    Set do2;                                                         !打开吸盘，吸取图块
    WaitTime 0.5;                                                    !等待 0.5s
    MoveL Offs(p1,70 * (reg1- 1),0,50),v100,z50,tool0\WObj:=pmby_1; !根据变量“reg1”的值，偏移到
                                                                     对应图块吸取位置上方 50mm 处
    !放置图块
    MoveJ Offs(p5,70 * (reg1- 1),0,50),v100,z50,tool0\WObj:=pmby_2; !根据变量“reg1”的值，偏移到
                                                                     对应图块放置位置上方 50mm 处
    MoveL Offs(p5,70 * (reg1- 1),0,0),v100,z50,tool0\WObj:=pmby_2;  !根据变量“reg1”的值，偏移到
                                                                     对应图块放置位置处
    Reset do2;                                                       !关闭吸盘，放置图块
    WaitTime 0.5;                                                    !等待 0.5s
    MoveL Offs(p5,70 * (reg1- 1),0,50),v100,z50,tool0\WObj:=pmby_2; !根据变量“reg1”的值，偏移到
                                                                     对应图块放置位置上方 50mm 处
    ENDFOR
ENDPROC
```

（5）水平搬运最终程序

综上所述，剩下的三列搬运程序，设计思路类似，只需要改变吸取第一个图块示教点和放置第一个图块示教点的位置，整个程序如下（仅供参考）。

```
MODULE MainModule
    PROC main()
        fuwei;
        banyun_1;       !第一列搬运程序
        banyun_2;       !第二列搬运程序
        banyun_3;       !第三列搬运程序
        banyun_4;       !第四列搬运程序
    ENDPROC
    PROC fuwei()
        MoveJ home,v100,z50,tool0;
        reg1 := 1;      !变量初始值
        Reset do2;      !吸盘信号复位
```

```
        Reset do6;              !机器人完成信号复位
        Reset do7;              !机器人运行信号复位
        Reset do9;              !第一列信号复位
        Reset do10;             !第二列信号复位
        Reset do11;             !第三列信号复位
        Reset do12;             !第四列信号复位
    ENDPROC
    !第一列搬运程序
    PROC banyun_1( )
        Set do9;!第一列搬运信号
        FOR reg1 FROM 1 TO 4 DO                 !搬运 4 个图块，所以 for 循环 4 次
            !吸取图块
            MoveJ Offs(p1,70*(reg1-1),0,50),v100,z0,tool0\WObj:=spby_1;
            MoveL Offs(p1,70*(reg1-1),0,0),v100,fine,tool0\WObj:=spby_1;
            Set do2;                            !吸盘打开
            WaitTime 0.5;
            MoveL Offs(p1,70*(reg1-1),0,50),v100,z0,tool0\WObj:=spby_1;
            !放置图块
            MoveJ Offs(p5,70*(reg1-1),0,50),v100,z0,tool0\WObj:=spby_2;
            MoveL Offs(p5,70*(reg1-1),0,0),v100,fine,tool0\WObj:=spby_2;
            Reset do2;                          !吸盘关闭
            WaitTime 0.5;
            MoveL Offs(p5,70*(reg1-1),0,50),v100,z0,tool0\WObj:=spby_2;
        ENDFOR
        Reset do9;                              !第一列信号复位
    ENDPROC
    !第二列搬运程序
    PROC banyun_2( )
        Set do10;                               !第二列搬运信号
        FOR reg1 FROM 1 TO 4 DO                 !搬运 4 个图块，所以 for 循环 4 次
            !吸取图块
            MoveJ Offs(p2,70*(reg1-1),0,50),v100,z0,tool0\WObj:=spby_1;
            MoveL Offs(p2,70*(reg1-1),0,0),v100,fine,tool0\WObj:=spby_1;
            Set do2;                            !吸盘打开
            WaitTime 0.5;
            MoveL Offs(p2,70*(reg1-1),0,50),v100,z0,tool0\WObj:=spby_1;
            !放置图块
            MoveJ Offs(p6,70*(reg1-1),0,50),v100,z0,tool0\WObj:=spby_2;
            MoveL Offs(p6,70*(reg1-1),0,0),v100,fine,tool0\WObj:=spby_2;
            Reset do2;                          !吸盘关闭
            WaitTime 0.5;
            MoveL Offs(p6,70*(reg1-1),0,50),v100,z0,tool0\WObj:=spby_2;
        ENDFOR
        Reset do10;                             !第二列信号复位
    ENDPROC
    !第三列搬运程序
```

```
    PROC banyun_3()
        Set do11;                                   !第三列搬运信号
        FOR reg1 FROM 1 TO 4 DO
            !吸取图块
            MoveJ Offs(p3,70*(reg1-1),0,50),v100,z0,tool0\WObj:=spby_1;
            MoveL Offs(p3,70*(reg1-1),0,0),v100,fine,tool0\WObj:=spby_1;
            Set do2;
            WaitTime 0.5;
            MoveL Offs(p3,70*(reg1-1),0,50),v100,z0,tool0\WObj:=spby_1;
            !放置图块
            MoveJ Offs(p7,70*(reg1-1),0,50),v100,z0,tool0\WObj:=spby_2;
            MoveL Offs(p7,70*(reg1-1),0,0),v100,fine,tool0\WObj:=spby_2;
            Reset do2;
            WaitTime 0.5;
            MoveL Offs(p7,70*(reg1-1),0,50),v100,z0,tool0\WObj:=spby_2;
        ENDFOR
        Reset do11;                                 !第三列信号复位
    ENDPROC
    !第四列搬运程序
    PROC banyun_4()
        Set do12;                                   !第四列搬运信号
        FOR reg1 FROM 1 TO 4 DO
            !吸取图块
            MoveJ Offs(p4,70*(reg1-1),0,50),v100,z0,tool0\WObj:=spby_1;
            MoveL Offs(p4,70*(reg1-1),0,0),v100,fine,tool0\WObj:=spby_1;
            Set do2;
            WaitTime 0.5;
            MoveL Offs(p4,70*(reg1-1),0,50),v100,z0,tool0\WObj:=spby_1;
            !放置图块
            MoveJ Offs(p8,70*(reg1-1),0,50),v100,z0,tool0\WObj:=spby_2;
            MoveL Offs(p8,70*(reg1-1),0,0),v100,fine,tool0\WObj:=spby_2;
            Reset do2;
            WaitTime 0.5;
            MoveL Offs(p8,70*(reg1-1),0,50),v100,z0,tool0\WObj:=spby_2;
        ENDFOR
        Reset do12;                                 !第四列信号复位
        Set do6;                                    !水平搬运完成信号
    ENDPROC
ENDMODULE
```

5．机器人程序调试

参照绘图模块建立水平搬运操作单元的主程序 main 和子程序，并确保所有指令的速度值不能超过 150mm/s。程序编写完成，调试机器人程序。单击“调试”按钮，再单击“PP 移至例行程序…”，然后单击“fuwei”，最后单击“确定”按钮，程序指针指在“fuwei”程序的第一条语句，机器人调试界面如图 3-1-34 所示。

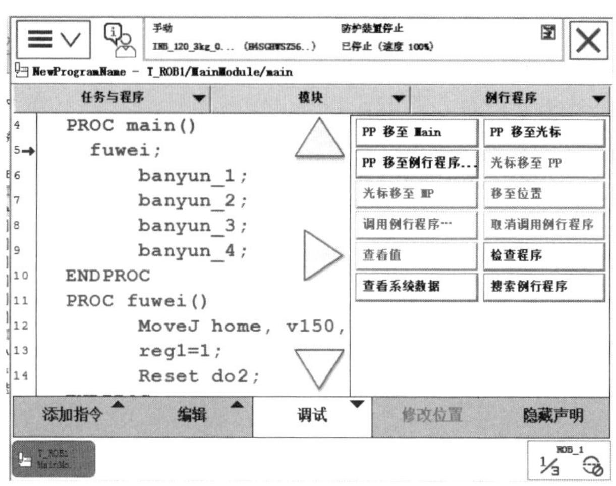

图 3-1-34 机器人调试界面

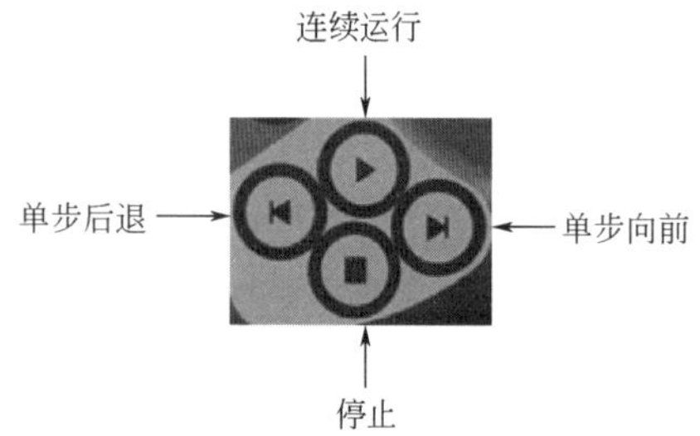

图 3-1-35 示教器操作按键

正确手握示教器，按下电机使能按键，示教器上显示“电机开启”，然后按下“单步向前”按钮，机器人程序按顺序往下执行程序。第一次运行程序务必单步运行程序，直至程序末尾，确定机器人运行每一条语句都没有错误，与工件不会发生碰撞，才可以按下“连续运行”按钮。需要停止程序时，先按下“停止”按钮，再松开电机使能按键，示教器操作按键如图 3-1-35 所示。

八、PLC 程序设计

1．PLC 的地址分配表

PLC 的 I/O 地址分配见表 3-1-10，辅助继电器 M 配置见表 3-1-11。

表 3-1-10 PLC 的 I/O 地址分配

PLC 输入信号			PLC 输出信号		
地址	变量名	功能说明	地址	变量名	功能说明
I0.6	start	系统启动信号	Q0.5	start_sta	控制启动按钮的绿灯和三色灯的绿灯
I0.7	stop	系统停止信号	Q0.6	stop_sta	控制停止按钮的红灯
I1.0	all_emg	总急停型号	Q2.1	RB_start	控制机器人启动程序
I2.1	RB_DO2	机器人电磁阀气路 1	Q2.2	RB_stop	控制机器人停止运动
I3.0	RB_DO9	第一列搬运			
I3.1	RB_DO10	第二列搬运			
I3.2	RB_DO11	第三列搬运			
I3.3	RB_DO12	第四列搬运			

表 3-1-11　辅继电器 M 配置

序号	地址	变量名	功能说明
1	M100.0	tcp_吸盘开关	触摸屏吸盘打开/吸盘关闭指示灯
2	M100.1	tcp_第一列	触摸屏第一列指示灯
3	M100.2	tcp_第二列	触摸屏第二列指示灯
4	M100.3	tcp_第三列	触摸屏第三列指示灯
5	M100.4	tcp_第四列	触摸屏第四列指示灯

2．程序设计及说明

程序段 1：启动与停止控制程序，如图 3-1-36 所示。用于空盒子系统状态显示和机器人启动或停止控制。

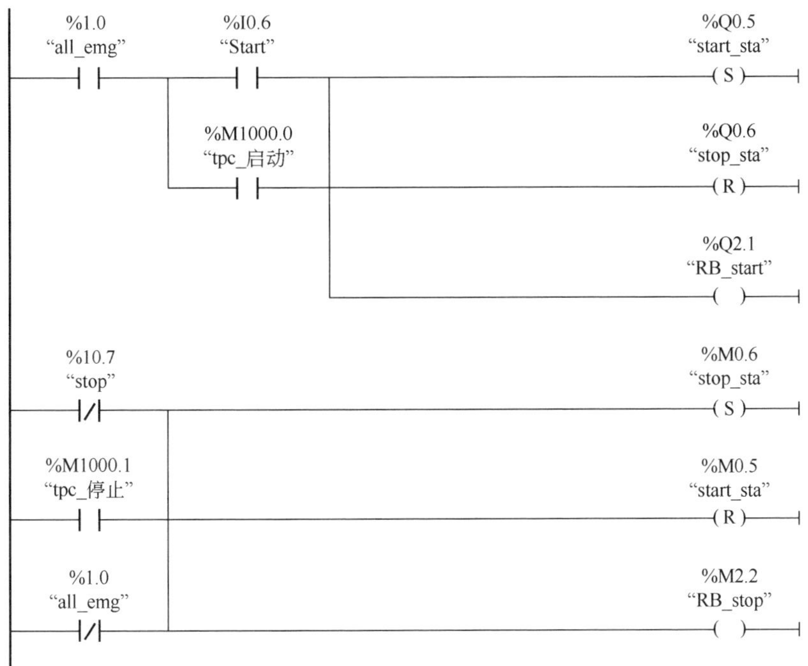

图 3-1-36　启动与停止控制程序

程序段 2：水平搬运信号状态在触摸屏上显示程序，如图 3-1-37 所示。机器人每完成一列搬运，触摸屏指示灯都会显示。

九、触摸屏程序编写

1．触摸屏界面设计

根据控制要求设计触摸屏界面，如图 3-1-38 所示。

%Q0.5 "start_sta" — %I2.1 "RB_YV1" — %M100.0 "tpc_吸盘开关"

%I3.0 "RB_DO9" — %M100.1 "tpc_第一列"

%I3.1 "RB_DO10" — %M100.2 "tpc_第二列"

%I3.2 "RB_DO11" — %M100.3 "tpc_第三列"

%I3.3 "RB_DO12" — %M100.4 "tpc_第四列"

图 3-1-37　水平搬运信号状态在触摸屏上显示程序

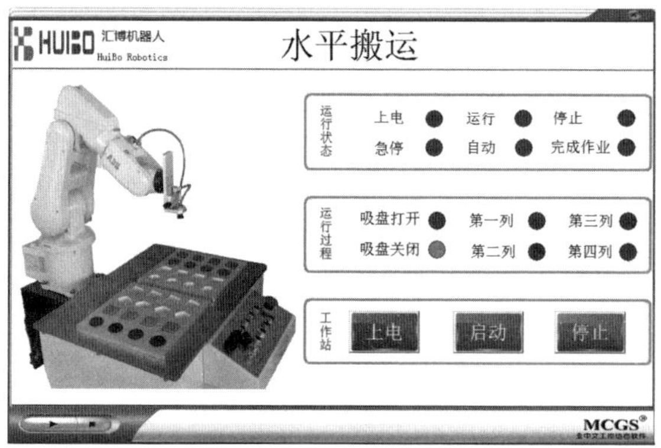

图 3-1-38　触摸屏界面

2．触摸屏变量连接

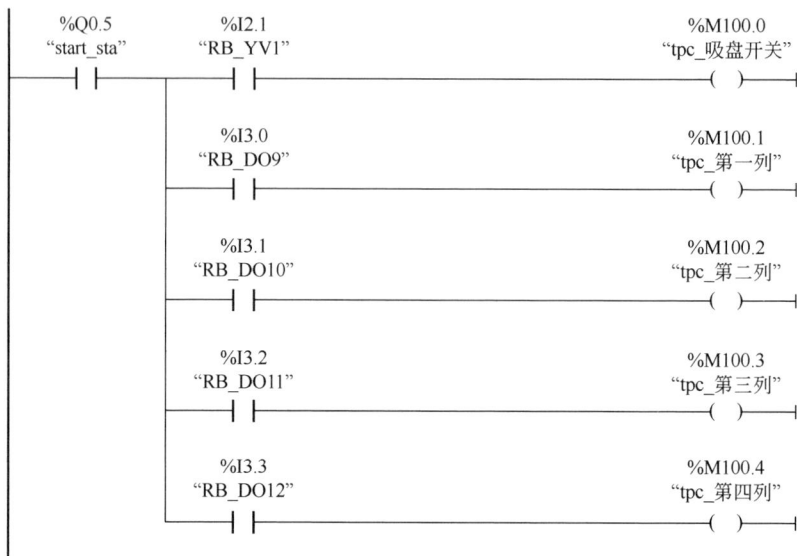

按照表 3-1-12 所示的触摸屏界面指示灯和按钮配置连接变量，完成触摸屏设计。

表 3-1-12　触摸屏界面指示灯和按钮配置

指示灯配置			按钮配置		
灯名	表达式	灯颜色说明	按钮名	数据对象	操作方式
上电	RB_DO16	0：红色 1：绿色	上电	RB_powcr	按 1 松 0
运行	start_sta	0：红色 1：绿色	启动	tcp_start	按 1 松 0
停止	stop_sta	0：红色 1：绿色	停止	tcp_stop	按 1 松 0
急停	all_emg	0：绿色 1：红色			

续表

指示灯配置			按钮配置		
灯名	表达式	灯颜色说明	按钮名	数据对象	操作方式
自动	M_A	0：红色 1：绿色			
完成作业	RB_finish	0：红色 1：绿色			
吸盘打开	tcp_吸盘开关	0：红色 1：绿色			
吸盘关闭	tcp_吸盘开关	0：红色 1：绿色			
第一列	tcp_第一列	0：红色 1：绿色			
第二列	tcp_第二列	0：红色 1：绿色			
第三列	tcp_第三列	0：红色 1：绿色			
第四列	tcp_第四列	0：红色 1：绿色			

对任务实施的完成情况进行检查，并将结果填入表 3-1-13 中。

表 3-1-13　任务测评表

序号	主要内容	考核要求	评分标准	配分	扣分	得分
1	机械安装	夹具与模块固定牢紧，不缺少螺丝	1. 夹具与模块安装位置不合适，扣 5 分 2. 夹具或模块松动，扣 5 分 3. 损坏夹具或模块，扣 10 分	10		
2	机器人程序设计与示教操作	I/O 配置完整，程序设计正确，机器人示教正确	1. 操作机器人动作不规范，扣 5 分 2. 机器人不能完成轨迹描图，每个图形轨迹扣 10 分 3. 缺少 I/O 配置，每个扣 1 分 4. 程序缺少输出信号设计，每个扣 1 分 5. 工具坐标系定义错误或缺失，每个扣 5 分	50		
3	触摸屏设计	界面设计完整，连接变量配置完整，按钮与灯配置正确	1. 触摸屏功能缺失，视情况严重性扣 3～10 分 2. 系统配置错误，扣 5 分 3. 按钮或等配置错误，每个扣 1 分	15		
4	PLC 程序设计	PLC 程序组态正确；I/O 配置完整；PLC 程序完整	1. PLC 组态出错，扣 3 分 2. PLC 配置不完整，每个扣 1 分 3. PLC 程序缺失，视情况严重性扣 3～10 分	15		
5	安全文明生产	劳动保护用品穿戴整齐；遵守操作规程；讲文明懂礼貌；操作结束要清理现场	1. 操作中，违反安全文明生产考核要求的任何一项扣 5 分，扣完为止 2. 当发现学生有重大事故隐患时，要立即予以制止，并每次扣安全文明生产总分 10 分 3. 穿戴不整洁，扣 2 分；设备不还原，扣 5 分；现场不清理，扣 5 分	10		
合　计						
开始时间：			结束时间：			

巩固与提高

一、填空题

1. 从结构形式上看，搬运机器人可分为______、_____、______、_____和关节式搬运机器人。

2. 搬运机器人常见的末端执行器分______、________、_______和________。

3. 图 3-1-39 所示为吸附式搬运机器人系统组成示意图。图 3-1-39 中，编号 1 表示________；编号 2 表示________；编号 3 表示________；编号 6 表示________。

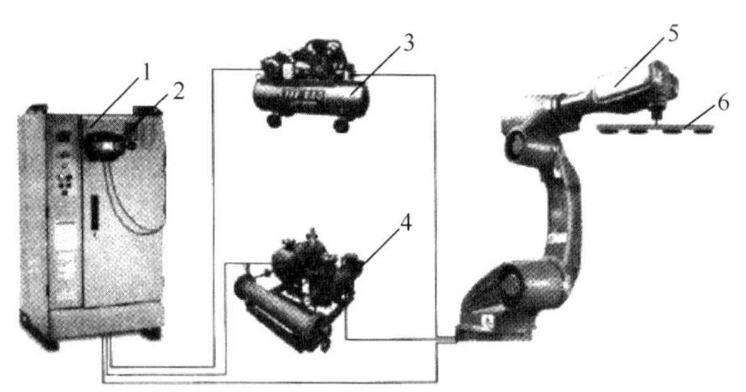

图 3-1-39 填空题题 3 图

二、选择题

1. 依据压力差的不同，可将气吸附分为（　　）。
   ①真空吸盘吸附　　②气流负压气吸附　　③挤压排气负压气吸附
   A. ①②　　B. ①③　　C. ②③　　D. ①②③

2. 搬运机器人作业编程主要是完成（　　）的示教。
   ①运动轨迹　　②作业条件　　③作业顺序
   A. ①②　　B. ①③　　C. ②③　　D. ①②③

三、判断题

1. 根据车间场地面积，在利于提高生产节拍的前提下，搬运机器人工作站可采用 L 形、环状、“品”字、“一”字等布局。（　　）

2. 关节式搬运机器人本体在负载较轻的情况下可以与其他通用关节机器人本体进行互换。（　　）

3. 关于搬运机器人的 TCP 点，吸盘类一般设置在法兰中心线与吸盘底面的交点处，而夹钳类通常设置在法兰中心线与手爪前端面交点处。（　　）

四、综合应用题

1. 简述气吸附与磁吸附的异同点。

2. 如图 3-1-40 所示是某品牌游戏机钣金件生产线，该生产线主要由 5 台压力机和 6 台垂直多关节搬运机器人组成。产品采用 Q235 冷板材，生产工序依次为落料→一次拉伸→二

次拉伸→冲孔（大孔）→冲孔（周边小孔），各工序间物料搬运均由机器人完成。依图画出落料至一次拉伸工序间机器人物料搬运轨迹示意图，并完成表 3-1-14（请在相应选项下打“√”或选择序号）。

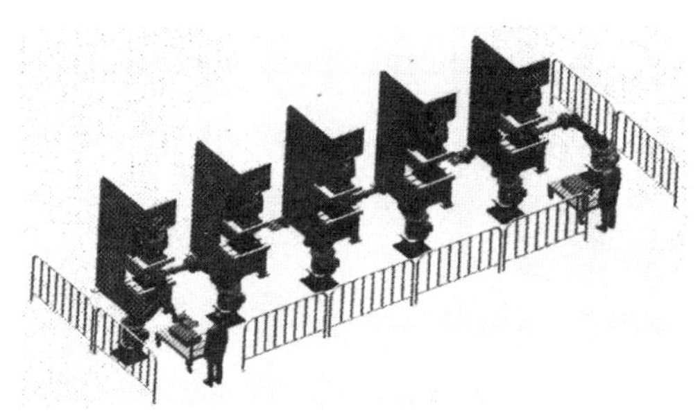

图 3-1-40　综合应用题题 2 图

表 3-1-14　搬运作业示教

程序点	搬运作业		插补方式	
	作业点	①原点；②中间点；③规避点；④临近点	PTP	直线插补

任务 2　码垛机器人及其操作应用

学习目标

✧ 知识目标

1. 了解码垛机器人的分类及特点。
2. 掌握码垛机器人的系统组成及功能。
3. 熟悉码垛机器人作业示教的基本流程。
4. 熟悉码垛机器人周边设备与布局。

✧ 能力目标

1. 能够识别码垛机器人工作站的基本构成。
2. 能够进行码垛机器人的简单作业示教。

工作任务

码垛机器人是经历人工码垛、码垛机码垛两个阶段而出现的自动化码垛作业智能化设备。码垛机器人的出现，不仅可改善劳动环境，而且对减轻劳动强度，保证人身安全，减少辅助

设备资源，提高劳动生产率等方面具有重要的意义。码垛机器人可使运输工业加快码垛效率，提升物流速度，获得整齐统一的物垛，减少物料破损与浪费。因此，新型码垛机器人将逐步取代传统码垛机器人以实现生产制造“新自动化、新无人化”，码垛行业也将因码垛机器人的出现而步入新起点阶段。

本任务的内容是通过学习，掌握码垛机器人的特点、基本系统组成、周边设备和作业程序，并能掌握码垛机器人作业示教的基本要领和注意事项。

相关知识

一、码垛机器人的分类及特点

码垛机器人作为新型的智能化码垛设备，具有作业高效、码垛稳定等优点，可解放工人的繁重体力劳动，已在各个行业的包装物流生产线中发挥重大作用，归纳起来，码垛机器人主要有以下几个方面的优点。

（1）占地面积小，动作范围大，减少厂源浪费。

（2）能耗低，降低运行成本。

（3）提高生产效率，解放繁重体力劳动者，实现无人或少人码垛。

（4）改善工人劳作条件，摆脱有毒、有害环境。

（5）柔性高，适应性强，可实现不同物料码垛。

（6）定位准确，稳定性高。

码垛机器人作为工业机器人中的一员，其结构形式和其他类型机器人相似（尤其是搬运机器人），码垛机器人与搬运机器人在本体结构上没有太多区别，通常可以认为码垛机器人本体比搬运机器人大。在实际生产中码垛机器人多为 4 轴且多数带有辅助连杆，连杆主要起增加力矩和平衡的作用，码垛机器人多不能进行横向或纵向移动，安装在物流生产线末端。常见的码垛机器人分类多为关节式码垛机器人、摆臂式码垛机器人和龙门式码垛机器人，如图 3-2-1 所示。

（a）关节式码垛机器人

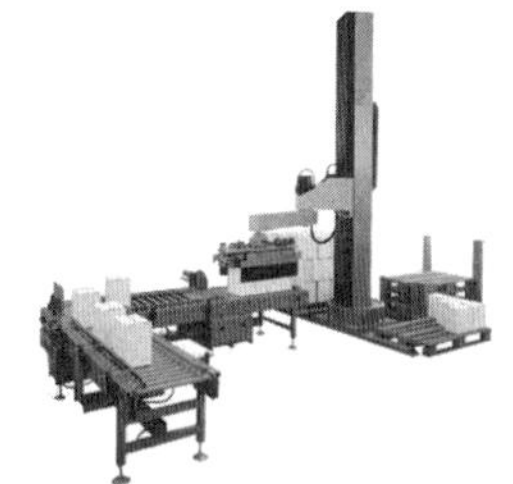

（b）摆臂式码垛机器人

（c）龙门式码垛机器人

图 3-2-1　码垛机器人分类

二、码垛机器人的系统组成

码垛机器人需要与相应的辅助设备组成一个柔性化系统，才能进行码垛作业。以关节式为例，常见的码垛机器人主要由操作机、控制系统、码垛系统（气体发生装置、液压发生装置）和安全保护装置组成，如图 3-2-2 所示。操作者可通过示教器和操作面板进行码垛机器

人运动位置和动作程序的示教，设定运动速度、码垛参数等。

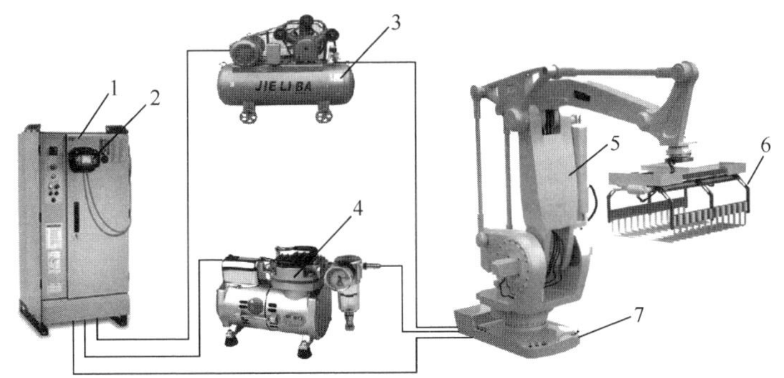

图 3-2-2　码垛机器人系统组成

1—机器人控制柜；2—示教器；3—气体发生装置；4—真空发生装置；

5—操作机；6—夹板式手爪；7—底座

关节式码垛机器人常见本体多为 4 轴，也有 5 轴或 6 轴码垛机器人，但在实际包装码垛物流生产线中 5、6 轴码垛机器人相对较少。码垛主要在物流生产线末端进行，码垛机器人安装在底座（或固定座上），其位置的高低由生产线高度、托盘高度及码垛层数共同决定，多数情况下，码垛精度的要求没有机床上下料搬运精度高，为节约成本、降低投入资金、提高效益，4 轴码垛机器人足以满足日常码垛要求。为码垛机器人四大家族包括 KUKA、FANUC、ABB、YASKAWA，四大家族码垛机器人本体结构如图 3-2-3 所示。

（a）JUJAKR 700PA　（b）FANDC M-410iB

（c）ABB IRB660　（d）YASKAWA MPL80

图 3-2-3　四大家族码垛机器人本体结构

码垛机器人的末端执行器是夹持物品移动的一种装置，常见形式有吸附式、夹板式、抓取式和组合式。末端执行器又称为机器人手爪。

1. 吸附式末端执行器

在码垛中，吸附式末端执行器主要为气吸附。广泛应用于医药、食品、烟酒等行业。吸附式末端执行器依据吸力不同可分为气吸附和磁吸附。

（1）气吸附

气吸附主要是利用吸盘内压力和外界大气压之间存在压力差的原理进行工作的，可分为真空吸盘吸附、气流负压气吸附、挤压排气负压气吸附等，气吸附吸盘如图 3-2-4 所示。

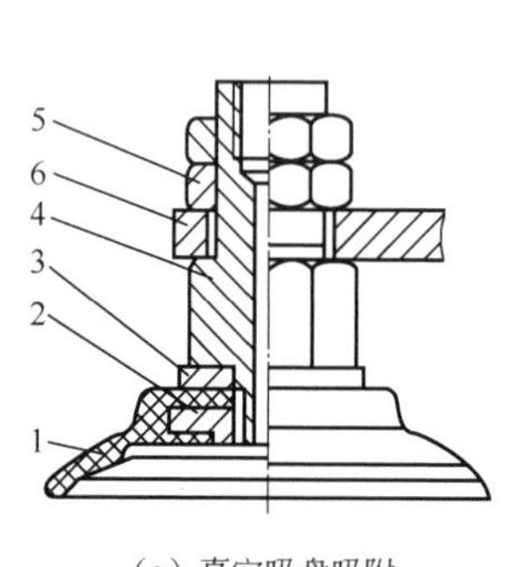

（a）真空吸盘吸附
1—橡胶吸盘；2—固定环；3—垫片；4—支撑杆；5—螺母；6—基板

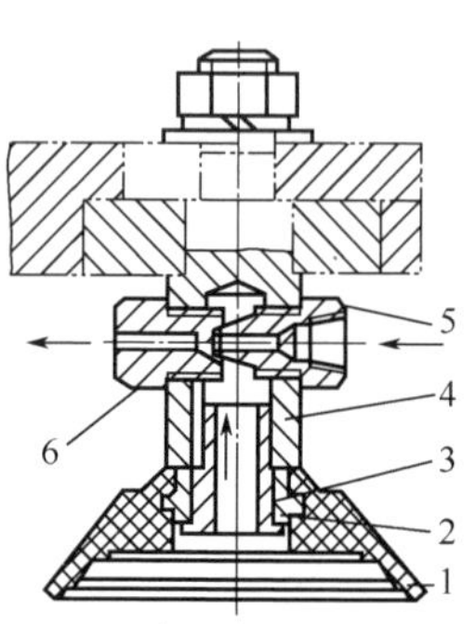

（b）气流负压气吸附
1—橡胶吸盘；2—心套；3—透气螺钉；4—支撑架；5—喷嘴；6—喷嘴套

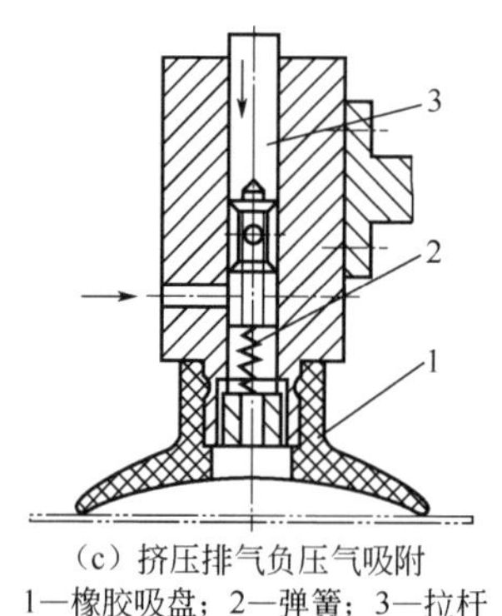

（c）挤压排气负压气吸附
1—橡胶吸盘；2—弹簧；3—拉杆

图 3-2-4　气吸附吸盘

① 真空吸盘吸附。通过连接真空发生装置和气体发生装置实现抓取和释放工件，工作时，真空发生装置将吸盘与工件之间的空气吸走使其达到真空状态，此时，吸盘内的大气压小于吸盘外大气压，工件在外部压力的作用下被抓取。

② 气流负压气吸附。利用流体力学原理，通过压缩空气（高压）高速流动带走吸盘内气体（低压）使吸盘内形成负压，同样利用吸盘内外压力差完成取件动作，切断压缩空气随即消除吸盘内负压，完成释放工件动作。

③ 挤压排气负压气吸附。利用吸盘变形和拉杆移动改变吸盘内外部压力完成工作吸取和释放动作。

吸盘的种类繁多，一般分为普通型和特殊型两种，普通型包括平面吸盘、超平吸盘、椭圆吸盘、波纹管型吸盘和圆形吸盘。特殊型吸盘是为了满足在特殊应用场合而设计使用的，通常可分为专用型吸盘和异型吸盘；特殊型吸盘结构形状因吸附对象的不同而不同。吸盘的结构对吸附能力的大小有很大影响，但材料也对吸附能力有较大影响，目前吸盘常用材料多为丁腈橡胶（NBR）、天然橡胶（NR）和半透明硅胶（SIT5）等。不同结构和材料的吸盘被广泛应用于汽车覆盖件、玻璃板件、金属板材的切割及上下料等场合，适合抓取表面相对光滑、平整、坚硬及微小材料，具有高效、无污染、定位精度高等优点。

（2）磁吸附

磁吸附是利用磁力吸取工件。常见的磁力吸盘分为电磁吸盘、永磁吸盘、电永磁吸盘等，磁吸附吸盘如图 3-2-5 所示。

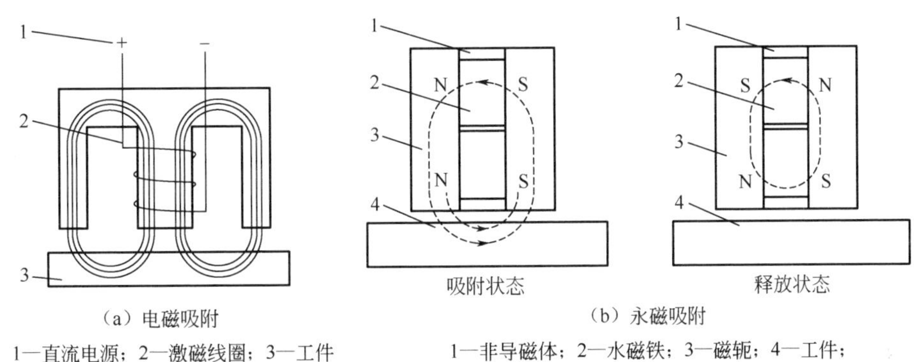

图 3-2-5　磁吸附吸盘

① 电磁吸盘是在内部激磁线圈通直流电后产生磁力，而吸附导磁性工件。

② 永磁吸盘是利用磁力线通路的连续性及磁场叠加性工作，一般永磁吸盘（多用钕铁硼为内核）的磁路为多个磁系，通过磁系之间的相互运动来控制工作磁极面上的磁场强度，进而实现工件的吸附和释放动作。

③ 电永磁吸附是利用永磁磁铁产生磁力，利用激磁线圈对吸力大小进行控制，起到“开、关”作用，电永磁吸盘结合永磁吸盘和电磁吸盘的优点，应用十分广泛。

电磁吸盘的分类方式多种多样，依据形状可分为矩形磁吸盘、圆形磁吸盘；按吸力大小分普通磁吸盘和强力磁吸盘等。由上可知，磁吸附只能吸附对磁产生感应的物体，故对于要求不能有剩磁的工件无法使用，且磁力受温度影响较大，所以在高温下工作也不能选择磁吸附，故其在使用过程中有一定局限性。常适合要求抓取精度不高且在常温下工作的工件。

2. 夹板式末端执行器

夹板式手爪是码垛过程中最常用的一类手爪，常见夹板式手爪有单板式和双板式，如图 3-2-6 所示。手爪主要用于整箱或规则盒码垛，可用于各行各业，夹板式手爪夹持力度比吸附式手爪大，可一次码一箱（盒）或多箱（盒），并且两侧板光滑不会损失码垛产品外观质量。单板式与双板式的侧板一般都会有可旋转爪钩，需单独机构控制，工作状态下爪钩与侧板成 90°，起到撑托物件防止在高速运动中脱落的作用。

3. 抓取式末端执行器

抓取式手爪可灵活适应不同形状和内含物（如大米、砂砾、塑料、水泥、化肥等）物料袋的码垛。如图 3-2-7 所示为 ABB 抓取式手爪，ABB 公司配套 IRB 460 和 IRB 660 码垛机器人专用的即插即用 FlexGripper 抓取式手爪，采用不锈钢制作，可胜任极端条件下作业的要求。

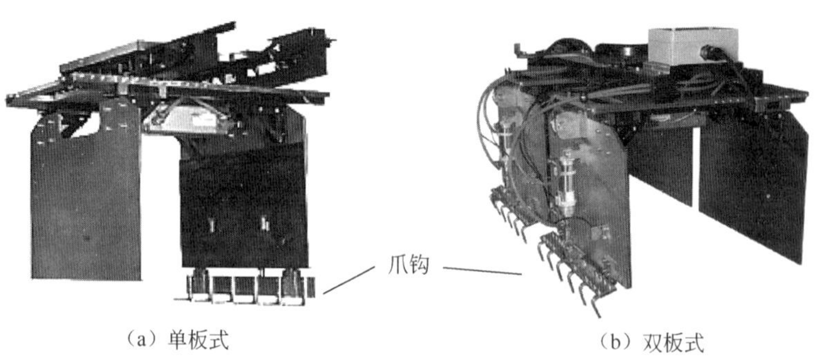

（a）单板式　　（b）双板式

图 3-2-6　夹板式手爪

4．组合式末端执行器

组合式手爪是通过组合以获得各单组手爪优势的一种手爪，灵活性较大，各单组手爪之间既可单独使用又可配合使用，可同时满足多个工位的码垛。如图 3-2-8 所示为 ABB 组合式手爪，ABB 公司配套 IRB 460 和 IRB 660 码垛机器人专用的即插即用 FlexGripper 组合式手爪。

图 3-2-7　ABB 抓取式手爪

图 3-2-8　ABB 组合式手爪

码垛机器人手爪的动作需单独利用外力进行驱动，需要连接相应外部信号控制装置及传感系统，以控制码垛机器人手爪实时的动作状态及力的大小，其手爪驱动方式多为气动和液压驱动。通常在保证相同夹紧力情况下，气动比液压驱动方式负载轻、卫生、成本低、易获取，所以实际码垛中以压缩空气为驱动力的居多。

综上所述，码垛机器人主要包括机器人和码垛系统。机器人由码垛机器人本体及完成码垛排列控制的控制柜组成。码垛系统中末端执行器主要有吸附式、夹板式、抓取式和组合式等形式。

三、码垛机器人的作业示教

码垛是生产制造业必不可少的环节，在包装物流运输行业中尤为广泛。码垛机器人在物流生产线末端取代人工或码垛机完成工件的自动码垛，主要适应对象为大批量、重复性强或工作环境高温、粉尘等恶劣条件情况下的工作，具有定位精确、码垛质量稳定、工作节拍可调、运行平稳可靠、维修方便等特点。目前，工业机器人四大家族都有相应的码垛机器人产品（ABB 的 IRB 460 和 IRB 660 系列、KUKA 的 KR 300PA、KR 470PA、KR 700PA 系列、FANUC 的 M、R 系列、YASKWA 的 MPL 系列）。

工业机器人作业示教的一项重要内容——运动轨迹，即确定各程序点处工具中心点

（TCP）的位姿。对码垛机器人而言，TCP 随末端执行器不同而设置在不同的位置，就吸附式而言，其 TCP 一般设在法兰中心线与吸盘所在平面交点的连线上并延伸一端距离，距离的长短依据吸附物料高度确定，如图 3-2-9（a）所示，生产再现如图 3-2-9（b）所示。夹板式和抓取式末端执行器的 TCP 一般设在法兰中心线与手爪前端面交点处，抓取式 TCP 点如图 3-2-10（a）所示，生产再现如图 3-2-10（b）所示。而组合式 TCP 设定点需依据起主要作用的单组手爪确定。

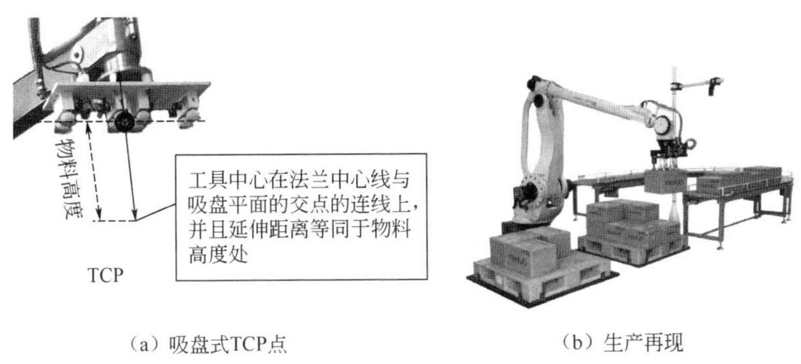

（a）吸盘式TCP点　（b）生产再现

图 3-2-9　吸附式 TCP 点及生产再现

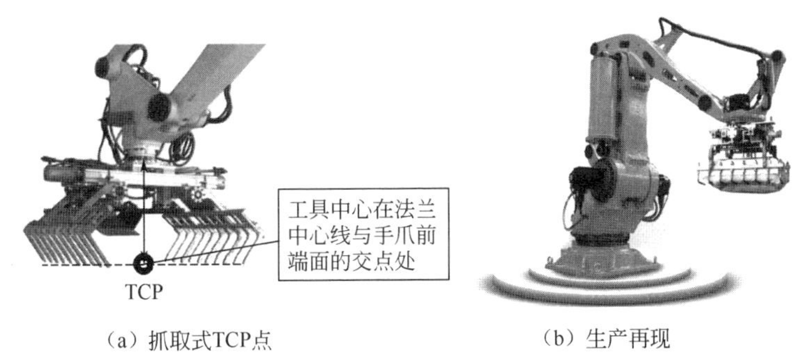

（a）抓取式TCP点　（b）生产再现

图 3-2-10　抓取式 TCP 点及生产再现

码垛机器人在包装物流生产线中可分为关节式、龙门式或摆臂式，具体采用哪一类需依据生产需求及企业实际来确定，末端执行器可选择吸附式、夹板式、抓取式或组合式，依据码垛产品形状、重量等因素确定。

通过前面任务的学习，在熟悉操作机器人本体基础上，结合常用码垛作业命令，即可完成码垛作业示教。现以如图 3-2-11 所示的码垛机器人运动轨迹为例，选择关节式（4 轴）码垛机器人，末端执行器为抓取式，采用在线示教方式为机器人输入码垛作业程序。以 A 垛 I 位置码垛为例，阐述码垛作业编程，A 垛的 II、III、IV、V 位置可按 I 位置操作类似进行。此程序由编号 1～8 的 8 个程序点组成，程序点说明见表 3-2-1。码垛机器人作业示教流程如图 3-2-12 所示。

1. 示教前的准备

示教前，应做好如下准备。

（1）确认操作者与机器人之间保持安全距离。

（2）机器人原点确认。

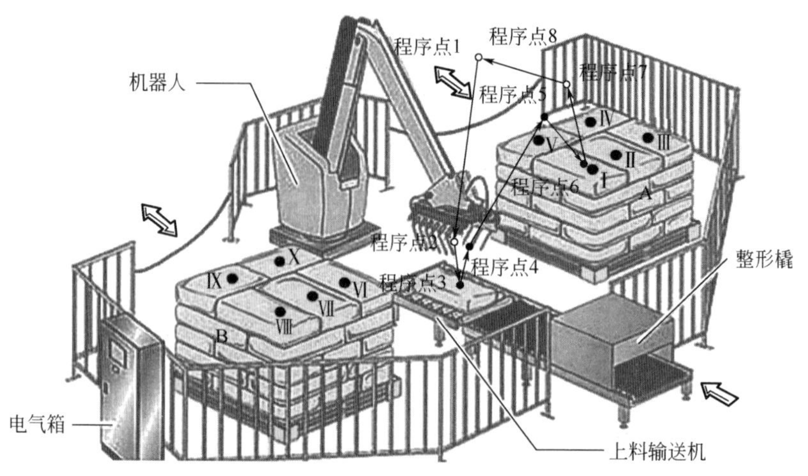

图 3-2-11　码垛机器人运动轨迹

表 3-2-1　程序点说明（码垛作业）

程序点	说明	手爪动作	程序点	说明	手爪动作
程序点 1	机器人原点	—	程序点 5	码垛中间点	抓取
程序点 2	码垛临近点	—	程序点 6	码垛作业点	放置
程序点 3	码垛作业点	抓取	程序点 7	码垛规避点	—
程序点 4	码垛中间点	抓取	程序点 8	机器人原点	—

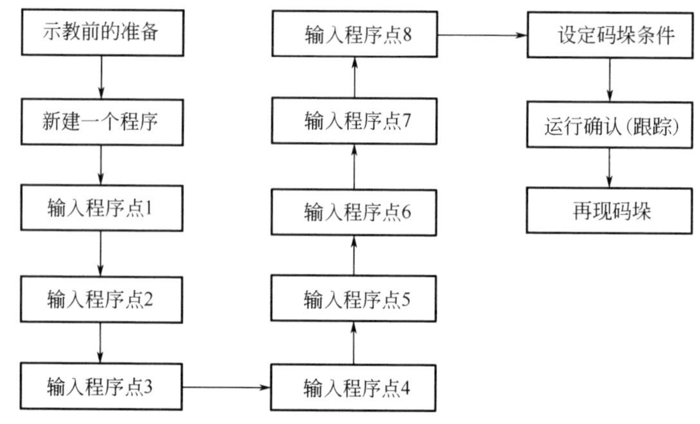

图 3-2-12　码垛机器人作业示教流程

2. 新建作业程序

按下示教器的相关菜单或按钮，新建一个作业程序，如“Pallet__bag”。

3. 程序点的输入

在示教模式下，手动操作移动关节式码垛机器人，按图 3-2-11 所示的轨迹设定程序点 1～8（程序点 1～8 设置在同一点可提高作业效率），此外程序点 1～8 需处于与工件、夹具互不干涉的位置。码垛作业示教方法见表 3-2-2。

表 3-2-2　码垛作业示教方法

程序点	示 教 方 法
程序点 1 （机器人原点）	（1）按手动操作机器人要领移动机器人到码垛原点位置 （2）插补方式选择“PTP” （3）确认保存程序点 1 为码垛机器人原点
程序点 2 （码垛临近点）	（1）手动操作码垛机器人到码垛作业临近点，并调整手爪姿态 （2）插补方式选择“PTP” （3）确认并保存程序点 2 为码垛机器人作业临近点
程序点 3 （码垛作业点）	（1）手动操作码垛机器人移动到码垛起始点且保持手爪姿态不变 （2）插补方式选择“直线插补” （3）再次确认程序点，保证其为作业起始点 （4）若有需要可直接输入码垛作业命令
程序点 4 （码垛中间点）	（1）手动操作码垛机器人到码垛中间点，并适度调整手爪姿态 （2）插补方式选择“直线插补” （3）确认保存程序点 4 为码垛机器人作业中间点
程序点 5 （码垛中间点）	（1）手动操作码垛机器人到码垛中间点，并适度调整手爪姿态 （2）插补方式选择“PTP” （3）确认保存程序点 5 为码垛机器人作业中间点
程序点 6 （码垛作业点）	（1）手动操作码垛机器人移动到码垛终止点且调整手爪姿态以适合安放工件 （2）插补方式选择“直线插补” （3）再次确认程序点，保证其为作业终止点 （4）若有需要可直接输入码垛作业命令
程序点 7 （码垛规避点）	（1）手动操作机器人移动到作业规避点 （2）插补方式选择“直线插补” （3）确认保存程序点 7 为码垛机器人作业规避点
程序点 8 （机器人原点）	（1）手动操作码垛机器人到机器人原点 （2）插补方式选择“PTP” （3）确认并保存程序点 8 为码垛机器人原点

4．设定作业条件

码垛机器人的作业程序简单易懂，与 6 关节工业机器人程序有类似之处，本例中码垛作业条件的输入主要是码垛参数的设定。

码垛参数设定主要为 TCP 设定、物料重心设定、托盘坐标系设定、末端执行器姿态设定、物料重量设定、码垛层数设定、计时指令设定等。

5．检查试运行

确认码垛机器人周围安全，按如下操作进行跟踪测试作业程序。

（1）打开要测试的程序文件。

（2）移动光标到程序开头位置。

（3）按住示教器上的有关“跟踪功能键”，实现码垛机器人单步或连续运转。

6．再现码垛

（1）打开要再现的作业程序，并将光标移动到程序的开始位置，将示教器上的“模式旋钮”设定到“再现/自动”状态。

（2）按示教器上“伺服 ON”按钮，接通伺服电源。

（3）按“启动”按钮，码垛机器人开始运行。

码垛机器人编程时运动轨迹上的关键点坐标位置可通过示教或坐标赋值的方式进行设定，在实际生产中若托盘相对较大，可采用示教方式寻找关键点，从而节省大量时间；若产品尺寸与托盘码垛尺寸较合理，可采用坐标赋值获取关键点。为方便直观展现，码垛产品如图 3-2-13 所示，此码垛每层与临层排布都不相同，实际生产中称之为“3-2”加“2-3”码垛形式。如图 3-2-13 所示码垛产品，着重说明赋值获取关键点，图中的点为产品的几何中心点，即需要在托盘上表面找到这些几何点的垂直投影点所在的位置。

产品外观尺寸为 1 500mm×1 000mm×40mm，托盘尺寸为 3 000mm×2 500mm×20mm，则由几何关系可得Ⅰ、Ⅱ、Ⅲ、Ⅳ、Ⅴ在托盘上表面的坐标依次为（750，500，0）、（750，1 500，0）、（750、2 500，0）、（2 000，2 250，0）、（2 000，750，0），据此可建立相应坐标系找出图 3-2-13 所示 B 垛程序点Ⅵ、Ⅶ、Ⅷ、Ⅸ、Ⅹ。在实际移动码垛机器人寻找关键点时，需要用到校准针，如图 3-2-14 所示。

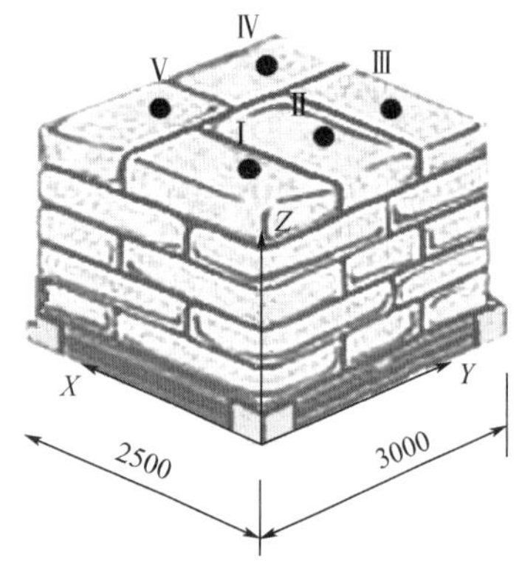

图 3-2-13　码垛产品

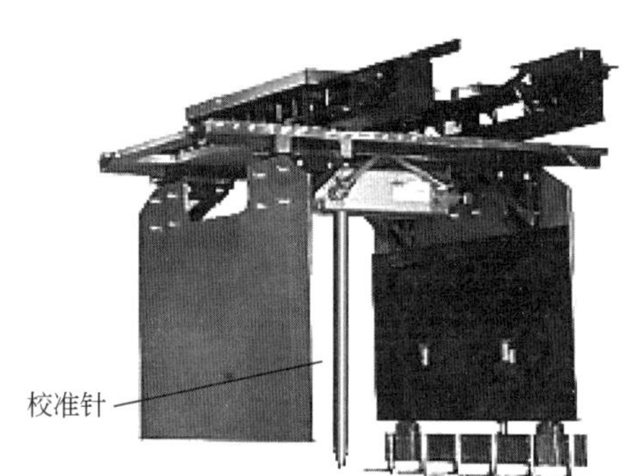

图 3-2-14　校准针

第一层码垛示教完毕，第二层只须在第一层的基础上将 Z 方向加上产品高度 40mm 即可，示教方式如同第一层；第三层可调用第一层程序并在第二层的基础上加上产品高度；第四层可调用第二层程序并应在第三层的基础上加上产品高度，依此类推，之后将编写程序存入运动指令中。插补方式常为“PTP”和“直线插补”，即可满足基本码垛要求，但对于改造或优化生产线等情况，一般需要在离线编程软件上建立相应模型，模拟实际生产环境，且码垛机器人作业程序的编制、运动轨迹坐标位置的获取以及程序的调试均在一台计算机上独立完成，不需要机器人本身的参与，如 ABB 公司的 RobotStudio Palletizing PowerPac 专业码垛软件，极大地加快了码垛程序输入能力，节约工时、降低成本、易于控制生产节拍，可达到优化的目的，减少出错的同时也减轻编程人员的劳动强度。

四、码垛机器人的周边设备与工位布局

码垛机器人工作站是一种集成化系统，可与生产系统相连接形成一个完整的集成化包装码垛生产线。码垛机器人完成一项码垛工作，除需要码垛机器人（机器人和码垛设备）外，还需要一些辅助周边设备。同时，为节约生产空间，合理的机器人工位布局尤为重要。

1. 周边设备

常见的码垛机器人辅助装置有金属检测机、重量复检机、自动剔除机、倒袋机、整形机、待码输送机、传送带、码垛系统等设备。

（1）金属检测机

对于某些码垛作业场合，像食品、医药、化妆品、纺织品等码垛作业，为防止在生产制造过程中混入金属等异物，需要金属检测机进行流水线检测，金属检测机如图 3-2-15 所示。

（2）重量复检机

重量复检机在自动化码垛流水作业中起重要作用，其可以检测出前工序是否漏装、多装，以及对合格品、欠重品、超重品进行统计，进而达到产品质量控制的目的，如图 3-2-16 所示。

图 3-2-15　金属检测机

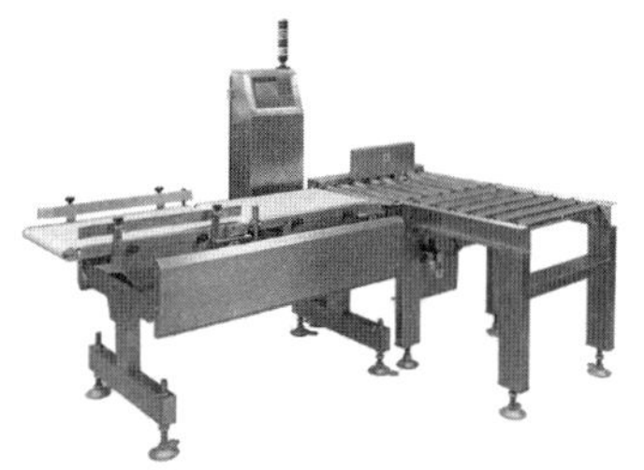

图 3-2-16　重量复检机

（3）自动剔除机

自动剔除机是安装在金属检测机和重量复检机之后，主要用于剔除含金属异物及重量不合格的产品，如图 3-2-17 所示。

（4）倒袋机

倒袋机是将输送过来的袋装码垛物按照预定程序进行输送、倒袋、转位等操作，以使码垛物按流程进入后续工序，如图 3-2-18 所示。

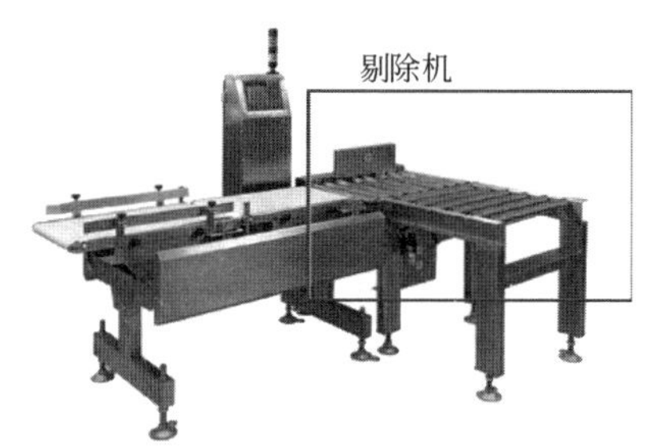

图 3-2-17　自动剔除机

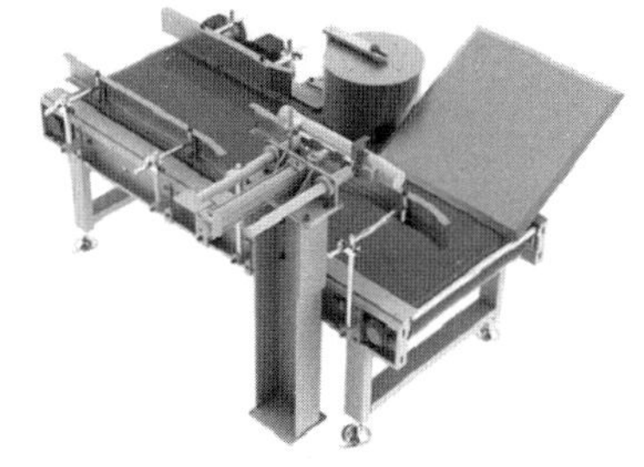

图 3-2-18　倒袋机

（5）整形机

针对袋装码垛物的外形整形，整形机整形后袋装码垛物内可能存在的积聚物会均匀分散，使外形整齐，之后进入后续工序，整形机如图 3-2-19 所示。

（6）待码输送机

待码输送机是码垛机器人生产线的专用输送设备，码垛货物聚集于此，便于码垛机器人末端执行器抓取，可提高码垛机器人的灵活性，如图 3-2-20 所示。

（7）传送带

传送带是自动化码垛生产线上必不可少的一个环节，针对不同的厂源条件可选择不同的形式，如图 3-2-21 所示。

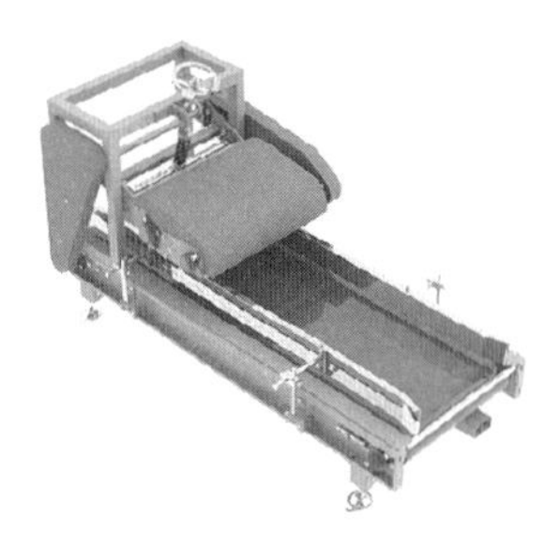

图 3-2-19　整形机

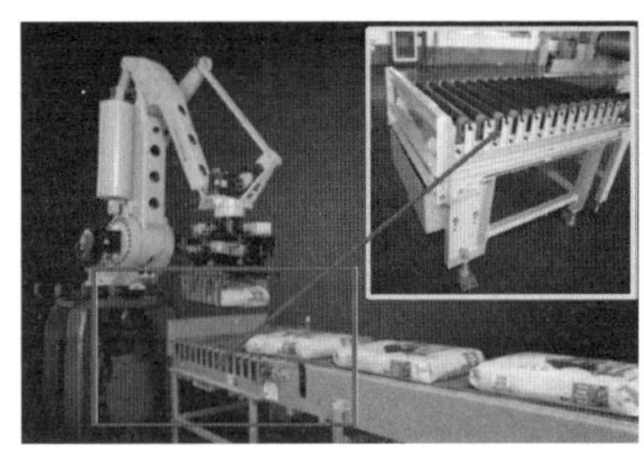

图 3-2-20　待码输送机

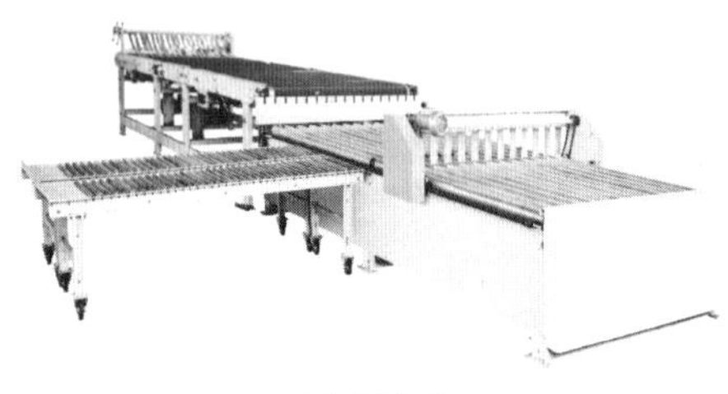

（a）组合式

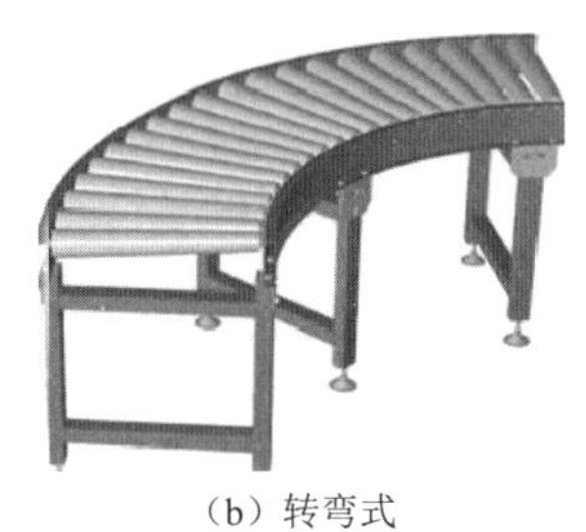

（b）转弯式

图 3-2-21　传送带

（8）码垛系统

该内容可参见前面任务搬运系统的相关部分，这里不再赘述。

2. 工位布局

码垛机器人工作站的布局是以提高生产效率、节约场地、实现最佳物流码垛为目的，在实际生产中，常见的码垛工作站布局主要有全面式码垛和集中式码垛两种。

（1）全面式码垛

码垛机器人安装在生产线末端，可针对一条或两条生产线，具有较小的输送线成本与占地面积，较大的灵活性和增加生产量等优点。全面式码垛如图 3-2-22 所示。

（2）集中式码垛

码垛机器人被集中安装在某一区域，可将所有生产线集中在一起，具有较高的输送线成本，节省生产区域资源，节约人员维护成本，一人便可全部操纵。集中式码垛如图 3-2-23 所示。

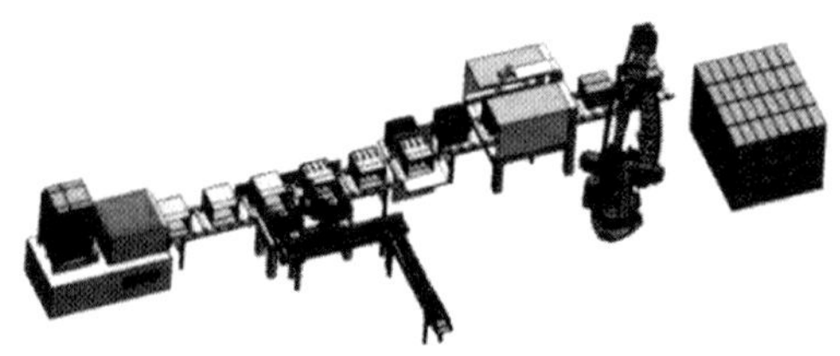

图 3-2-22　全面式码垛

在实际生产码垛中，码垛系统按码垛进出情况规划可分为有一进一出、一进两出和四进四出等形式。

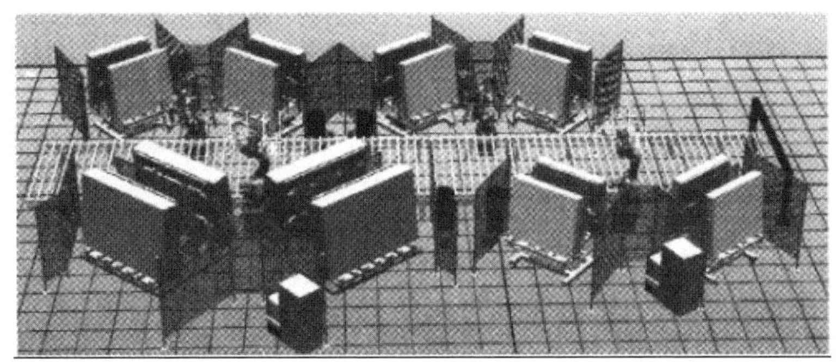

图 3-2-23　集中式码垛

① 一进一出。一进一出常出现在厂源相对较小、码垛线生产比较繁忙的情况，此类型码垛速度较快，托盘分布在机器人左侧或右侧，缺点是需要人工换托盘，浪费时间，如图 3-2-24 所示。

② 一进两出。一进两出在一进一出的基础上添加输出托盘，一侧满盘信号输入，机器人不会停止等待，直接码垛另一侧，码垛效率明显提高，如图 3-2-25 所示。

图 3-2-24　一进一出

图 3-2-25　一进两出

③ 两进两出。两进两出是两条输送链输入，两条码垛输出，多数两进两出系统无须人工干预，码垛机器人自动定位摆放托盘，是目前应用最多的一种码垛形式，也是性价比最高的一种规划形式，如图 3-2-26 所示。

④ 四进四出。四进四出系统多配有自动更换托盘功能，主要应用于多条生产线的中等产量或低产量的码垛，如图 3-2-27 所示。

图 3-2-26　两进两出

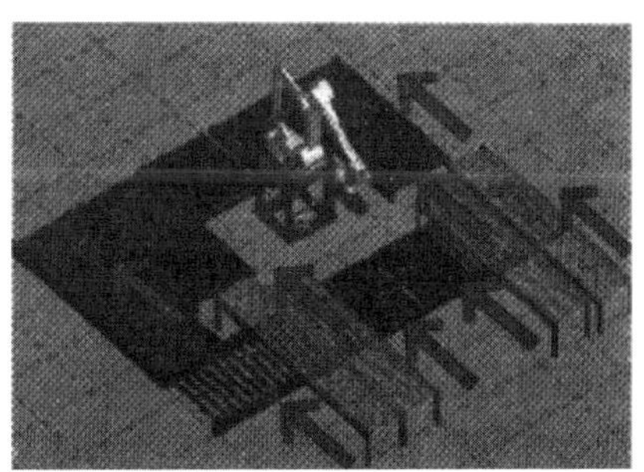

图 3-2-27　四进四出

一、任务准备

实施本任务教学所使用的实训设备及工具材料可参考表 3-2-3。

表 3-2-3　实训设备及工具材料

序号	分类	名称	型号规格	数量	单位	备注
1	工具	内六角扳手	3.0mm	1	个	工具墙
2		内六角扳手	4.0mm	1	个	工具墙
3	设备器材	内六角螺丝	M4	4	颗	工具墙蓝色盒
4		内六角螺丝	M5	4	颗	工具墙黄色盒
5		储料板		1	个	物料间领料
6		单吸盘夹具		1	个	物料间领料
7		码垛托盘		1	套	物料间领料
8		储料板		1	套	物料间领料
9		工件		36	个	物料间领料

二、认识工业机器人零件码垛单元工作站

如图 3-2-28 所示，为工业机器人零件码垛单元工作站，零件码垛单元结构示意图如图 3-2-29 所示。

其具体控制要求如下所述。

（1）单击触摸屏上的“上电”按钮，机器人伺服上电；单击触摸屏上机器人的“启动”按钮，机器人进入主程序，工作站执行零件码垛作业。

（2）单击触摸屏上的“停止”按钮，系统进入停止状态，所有气动机构均保持该态不变。

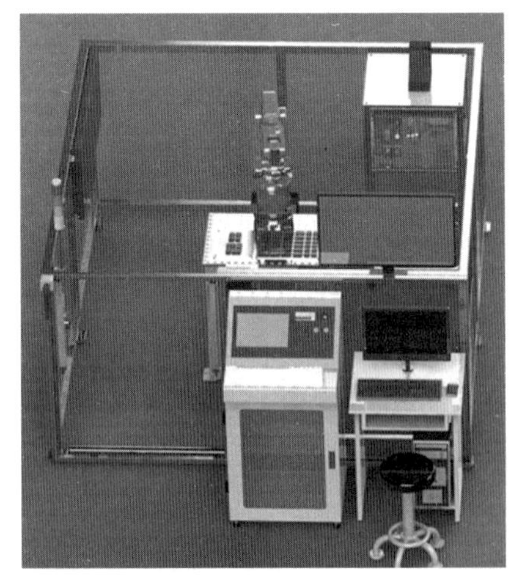

图 3-2-28　工业机器人零件码垛单元工作站

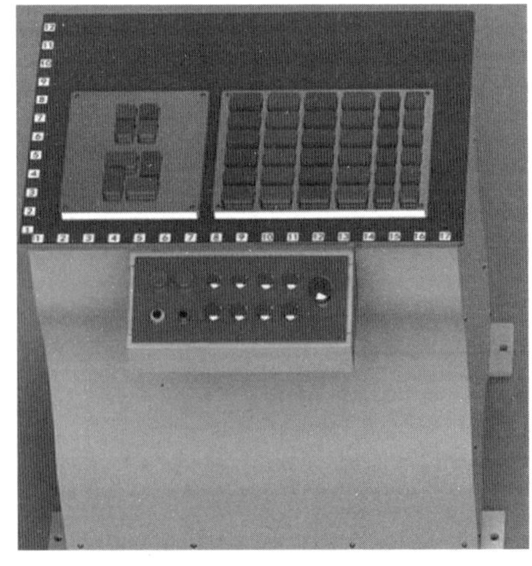

图 3-2-29　零件码垛单元结构示意图

三、零件码垛单元的安装

在零件码垛单元的每个凹槽板中间有两个用于安装固定的螺丝孔，把零件码垛单元放置到模块承载平台上，用 M4 内六角螺丝将其固定锁紧，保证模型紧固牢靠，零件码垛整体布局与固定位置如图 3-2-30 所示。

四、单吸盘夹具的安装

本单元训练采用单吸盘夹具，在该夹具与机器人 J_6 轴连接法兰上有 4 个螺丝安装孔，把夹具调整到合适位置，然后用螺丝将其紧固到机器人 J_6 轴上，把机器人上面 1 号气管接在夹具气管接头上，完成夹具的安装，如图 3-2-31 所示。

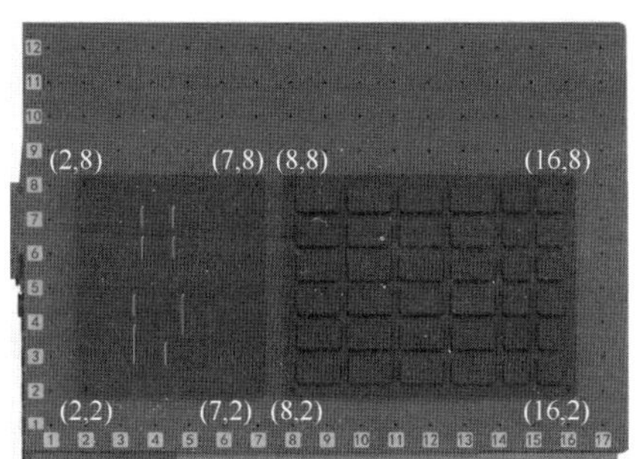

图 3-2-30 零件码垛单元整体布局

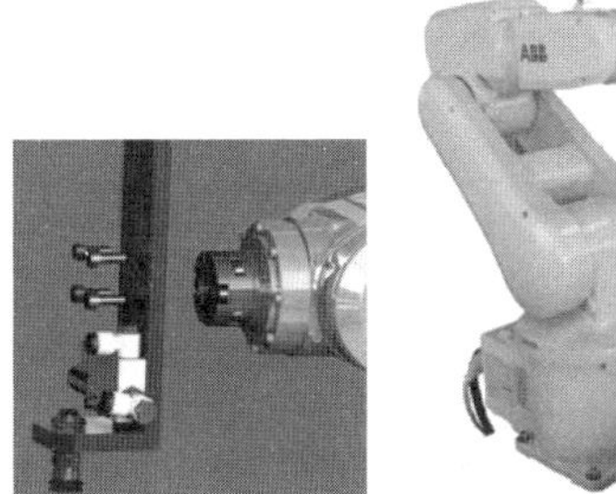

图 3-2-31 单吸盘夹具的安装

五、机器人程序设计与编写

根据机器人运动轨迹编写机器人程序时，首先根据控制要求绘制机器人程序流程图，然后编写机器人主程序和子程序。编写子程序前要先设计好机器人的运行轨迹及定义好机器人的程序点。

1. 设计机器人程序流程图

根据控制功能，设计机器人程序流程，如图 3-2-32 所示。

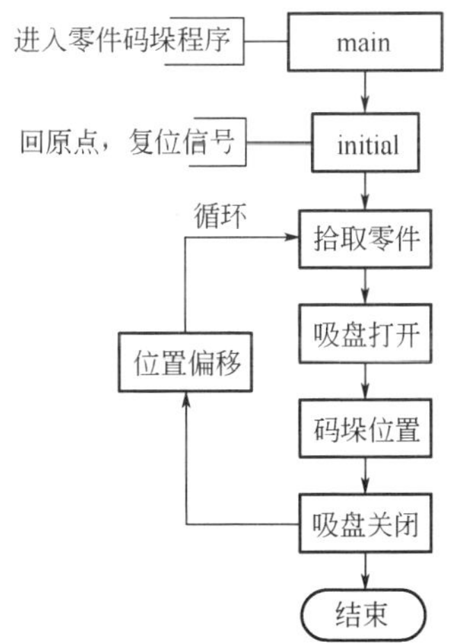

图 3-2-32 机器人程序流程

2. 机器人系统 I/O 与 PLC 地址配置

实现机器人系统和 PLC 控制器的通信，需要配置相关的信号端口，机器人系统 I/O 与 PLC 地址配置见表 3-2-4。

表 3-2-4　机器人系统 I/O 与 PLC 地址配置

序号	机器人 I/O	PLC I/O	功能描述	备注
1	di01	Q2.0	机器人伺服上电	配置系统 motor_on
2	di02	Q2.1	启动 Main 程序	配置系统 Start st main
3	di03	Q2.2	机器人停止	配置系统 Stop
4	di06	Q2.5	工件检测	触摸屏指示灯
5	do6	I2.5	机器人工艺完成信号	触摸屏指示灯
6	do7	I2.6	机器人正在运行中信号	触摸屏指示灯
7	do2	M100.0	吸盘开关	触摸屏指示灯
8	do9	M100.1	正方形码垛	触摸屏指示灯
9	do10	M100.2	长方形码垛	触摸屏指示灯

3. 确定机器人运动所需示教点

零件码垛单元使用单吸盘拾取和码垛零件，需要建立吸盘 TCP，可以命名为 danxipan_t；搬运过程要求吸盘能沿着零件托盘表面的 *X*、*Y*、*Z* 方向偏移，所以需要建立坐标系 ljmd_wobj1，机器人关键示教点如图 3-2-33 所示。根据机器人关键示教点和坐标系，可确定其运动所需的示教点和坐标系，关键示教点见表 3-2-5。

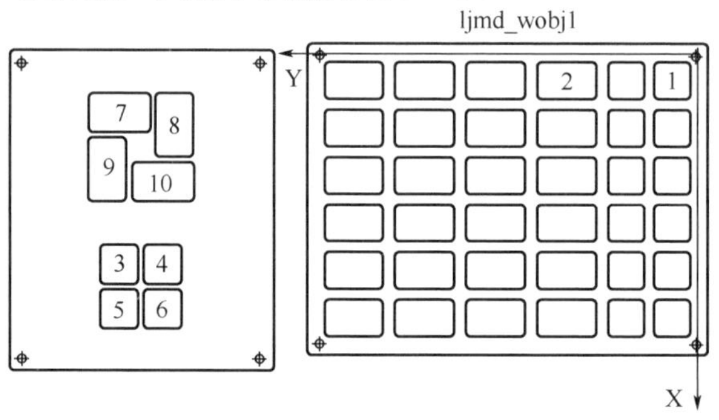

图 3-2-33　机器人关键示教点

表 3-2-5　关键示教点

序号	点序号	注释	备注
1	ljmd_home	机器人初始位置	需示教
2	ljmd_p1	正方形零件 1 中心	需示教
3	ljmd_p2	长方形零件 1 中心	需示教
4	ljmd_p3	正方形码垛位置 1	需示教
5	ljmd_p4	正方形码垛位置 2	需示教
6	ljmd_p5	正方形码垛位置 3	需示教
7	ljmd_p6	正方形码垛位置 4	需示教

续表

序号	点序号	注释	备注
8	ljmd_p7	长方形码垛位置 1	需示教
9	ljmd_p8	长方形码垛位置 2	需示教
10	ljmd_p9	长方形码垛位置 3	需示教
11	ljmd_p10	长方形码垛位置 4	需示教
12	ljmd_wobj1	储料板坐标系	需建立

4. 机器人程序设计

建立好单吸盘工具和储料板坐标系后，可以进行机器人程序的编写。因为正方形零件需要码垛 3 层，长方形零件需要码垛 6 层，为防止码垛过程出现碰撞，需要先码垛正方形零件，然后再码垛长方形零件。

（1）一个零件的搬运控制程序

搬运控制一个零件的方法及步骤如下所述。

① 使用示教器的操纵杆将吸盘定位到第一个零件上表面，要求吸盘下端面与零件上表面贴合。

② 打开吸盘电磁阀，吸盘吸住图块，然后吸盘上升 20mm。

③ 将吸盘移动到 ljmd_p3 位置上方。

④ 吸盘下降 20mm，关闭吸盘电磁阀，完成一个零件的搬运。

参考程序如下。

```
PROC test1( )
    MoveJ ljmd_home,v150,z5,danxipan_t;          !回原点
    MoveL ljmd_p1,v150,z5,danxipan_t;            !第一个零件位置
    Set do2;                                     !打开吸盘
    xmby_p1_1 := Offs(xmby_p1,0,0,20);           !吸盘往上偏移 20mm
    MoveL ljmd_p1_1,v20,fine,danxipan_t;
    MoveL ljmd_p3,v20,fine,danxipan_t;
    xmby_p3_1 := Offs(xmby_p2,0,0,-22);          !吸盘往下偏移 20mm
    Reset do2;                                   !关闭吸盘
    MoveL ljmd_p3,v20,fine,danxipan_t;
ENDPROC
```

（2）正方形零件的搬运码垛程序

使用 For 循环语句实现 12 个正方形零件的定位和拾取，使用 IF 条件判断语句实现当前零件码垛位置的判断，利用整数求模语句 Mod 和整数除法语句 Div 计算当前的零件编号，当零件编号为 4 时，码垛完成一层，需要将零件码垛的高度增加一层零件的厚度，零件的厚度为 12mm。最终可以完成所有正方形零件的搬运码垛。

参考程序如下。

```
PROC zhfx( )
    MoveJ ljmd_home,v150,z5,danxipan_t;          !回原点
    MoveL ljmd_p1,v150,z5,danxipan_t;            !第 1 个零件位置
    ljmd_p1_1 := ljmd_p1;
```

```
            FOR reg1 FROM 1 TO 12 DO
            ljmd_p1_1 := Offs(ljmd_p1,((V_reg1-1)   Mod   6) * 40,((V_reg1-1) Div 6) * 40,30);
            MoveL ljmd_p1_1,v20,fine,danxipan_t\WObj:= ljmd_wobj1;
            et do2;
            ljmd_p1_1 := Offs(ljmd_p1_1,0,0,30);                          !吸盘往上偏移 30mm
            MoveL ljmd_p1_1,v20,fine,danxipan_t\WObj:= ljmd_wobj1;
            IF (V_reg1 Mod 4)=1 THEN                                      !正方形位置 1
                MoveL ljmd_p3,v20,fine,danxipan_t;
                ljmd_p3_1 := Offs(ljmd_p3,0,0,-20+(V_reg1 Div 4) * 12);
                !吸盘往下偏移 20mm，换行后高度增加零件的厚度
                MoveL ljmd_p3_1,v20,fine,danxipan_t;
                Reset do2;                                                !关闭吸盘
                MoveL ljmd_p3,v20,fine,danxipan_t;
            ENDIF
            IF (V_reg1 Mod 4)=2 THEN                                      !正方形位置 2
                MoveL ljmd_p4,v20,fine,danxipan_t;
                ljmd_p4_1 := Offs(ljmd_p4,0,0,-20+(V_reg1 Div 4) * 12);
                !吸盘往下偏移 20mm
                MoveL ljmd_p4_1,v20,fine,danxipan_t;
                Reset do2;                                                !关闭吸盘
                MoveL ljmd_p4,v20,fine,danxipan_t;
            ENDIF
            IF (V_reg1 Mod 4)=3 THEN                                      !正方形位置 3
                MoveL ljmd_p5,v20,fine,danxipan_t;
                ljmd_p5_1 := Offs(ljmd_p4,0,0,-20+(V_reg1 Div 4) * 12);
                !吸盘往下偏移 20mm
                MoveL ljmd_p5_1,v20,fine,danxipan_t;
                Reset do2;                                                !关闭吸盘
                MoveL ljmd_p5,v20,fine,danxipan_t;
            ENDIF
            IF (V_reg1 Mod 4)=0 THEN                                      !正方形位置 4
                MoveL ljmd_p6,v20,fine,danxipan_t;
                ljmd_p6_1 := Offs(ljmd_p6,0,0,-20+(V_reg1 Div 4) * 12);
                !吸盘往下偏移 20mm
                MoveL ljmd_p6_1,v20,fine,danxipan_t;
                Reset do2;                                                !关闭吸盘
                MoveL ljmd_p6,v20,fine,danxipan_t;
            ENDIF
        ENDFOR
    ENDPROC
```

（3）长方形零件的搬运码垛程序

同理，使用 For 循环语句、IF 条件判断语句、整数求模语句 Mod 及整数除法语句 Div 完成所有长方形零件的搬运码垛。

参考程序如下。

```
    PROC chfx( )
        MoveJ ljmd_home,v150,z5,danxipan_t;              !回原点
        MoveL ljmd_p2,v150,z5,danxipan_t;                !第 2 个零件位置
        ljmd_p2_1 := ljmd_p2;
```

```
        FOR reg1 FROM 1 TO 24 DO
            ljmd_p2_1 := Offs(ljmd_p2,((V_reg1-1) Mod 6) * 40,((V_reg1-1) Div 6) * 40,30);
            MoveL ljmd_p2_1,v20,fine,danxipan_t\WObj:= ljmd_wobj1;
            Set do2;
            ljmd_p2_1 := Offs(ljmd_p2_1,0,0,30);                    !吸盘往上偏移 30mm
            MoveL ljmd_p2_1,v20,fine,danxipan_t\WObj:= ljmd_wobj1;
            IF (V_reg1 Mod 4)=1 THEN                                !长方形位置 1
                MoveL ljmd_p7,v20,fine,danxipan_t;
                ljmd_p7_1 := Offs(ljmd_p7,0,0,-20+(V_reg1 Div 4) * 12);
                !吸盘往下偏移 20mm，换行后高度增加零件的厚度
                MoveL ljmd_p7_1,v20,fine,danxipan_t;
                Reset do2;                                          !关闭吸盘
                MoveL ljmd_p7,v20,fine,danxipan_t;
            ENDIF
            IF (V_reg1 Mod 4)=2 THEN                                !长方形位置 2
                MoveL ljmd_p8,v20,fine,danxipan_t;
                ljmd_p8_1 := Offs(ljmd_p8,0,0,-20+(V_reg1 Div 4) * 12);
                !吸盘往下偏移 20mm
                MoveL ljmd_p8_1,v20,fine,danxipan_t;
                Reset do2;                                          !关闭吸盘
                MoveL ljmd_p8,v20,fine,danxipan_t;
            ENDIF
            IF (V_reg1 Mod 4)=3 THEN                                !长方形位置 3
                MoveL ljmd_p9,v20,fine,danxipan_t;
                ljmd_p9_1 := Offs(ljmd_p9,0,0,-20+(V_reg1 Div 4) * 12);
                !吸盘往下偏移 20mm
                MoveL ljmd_p9_1,v20,fine,danxipan_t;
                Reset do2;                                          !关闭吸盘
                MoveL ljmd_p9,v20,fine,danxipan_t;
            ENDIF
            IF (V_reg1 Mod 4)=0 THEN                                !长方形位置 4
                MoveL ljmd_p10,v20,fine,danxipan_t;
                ljmd_p10_1 := Offs(ljmd_p10,0,0,-20+(V_reg1 Div 4) * 12);
                !吸盘往下偏移 20mm
                MoveL ljmd_p10_1,v20,fine,danxipan_t;
                Reset do2;                                          !关闭吸盘
                MoveL ljmd_p10,v20,fine,danxipan_t;
            ENDIF
        ENDFOR
    ENDPROC
```

调试完控制正方形零件搬运码垛和长方形零件的搬运码垛程序后，可以将两个程序组成一个 main 程序，参考程序如下。

```
    PROC main( )
        initial;                        !程序初始化
        Set do3;                        !正方形码垛信号
        zhfx;
        Reset do3;
        Set do4;
```

```
        chfx;
        Reset do4;                          !长方形码垛信号
    ENDPROC
    PROC initial( )                         !初始化子程序
        MoveJ ljmd_home,v150,z5,danxipan_t; !回原点
        Reset do2;                          !复位信号
        Reset do3;                          !复位信号
        Reset do4;                          !复位信号
    ENDPROC
```

五、PLC 程序设计

1．PLC 输入/输出口设计

根据任务要求，可设计出 PLC 的 I/O 控制原理图，如图 3-2-34 所示，PLC 与机器人控制柜接线图如图 3-2-35 所示，控制柜中元器件的作用见表 3-2-6。

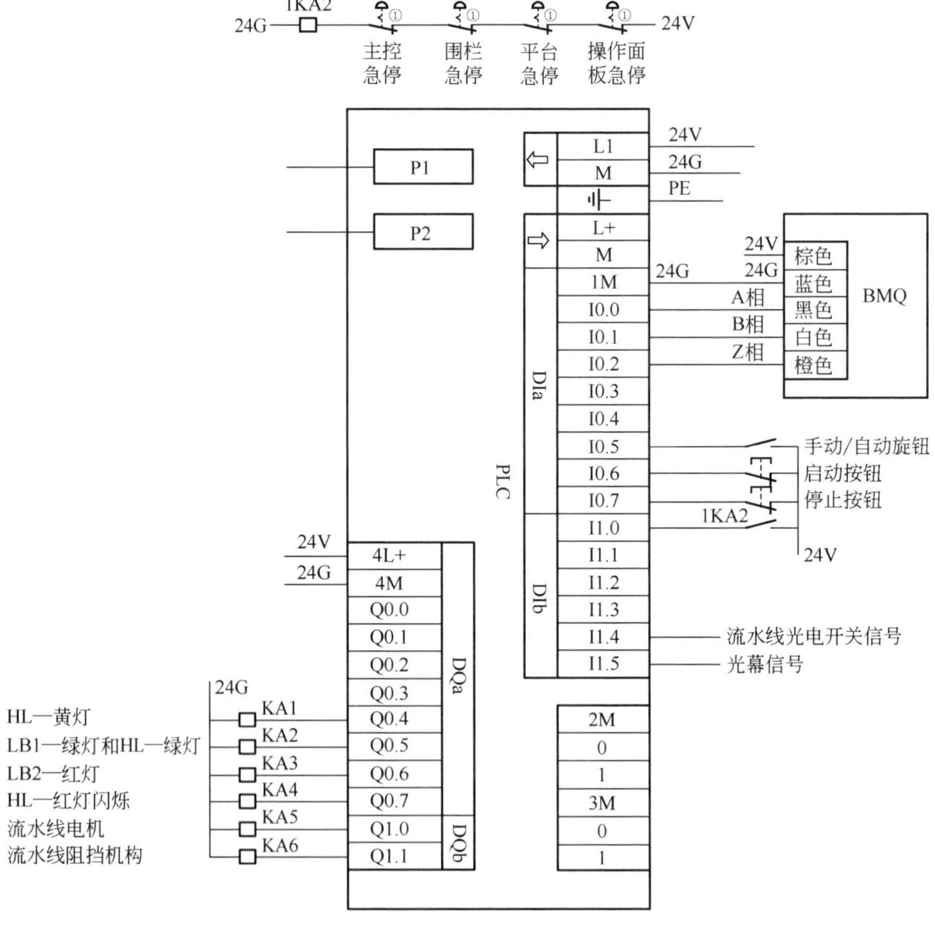

图 3-2-34　PLC 的 I/O 控制原理图

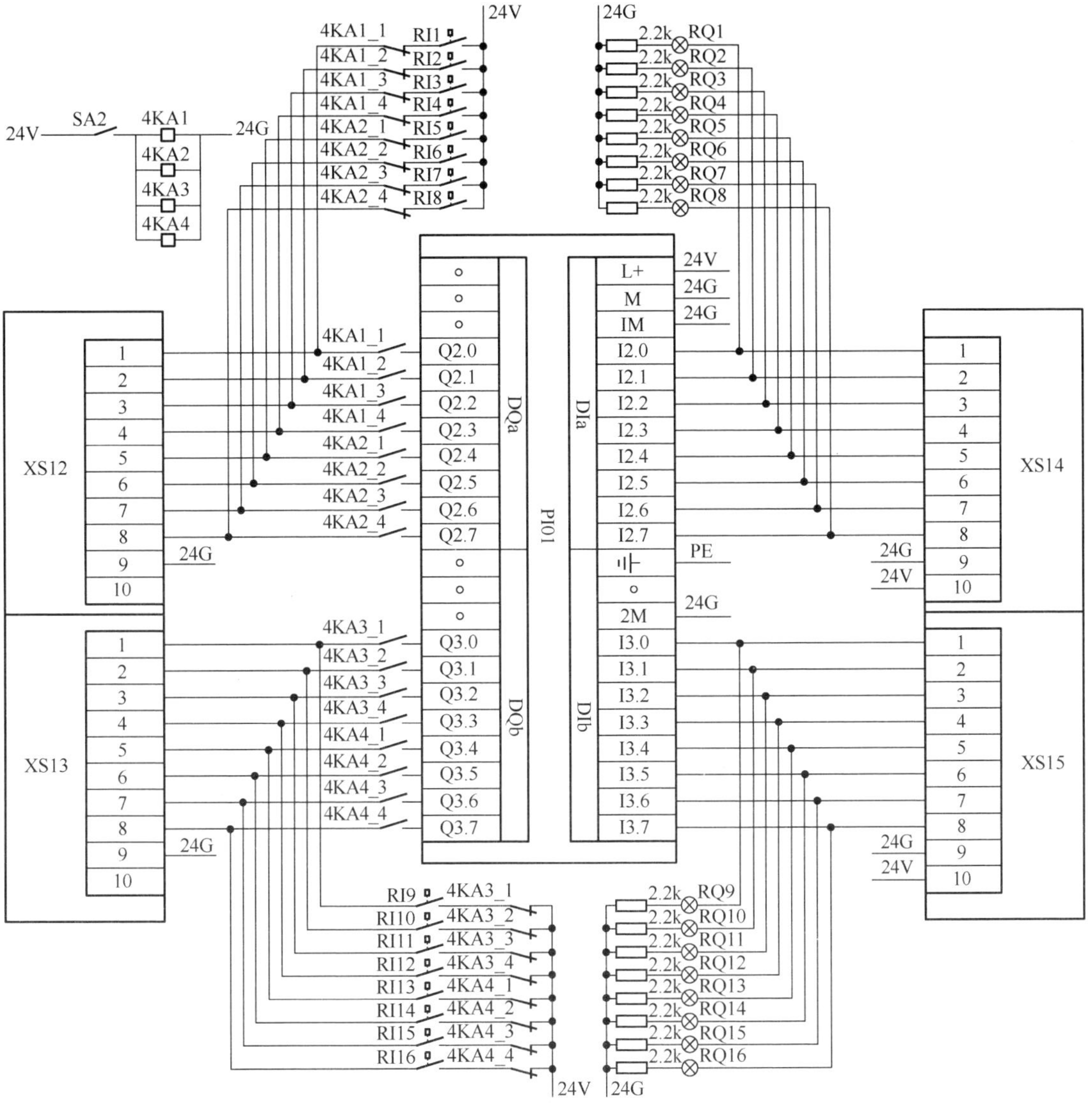

图 3-2-35　PLC 与机器人控制柜接线图

表 3-2-6　控制柜中元器件的作用

符号	名　称	作　用
PLC	S7-1200PLC	工作站控制中心
BMQ	流水线模块的编码器	用于计数脉冲，便于计算流水线速度
HL	三色灯	显示工作站状态
LB1	启动按钮	启动工作站并且显示运行状态灯
LB2	停止按钮	停止工作站并且显示运行状态灯
PI01	16DI/16D0 模块	用于与机器人 I/O 通信

续表

符号	名　称	作　用
X12、X13	机器人输入端子排	机器人接收外部信号
X14、X15	机器人输出端子排	机器人发送信号
PI1～PI16	钮子开关	手动输入信号给机器人
RQ1～RQ16	LED 灯	显示机器人输出状态

2．PLC 的地址分配表

PLC 的 I/O 地址分配见表 3-2-7，辅助继电器 M 配置见表 3-2-8。

表 3-2-7　PLC 的 I/O 地址分配

PLC 输入信号			PLC 输出信号		
地址	变量名	功能说明	地址	变量名	功能说明
I0.6	start	系统启动信号	Q0.5	start_sta	控制启动按钮的绿灯和三色灯的绿灯
I0.7	stop	系统停止信号	Q0.6	stop_sta	控制停止按钮的红灯
I1.0	all_emg	总急停型号	Q2.1	RB_start	控制机器人启动程序
I2.1	RB_DO2	机器人电磁阀气路 1	Q2.2	RB_stop	控制机器人停止运动
I3.0	RB_DO9	机器人图块定位			
I3.1	RB_DO10	机器人目标位置			

表 3-2-8　辅助继电器 M 配置

序号	地址	变量名	功能说明
1	M100.0	tcp_吸盘开关	触摸屏吸盘打开/吸盘关闭指示灯
2	M100.1	tcp_正方形	触摸屏正方形指示灯
3	M100.2	tcp_长方形	触摸屏长方形指示灯

2．程序设计

（1）零件码垛模块 PLC 启动和停止程序

零件码垛模块 PLC 启动和停止程序如图 3-2-36 所示。在自动模式下，PLC 接收到触摸屏上的“启动”信号或者操作面板上的“start”信号后，工作站启动，“start_sta”信号置 1，该信号传送给机器人控制器，机器人开始运行“流水线”程序。触摸屏上的“停止”按钮或者操作面板上“停止”信号触发后，机器人停止运行。当急停按钮被按下后，机器人也会马上停止运行。

（2）零件码垛模块的信号监控程序

零件码垛模块的信号监控程序如图 3-2-37 所示。机器人运行“流水线”程序时，PLC 可

以通过读取机器人的信号并保存在 M 中间寄存器，触摸屏读取后通过指示灯显示，从而对机器人的运行过程进行动态监控。

%1.0 "all_emg"
%I0.6 "Start"
%M1000.0 "tpc_启动"
%Q0.5 "start_sta" (S)
%Q0.6 "stop_sta" (R)
%Q2.1 "RB_start" ( )
%10.7 "stop"
%M1000.1 "tpc_停止"
%1.0 "all_emg"
%M0.6 "stop_sta" (S)
%M0.5 "start_sta" (R)
%M2.2 "RB_stop" ( )

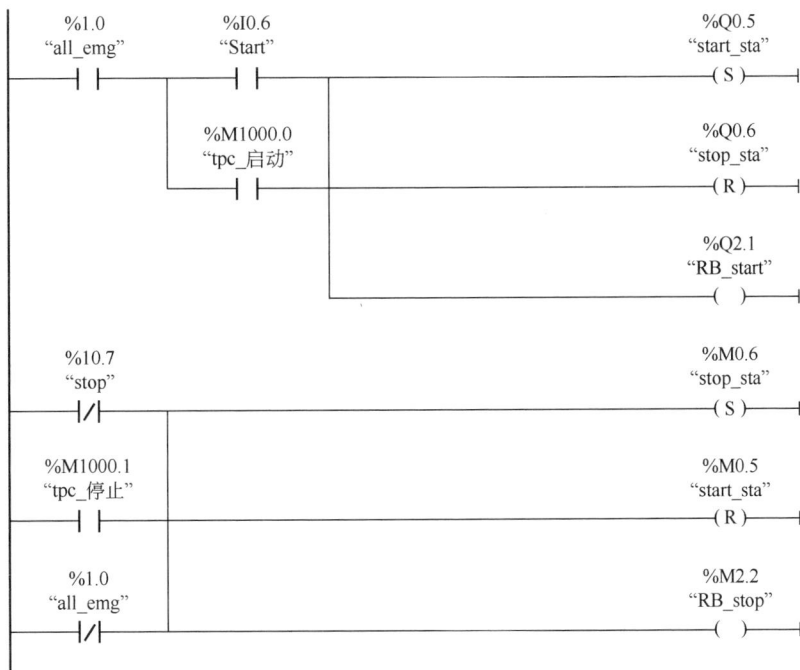

图 3-2-36 零件码垛模块 PLC 启动和停止程序

%Q0.5 "start_sta"
%I2.1 "RB_DO2"
%I3.0 "RB_DO3"
%I3.1 "RB_DO4"
%M100.0 "tpc_吸盘开关" ( )
%M100.1 "tpc_正方形" ( )
%M100.2 "tpc_长方形" ( )

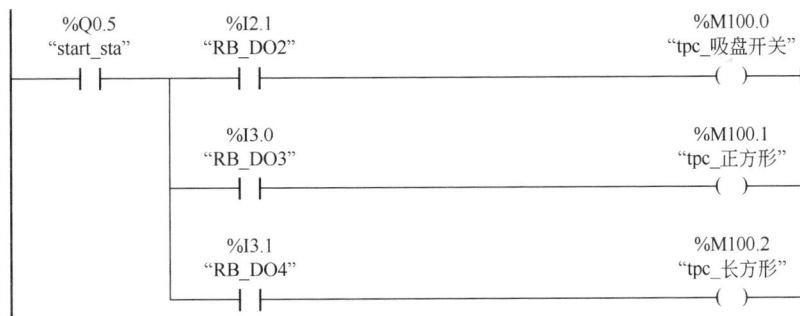

图 3-2-37 零件码垛模块的信号监控程序

六、触摸屏程序编写

1. 触摸屏界面设计

根据控制要求设计触摸屏界面，如图 3-2-38 所示。

2. 触摸屏变量连接

按照表 3-2-9 所示的触摸屏界面指示灯和按钮配置，连接变量完成触摸屏设计。

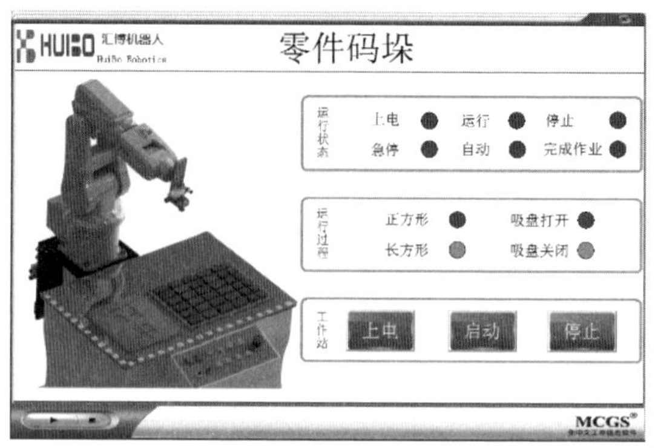

图 3-2-38　触摸屏界面

表 3-2-9　触摸屏界面指示灯和按钮配置

指示灯配置			按钮配置		
灯名	表达式	灯颜色说明	按钮名	数据对象	操作方式
上电	RB_DO16	0：红色 1：绿色	上电	RB_power	按 1 松 0
运行	start_sta	0：红色 1：绿色	启动	tcp_start	按 1 松 0
停止	stop_sta	0：红色 1：绿色	停止	tcp_stop	按 1 松 0
急停	all_emg	0：绿色 1：红色			
自动	M_A	0：红色 1：绿色			
完成作业	RB_finish	0：红色 1：绿色			
吸盘打开	tcp_吸盘开关	0：红色 1：绿色			
吸盘关闭	tcp_吸盘开关	0：红色 1：绿色			
正方形	tpc_正方形	0：红色 1：绿色			
长方形	tpc_长方形	0：红色 1：绿色			

3．系统调试

（1）在操作面板上将“手动/自动”模式切换到“自动”模式，“自动”指示灯变为绿色。将机器人的“手动/自动”钥匙拨到自动状态，并在示教器上确认，准备工作完成。

（2）在零件码垛界面上，单击“上电”按钮，在运行状态中可看到“上电”指示灯变绿，机器人进入准备状态。夹具安装好后，单击工作站中的“启动”按钮，机器人启动，“运行”指示灯变为绿色，工作站执行零件码垛工艺。当机器人系统运行完一遍程序后，“完成作业”指示灯变绿，机器人自动停止。机器人运行过程中单击“停止”按钮，机器人停止运行。

【提示】每次按下启动键，机器人都是从原始状态开始运行程序，需要将工件摆放成初始状态。

任务测评

对任务实施的完成情况进行检查，并将结果填入表 3-2-10。

表 3-2-10　任务测评表

序号	主要内容	考核要求	评分标准	配分	扣分	得分
1	机械安装	夹具与模块固定牢紧，不缺少螺丝	1. 夹具与模块安装位置不合适，扣 5 分 2. 夹具或模块松动，扣 5 分 3. 损坏夹具或模块，扣 10 分	10		
2	机器人程序设计与示教操作	I/O 配置完整，程序设计正确，机器人示教正确	1. 操作机器人动作不规范，扣 5 分 2. 机器人不能完成零件码垛，每个图形轨迹扣 10 分 3. 缺少 I/O 配置，每个扣 1 分 4. 程序缺少输出信号设计，每个扣 1 分 5. 工具坐标系定义错误或缺失，每个扣 5 分	50		
3	触摸屏设计	界面设计完整，连接变量配置完整，按钮与灯配置正确	1. 触摸屏功能缺失，视情况严重性扣 3～10 分 2. 系统配置错误，扣 5 分 3. 按钮或灯配置错误，每个扣 1 分	15		
4	PLC 程序设计	PLC 程序组态正确；I/O 配置完整；PLC 程序完整	1. PLC 组态出错，扣 3 分 2. PLC 配置不完整，每个扣 1 分 3. PLC 程序缺失，视情况严重性扣 3～10 分	15		
5	安全文明生产	劳动保护用品穿戴整齐；遵守操作规程；讲文明懂礼貌；操作结束要清理现场	1. 操作中，违反安全文明生产考核要求的任何一项扣 5 分，扣完为止 2. 当发现学生有重大事故隐患时，要立即予以制止，并每次扣安全文明生产总分 10 分 3. 穿戴不整洁，扣 2 分；设备不还原，扣 5 分；现场不清理，扣 5 分	10		
合　计						
开始时间：			结束时间：			

巩固与提高

一、填空题

1. 从结构形式上看，码垛机器人可分为________、________和关节式码垛机器人。

2. 码垛机器人常见的末端执行器分________、________、________和________。

3. 码垛机器人工作站按进出物料方式可分为________、________、________和四进四出等形式。

4. 码垛机器人系统主要由________、________、________、________和吸附式手爪组成。

二、选择题

1. 在实际生产中常见的码垛机器人工作站的布局是（　　）。

①全面式码垛　②集中式码垛　③一进一出码垛　④四进四出式码垛
⑤一进两出式码垛　⑥三进三出式码垛

A. ①②　B. ①②③　C. ③④⑤⑥　D. ③④⑤

2. 对医药品码垛工作站而言，码垛辅助设备主要有（　　）。

①金属检测机　②重量复检机　③自动剔除机　④倒袋机　⑤整形机
⑥待码输送机　⑦传送带　⑧码垛系统装置　⑨安全保护装置

A. ①②③⑦⑧⑨　B. ①③⑤⑦⑧⑨
C. ②③④⑦⑧⑨　D. ①②③④⑤⑥⑦⑧⑨

三、判断题

1. 根据车间场地面积，在利于提高生产节拍的前提下，码垛机器人工作站可采用 L 形、环状、“品”字、“一”字等布局。（　　）

2. 关节式码垛机器人本体与关节式搬运机器人没有任何区别，在任何情况下都可以互换。（　　）

3. 关于码垛机器人的 TCP 点，吸附式多设在法兰中心线与吸盘所在平面交点的连线上并延伸一段距离，这段距离等同于物料高度，而夹板式同抓取式多设在法兰中心线与手爪前端面交点处。（　　）

四、综合应用题

1. 简述码垛机器人与搬运机器人的异同点。

2. 如图 3-2-39 所示为某食品包装流水生产线，主要由产品生产供给线、小箱输送包装线和大箱输送包装线等部分构成。依图画出 A 位置码垛运动轨迹示意图（按照 2-3、3-2 码垛）。

3. 依图 3-2-39 所示，并结合 A 点位置示教过程完成表 3-2-11（请在相应选项下打“√”或选择符号。阴影部分为码垛机器人的原点，产品外观尺寸为 1 800mm×1 200mm×30mm，托盘尺寸为 3 600mm×3 000mm×20mm）。

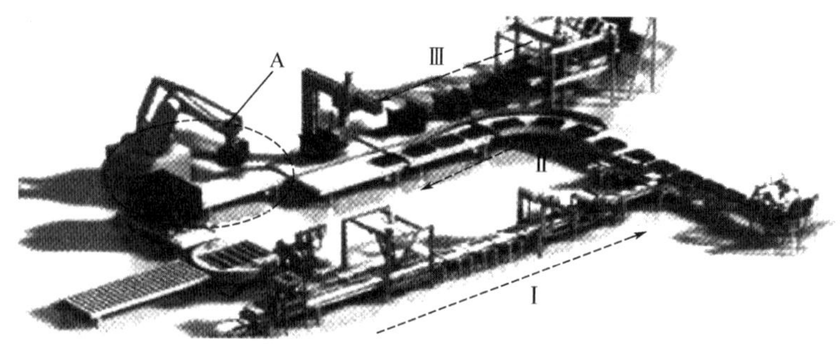

图 3-2-39　综合应用题题 2、3 图

Ⅰ—产品生产供给线；Ⅱ—小箱输送包装线；Ⅲ—大箱输送包装线

任务3　装配机器人及其操作应用

学习目标

✧ 知识目标

1. 了解装配机器人的分类及特点。
2. 掌握装配机器人的系统组成及功能。
3. 熟悉装配机器人作业示教的基本流程。
4. 熟悉装配机器人周边设备与布局。

✧ 能力目标

1. 能够识别装配机器人工作站基本构成。
2. 能够进行装配机器人的简单作业示教。

工作任务

随着社会高新技术的不断发展，生产制造行业的瓶颈日益凸显，为解放生产力、提高生产率、解决“用工荒”问题，各大生产制造企业为更好地谋求发展而绞尽脑汁。装配机器人的出现，可大幅度提高生产效率，保证装配精度，减轻劳作者生产强度，目前装配机器人在工业机器人应用领域中占有量相对较少，其主要原因是装配机器人本体要比搬运、涂装、焊接机器人本体复杂，且机器人装配技术目前仍有一些有待解决的问题，如缺乏感知和自适应控制能力，难以完成变动环境中的复杂装配等。尽管装配机器人存在一定局限，但是对装配作业具有的重要意义不可磨灭，装配领域成为机器人的难点，也成为未来机器人技术发展的焦点之一。

本任务的内容是通过学习，掌握装配机器人的分类、特点、系统基本组成和典型周边设备，并能掌握装配机器人作业示教的基本要领和注意事项。

相关知识

一、装配机器人的分类及特点

1. 装配机器人的特点

装配机器人是工业生产中装配生产线上用于对零件或部件进行装配的一类工业机器人。作为柔性自动化装配的核心设备，装配机器人具有精度高、工作稳定、柔顺性好、动作迅速等优点。装配机器人的主要优点如下所述。

（1）操作速度快，加速性能好，缩短工作循环时间。

（2）精度高，具有极高的重复定位精度，保证装配精度。

（3）提高生产效率，解放繁重体力劳动。

（4）改善工人劳动条件，摆脱有毒、有辐射等恶劣装配环境。

（5）可靠性好，适应性强，稳定性高。

2. 装配机器人的分类

装配机器人在不同装配生产线上发挥着强大的装配作用，装配机器人大多由 4～6 轴组成，目前市场上常见的装配机器人，按臂部运动形式可分为直角式装配机器人和关节式装配机器人。其中关节式装配机器人又可分为水平串联关节式、垂直串联关节式和并联关节式机器人。装配机器人如图 3-3-1 所示。

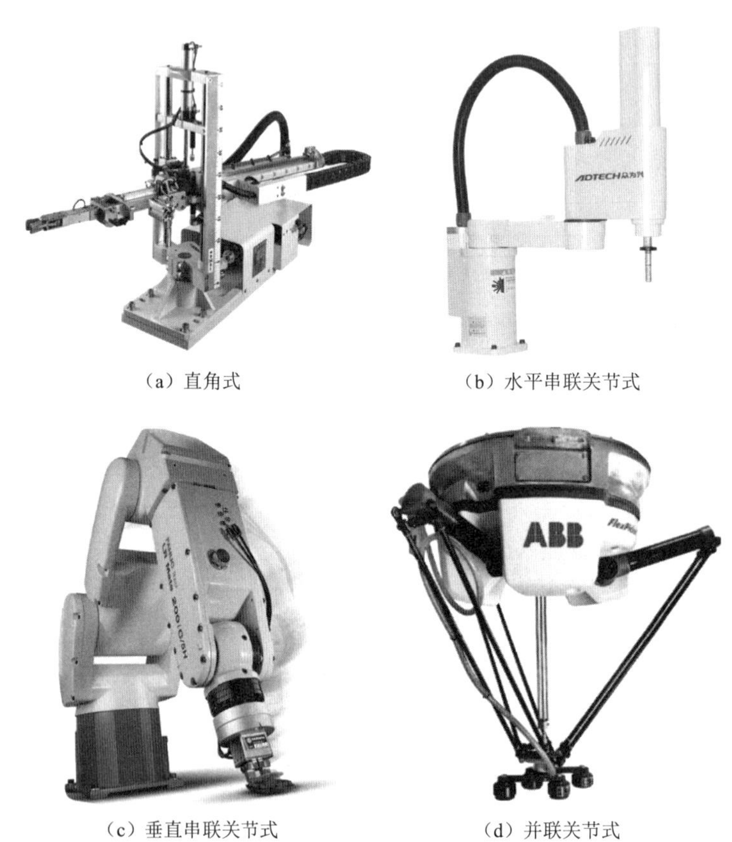

（a）直角式　（b）水平串联关节式

（c）垂直串联关节式　（d）并联关节式

图 3-3-1　装配机器人

（1）直角式装配机器人

图 3-3-2　直角式装配机器人装配缸体

直角式装配机器人又称单轴机械手，以三维直角坐标系统为基本教学模型，整体结构为模块化设计。直角式是目前工业机器人中最简单的一类，具有操作简单、编程简捷等优点，可用于零件移送、简单插入、旋拧等作业。装配机器人机构上多装备球形螺钉和伺服电动机，具有速度快、精度高等特点。装配机器人多为龙门式和悬臂式结构（可参考搬运机器人相应部分）。现已广泛应用于节能灯装配、电子产品装配和液晶屏装配等作业，直角式装配机器人装配缸体如图 3-3-2 所示。

（2）关节式装配机器人

关节式装配机器人是目前装配生产线上应用最广泛的一类机器人，具有结构紧凑、占地空间小、相对工作空间大、自由度高，适合几乎任何轨迹或角度工作，编程自由，动作灵活，易实现自动化生产等特点。

① 水平串联式装配机器人。也称为平面关节型装配机器人或 SCARA 机器人，是目前装配生产线上应用数量最多的一类装配机器人，它属于精密型装配机器人，具有速度快、精度高、柔性好等特点，驱动多为交流伺服电动机，保证其较高的重复定位精度，可广泛应用于电子、机械和轻工业等产品的装配，适合于工厂柔性化生产需求。水平串联式装配机器人如图 3-3-3 所示。

② 垂直串联式装配机器人。垂直串联式装配机器人多为 6 个自由度，可在空间任意位置确定任意位姿，面向对象多为三维空间的任意位置和姿势的作业。如图 3-3-4 所示是垂直串联式装配机器人，该机器人为 FAUNC LR Mate200iC 产品，正在进行摩托车零部件的装配作业。

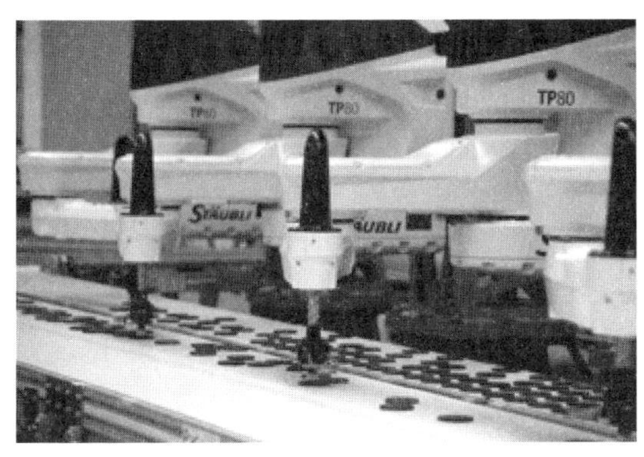

图 3-3-3 水平串联式装配机器人

图 3-3-4 垂直串联式装配机器人

③ 并联式装配机器人。也称拳头机器人、蜘蛛机器人或 Delta 机器人，是一种轻型、结构紧凑的高速装配机器人，可安装在任意倾斜角度上，独特的并联机构可实现快速、敏捷动作且减少了非积累定位误差。目前在装配领域，并联式装配机器人有两种形式可供选择，即 3 轴手腕（合计 6 轴）和 1 轴手腕（合计 4 轴），具有小巧高效、安装方便、精度灵敏等优点，广泛应用于电子产品装配等领域。如图 3-3-5 所示是并联式装配机器人，该机器人为采 FAUNC M-1iA 产品，正在进行键盘装配作业。

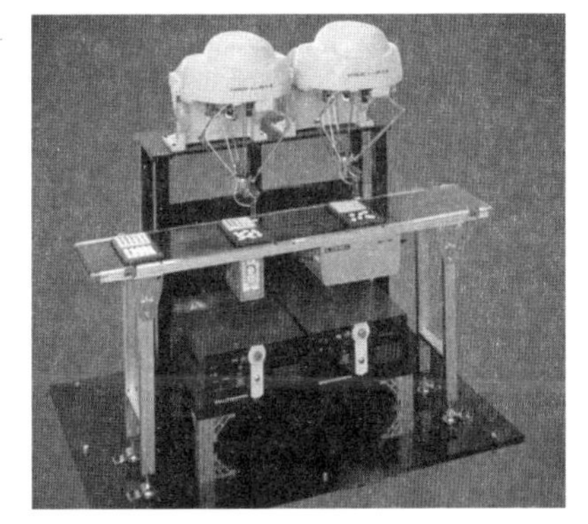

图 3-3-5 并联式装配机器人

通常装配机器人本体与搬运、焊接、涂装机器人本体精度制造上有一定的差别，原因在于机器人在完成焊接、涂装作业时，没有与作业对象接触，只须示教机器人运动轨迹即可，而装配机器人需与作业对象直接接触，并进行相应动作。搬运、码垛机器人在移动物料时运动轨迹多为开放性，而装配作业是一种约束类运动，即装配机器人精度要高于搬运、码垛、焊接和涂装机器人。尽管装配机器人在本体上较其他类型机器人有所区别，但在实际应用中无论是直角

式还是关节式都有如下特性。

- 能够实时调节生产节拍和末端执行器动作状态。
- 可更换不同末端执行器以适应装配任务的变化，方便、快捷。
- 能够与零件供给器、输送装置等辅助设备集成，实现柔性化生产。
- 多带传感器，如视觉传感器、触觉传感器、力传感器等，以保证装配任务的精确性。

二、装配机器人的系统组成

装配机器人的装配系统主要由操作机、控制系统、装配系统（手爪、气体发生装置、真空发生装置或电动装置）、传感系统和安全保护装置等组成，如图 3-3-6 所示。操作者可通过示教器和操作面板进行装配机器人运动位置和动作程序的示教，设定运动速度、装配动作及参数等。

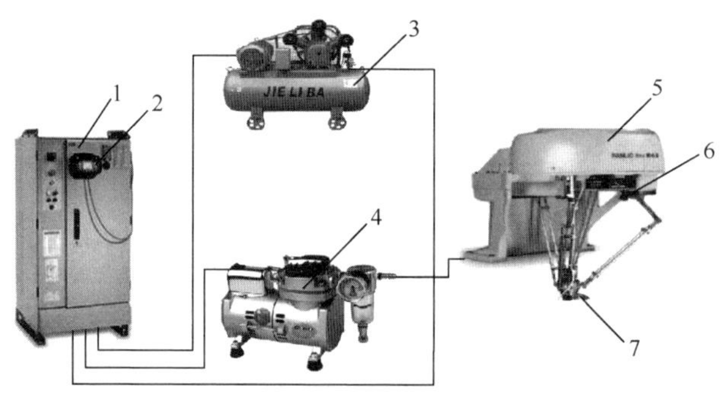

图 3-3-6　装配机器人的装配系统

1—机器人控制柜；2—示教器；3—气体发生装置；4—真空发生装置；5—机器人本体；6—视觉传感器；7—气动手爪

目前市场上的装配生产线多以关节式装配机器人中的 SCARA 机器人和并联机器人为主，在小型、精密、垂直装配上，SCARA 机器人具有很大优势。随着社会需求和技术的进步，装配机器人行业也得到迅速发展，多品种、少批量生产方式和为提高产品质量及生产效率的生产工艺需求，成为推动装配机器人发展的直接动力，各个机器人生产厂家也不断推出新机型以适合装配生产线的自动化和柔性化，如图 3-3-7 所示为 KUKA、FANUC、ABB、YASKAWA 四大家族主流装配机器人本体。

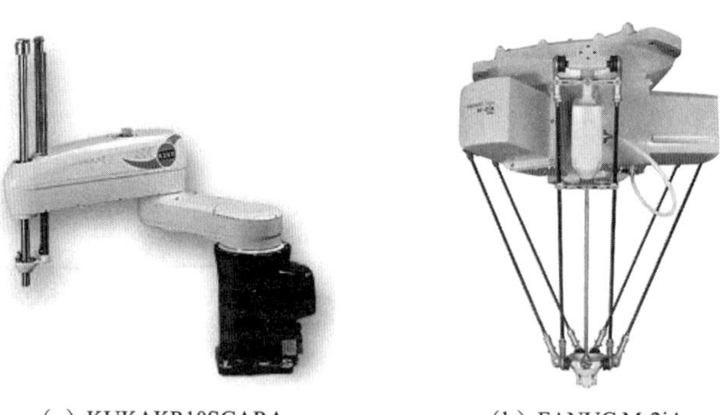

（a）KUKAKR10SCARA　　（b）FANUC M-2iA

图 3-3-7　四大家族主流装配机器人本体

（c）ABB IRB 360

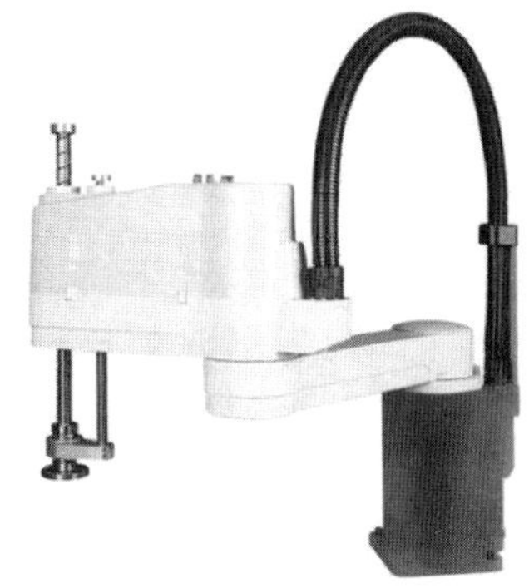

（d）YASKAWA MYS850L

图 3-3-7 四大家族主流装配机器人本体（续）

1. 装配机器人的末端执行器

装配机器人的末端执行器是夹持工件移动的一种夹具，类似于搬运、码垛机器人的末端执行器，常见的装配执行器有吸附式、夹钳式、专用式和组合式。

（1）吸附式

吸附式末端执行器在装配中仅占一小部分，广泛应用于电视、录音机、鼠标等轻小工件的装配场合。此部分原理、特点可参考搬运机器人的有关部分内容，不再赘述。

（2）夹钳式

夹钳式手爪是装配过程中最常用的一类手爪，多采用气动或伺服电动机驱动，闭环控制配备传感器可实现准确控制手爪启动、停止及其转速，并对外部信号做出准确反应。夹钳式手爪具有重量轻、出力大、速度高、惯性小、灵敏度高、转动平滑、力矩稳定等特点，其结构类似于搬运作业夹钳式手爪，但又比搬运作业夹钳式手爪精度高、柔顺性高，如图 3-3-8 所示。

（3）专用式

专用式手爪是在装配作业中针对某一类装配场合单独设计的末端执行器，且部分带有磁力，常见的主要是螺钉、螺栓的装配，同样也多采用气动或伺服电动机驱动，如图 3-3-9 所示。

图 3-3-8 夹钳式手爪

图 3-3-9 专用式手爪

(4) 组合式

图 3-3-10　组合式手爪

组合式手爪在装配作业中是通过组合获得各单组手爪优势的一类手爪，灵活性较大，多用于机器人需要相互配合装配的场合，可节约时间、提高效率，如图 3-3-10 所示。

2. 传感系统

带有传感系统的装配机器人可更好地完成销、轴、螺钉、螺栓等柔性化装配作业，在其作业中常用到的传感系统有视觉传感系统、触觉传感系统。

(1) 视觉传感系统

配备视觉传感系统的装配机器人可依据需要选择合适的装配零件，并进行粗定位和位置补偿，完成零件平面测量、现状识别等检测，视觉传感系统原理如图 3-3-11 所示。

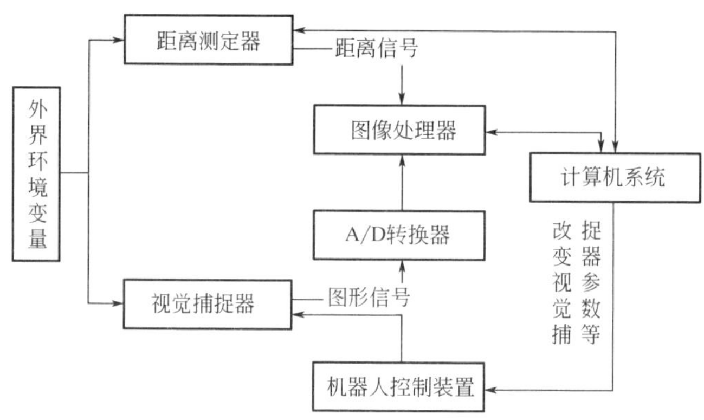

图 3-3-11　视觉传感系统原理

(2) 触觉传感系统

装配机器人的触觉传感系统主要是实时检测机器人与被装配物件之间的配合，机器人触觉可分为接触觉、接近觉、压觉、滑觉和力觉等 5 种传感器。在装配机器人进行简单工作过程中常用到的有接触觉、接近觉和力觉等传感器。

① 接触觉传感器。接触觉传感器一般固定在末端执行器的顶端，只有末端执行器与被装配物件相互接触时才起作用。接触觉传感器由微动开关组成，如图 3-3-12 所示。其用途不同配置也不同，可用于探测物体位置、路径和安全保护，属于分散装置，即需要将传感器单独安装到末端执行器敏感部位。

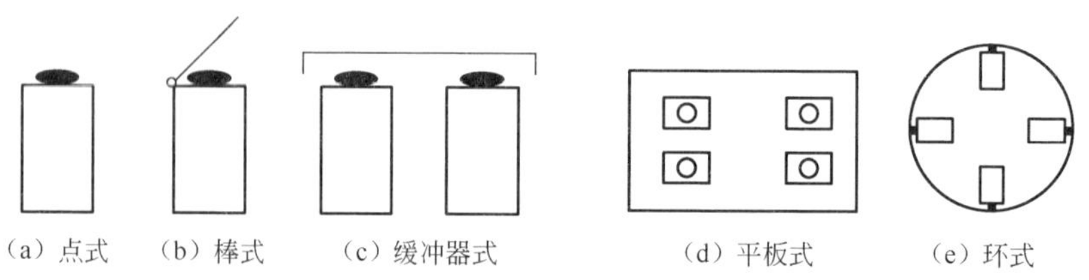

图 3-3-12　接触觉传感器

② 接近觉传感器。接近觉传感器同样固定在末端执行器的顶端，其在末端执行器与被装配物件接触前起作用，能测出执行器与被装配物件之间的距离、相对角度甚至表面性质等，属于非接触式传感。接近觉传感器如图 3-3-13 所示。

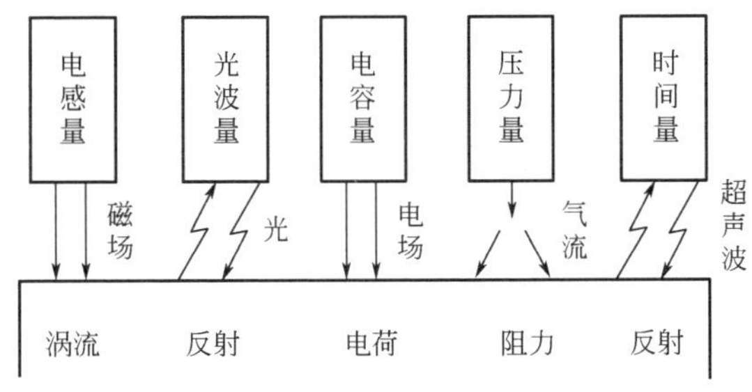

图 3-3-13　接近觉传感器

③ 力觉传感器。力觉传感器普遍用于各类机器人，在装配机器人中力觉传感器不仅用于末端执行器与环境作用过程中的力测量，而且用于装配机器人自身运动控制和末端执行器夹持物体的夹持力测量等场合。常见装配机器人力觉传感器分为如下几类。

- 关节力传感器。即安装在机器人关节驱动器的力觉传感器，主要测量驱动器本身的输出力和力矩。
- 腕力传感器，即安装在末端执行器和机器人最后一个关节间的力觉传感器，主要测量作用在末端执行器各个方向上的力和力矩。
- 指力传感器，即安装在手爪指关节上的传感器，主要测量夹持物件的受力状况。

关节力传感器测量关节受力，信息量单一，结构也相对简单；指力传感器的测量范围相对较窄，也受到手爪尺寸和重量的限制；而腕力传感器是一种相对较复杂的传感器，能获得手爪 3 个方向的受力，信息量较多，安装部位特别，故容易产业化。如图 3-3-14 所示为常见的几种腕力传感器。

综上所述，装配机器人主要包括机器人、装配系统及传感系统。机器人由装配机器人本体及控制装配过程的控制柜组成。装配系统中末端执行器主要有吸附式、夹钳式、专用式和组合式。传感系统主要有视觉传感系统、触觉传感系统。

三、装配机器人的作业示教

装配是生产制造业的重要环节，而随着生产制造的作业结构复杂程度的提高，传统装配已满足不了日益增长的产量要求。装配机器人代替传统人工装配已成为新装配生产线上的主力军，可胜任大批量、重复性强的工作。目前，工业机器人四大家族都已经抓住机遇成功研制出相应的装配机器人产品，如 ABB 的 IRB360 和 IRB140 系列，KUKA 的 KR5 SCARA R350、KR10 SCARA R600 KR16-2 系列，FANUC 的 M、LR、R 系列和 YASKAWA 的 MH、SIA、SDA、MPP3 系列。装配机器人与其他工业机器人作业示教一样，需要确定运动轨迹，即确定各程序点处工具中心点（TCP）的位姿。对于装配机器人，末端执行器结构不同，TCP 设置也不同，吸附式、夹钳式可参考搬运机器人 TCP 设定。专用式末端执行器（拧螺栓）TCP 一般设在法兰中心线与手爪前端平面交点处，如图 3-3-15（a）所示，生产再现如图 3-3-15（b）所示。组合式 TCP 设定点需依据起主要作用的单组手爪确定。

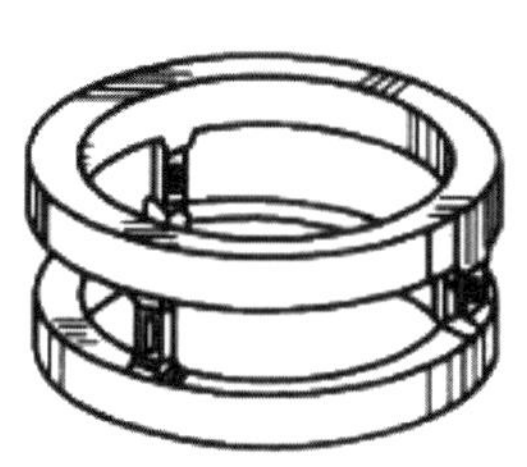

（a）Draper Waston腕力传感器

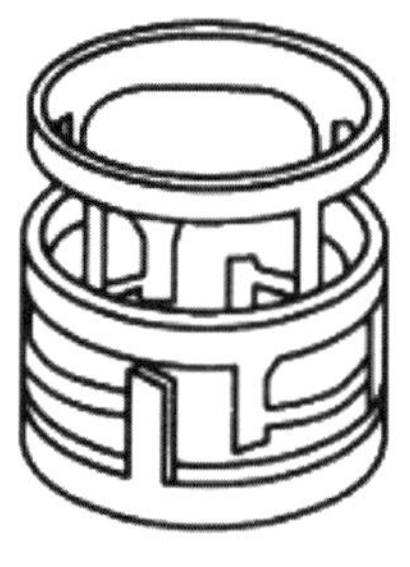

（b）SRI六维腕力传感器

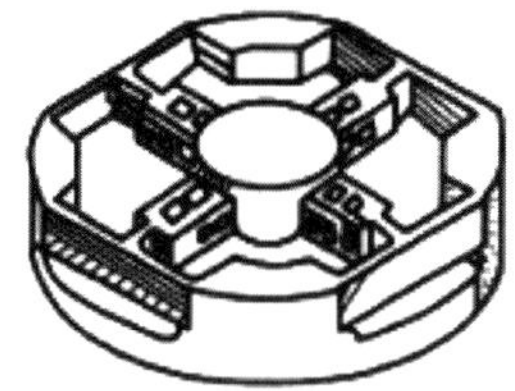

（c）林顿-腕力传感器

（d）非径向中心对称三梁腕力传感器

图 3-3-14　腕力传感器

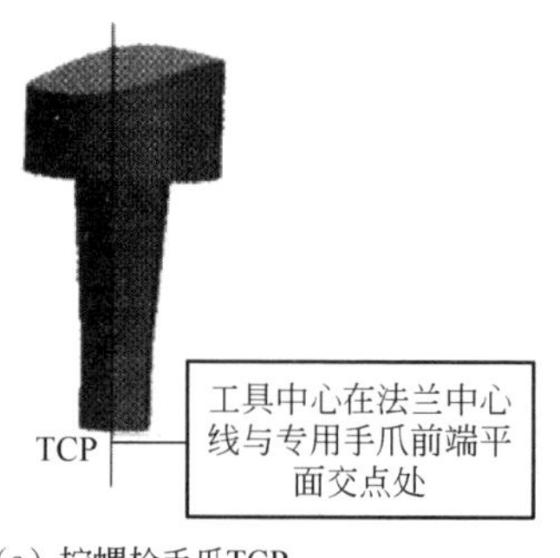
TCP
工具中心在法兰中心线与专用手爪前端平面交点处

（a）拧螺栓手爪TCP

（b）生产再现

图 3-3-15　专用式末端执行器 TCP 点及生产再现

1．螺栓紧固作业

装配机器人在装配生产线中可为直角式、关节式，具体的选择需要依据生产需求及企业实际情况确定，末端执行器也需依据产品等相关参数进行灵活选择。现以如图 3-3-16 所示的螺栓紧固机器人运动轨迹为例，选择直角式（或 SCARA 机器人）装配机器人，末端执行器为专用式螺栓手爪。采用在线示教方式为机器人输入装配作业程序，以 A 螺纹孔紧固为例，阐述装配作业编程，B、C、D 螺纹孔紧固可按照 A 螺纹孔操作进行。此程序由编号 1～9 的 9 个程序点组成，程序点说明见表 3-3-1。具体作业编程可参照如图 3-3-17 所示螺栓紧固机器人作业示教流程开展。

（1）示教前的准备

示教前，应做好如下准备工作。

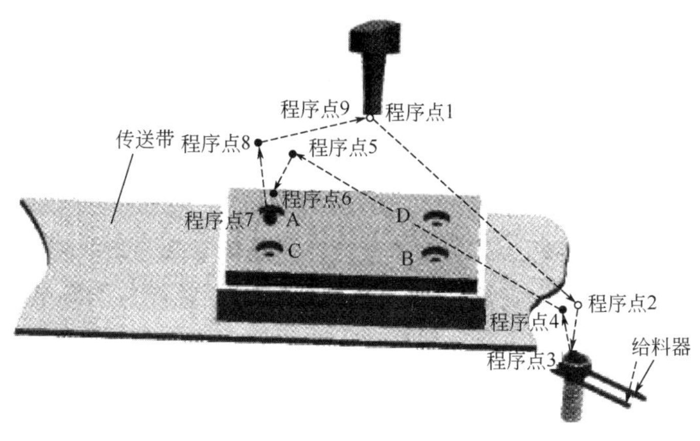

图 3-3-16　螺栓紧固机器人运动轨迹

表 3-3-1　程序点说明

程序点	说明	手爪动作	程序点	说明	手爪动作
程序点 1	机器人原点	—	程序点 6	装配临近点	抓取
程序点 2	取料临近点	—	程序点 7	装配作业点	放置
程序点 3	取料作业点	抓取	程序点 8	装配规避点	—
程序点 4	取料规避点	抓取	程序点 9	机器人原点	—
程序点 5	移动中间点	抓取			

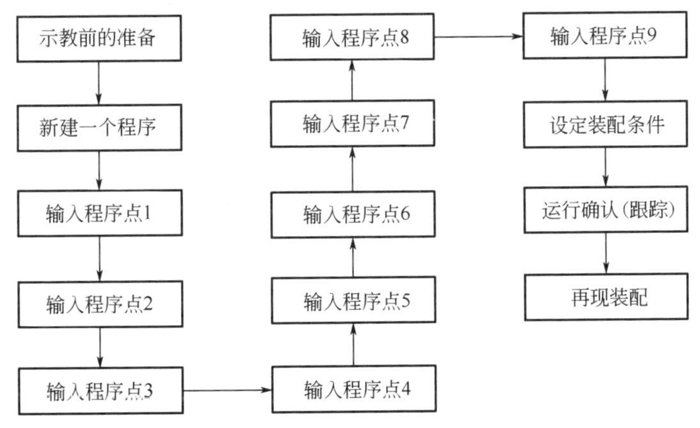

图 3-3-17　螺栓紧固机器人作业示教流程

① 给料器准备就绪。

② 确认操作者与机器人之间保持安全距离。

③ 机器人原点确认。通过机器人机械臂各关节处的标记或调用原点程序复位机器人。

（2）新建作业程序

按下示教器的相关菜单或按钮，新建一个作业程序，如“Assem-bly__bolt”。

（3）程序点的输入

在示教模式下，手动操作直角式（或 SCARA）装配机器人，按图 3-3-16 所示轨迹设定程序点 1～9 移动，为提高机器人运行效率，程序点 1 和程序点 9 须设置在同一点，且程序点

1～9 须处于与工件、夹具互不干涉的位置。螺栓紧固作业示教方法见表 3-3-2。

表 3-3-2　螺栓紧固作业示教方法

程序点	示 教 方 法
程序点 1 （机器人原点）	（1）按手动操作机器人要领移动机器人到装配原点 （2）插补方式选择“PTP” （3）确认保存程序点 1 为装配机器人原点
程序点 2 （取料临近点）	（1）手动操作装配机器人到取料作业临近点，并调整末端执行器姿态 （2）插补方式选择“PTP” （3）确认并保存程序点 2 为装配机器人取料临近点
程序点 3 （取料作业点）	（1）手动操作装配机器人移动到取料作业临近点且保持末端执行器姿态不变 （2）插补方式选择“直线插补” （3）再次确认程序点 3，保证其为装配机器人取料作业点
程序点 4 （取料规避点）	（1）手动操作装配机器人到取料规避点 （2）插补方式选择“直线插补” （3）确认并保存程序点 4 为装配机器人取料规避点
程序点 5 （移动中间点）	（1）手动操作装配机器人到移动中间点，并适度调整末端执行器姿态 （2）插补方式选择“PTP” （3）确认并保存程序点 5 为装配机器人移动中间点
程序点 6 （装配临近点）	（1）手动操作装配机器人移动到装配临近点且调整手爪位姿以适合安放螺栓 （2）插补方式选择“直线插补” （3）再次确认程序点 6，保证其为装配临近点
程序点 7 （装配作业点）	（1）手动操作装配机器人移动到装配作业点 （2）插补方式选择“直线插补” （3）确认并保存程序点 7 为装配机器人装配作业点 （4）若有需要可直接输入装配作业命令
程序点 8 （装配规避点）	（1）手动操作机器人移动到装配规避点 （2）将程序点插补方式选择“直线插补” （3）确认保存程序点 8 为装配机器人装配规避点
程序点 9 （机器人原点）	（1）手动操作机器人移动到机器人原点 （2）将程序点插补方式选择“PTP” （3）确认并保存程序点 9 为装配机器人原点

（4）设定作业条件

本例中装配作业条件的输入，主要涉及以下几个方面。

① 在作业开始命令中设定装配开始规范及装配开始动作次序。

② 在作业结束命令中设定装配结束规范及装配结束动作次序。

③ 依据实际情况，在编辑模式下合理选择配置装配工艺参数及选择合理的末端执行器。

（5）检查试运行

确认装配机器人周围安全，按如下操作进行跟踪测试作业程序。

① 打开要测试的程序文件。

② 移动光标到程序开头位置。

③ 持续按住示教器上的有关跟踪功能键，实现装配机器人单步或连续运转。

（6）再现装配

① 打开要再现的作业程序，并将光标移动到程序的开始位置，将示教器上的“模式”旋钮设定到“再现/自动“状态。

② 按示教器上“伺服 ON”按钮，接通伺服电源。

③ 按“启动”按钮，装配机器人开始运行。

2. 鼠标装配作业

在垂直方向上的装配作业，采用直角式和水平串联式装配机器人具有无可比拟的优势，但在装配行业中，垂直串联式和并联式装配机器人仍具有重要的地位。现以简化后的鼠标装配为例，采用移动关节式装配机器人示范装配作业方法，末端执行器选择组合式，鼠标装配机器人运动轨迹如图3-3-18所示。本例采用在线示教方式为机器人输入装配作业程序，图3-3-18中A、B、C位置为鼠标零件给料器，以A位置给料器的零件装配为例，阐述装配作业编程，B、C位置给料器零件装配可类比展开。此程序由编号1～8的8个程序点组成，程序点说明见表3-3-3。具体作业编程可参照如图3-3-19所示鼠标装配机器人作业示教流程开展。

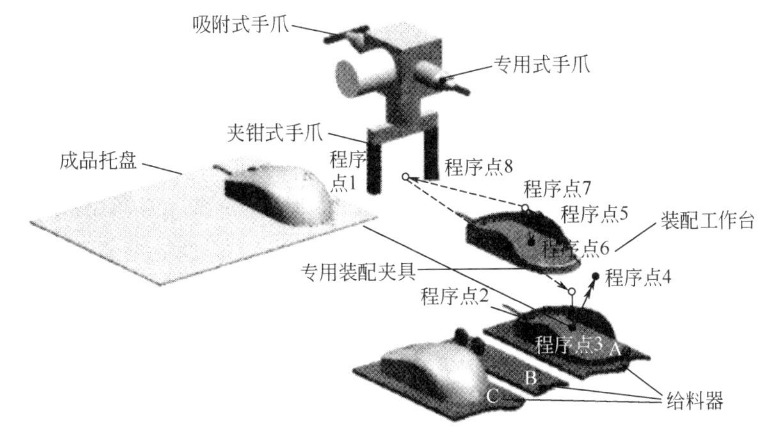

图3-3-18　鼠标装配机器人运动轨迹

表3-3-3　程序点说明（鼠标装配）

程序点	说明	手爪动作	程序点	说明	手爪动作
程序点1	机器人原点	—	程序点5	装配临近点	抓取
程序点2	取料临近点	—	程序点6	装配作业点	放置
程序点3	取料作业点	抓取	程序点7	装配规避点	—
程序点4	取料规避点	抓取	程序点8	机器人原点	—

（1）示教前的准备

示教前，应做好如下准备工作。

① 给料器准备就绪。

② 确认操作者与机器人之间保持安全距离。

③ 机器人原点确认。通过机器人机械臂各关节处的标记或调用原点程序复位机器人。

（2）新建作业程序

按下示教器的相关的菜单或按钮，新建一个作业程序，如“Assem-bly__mouse”。

（3）程序点的输入

在示教模式下，手动操作移动关节式装配机器人按图3-3-18所示轨迹设定程序点程序点1～8，为提高机器人作业效率，程序点1和程序点8须设置在同一点，此外程序点1～8要处

于与工件、夹具互不干涉的位置。鼠标装配作业示教方法见表3-3-4。

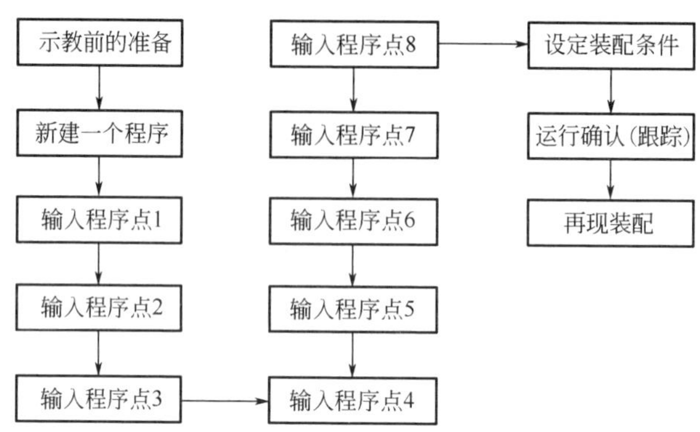

图3-3-19　鼠标装配机器人作业示教流程

表3-3-4　鼠标装配作业示教方法

程序点	示教方法
程序点1 （机器人原点）	（1）按手动操作机器人要领移动机器人到装配原点 （2）插补方式选择“PTP” （3）确认保存程序点1为装配机器人原点
程序点2 （取料临近点）	（1）手动操作装配机器人到取料临近点，并调整手爪姿态 （2）插补方式选择“PTP” （3）确认并保存程序点2为装配机器人取料作业临近点
程序点3 （取料作业点）	（1）手动操作装配机器人移动到取料作业点 （2）插补方式选择“直线插补” （3）再次确认程序点3，保证其为装配机器人取料作业点
程序点4 （取料规避点）	（1）手动操作装配机器人到取料规避点，并适度调整手爪姿态 （2）插补方式选择“直线插补” （3）确认并保存程序点4为装配机器人取料规避点
程序点5 （装配临近点）	（1）手动操作装配机器人到装配临近点，并适度调整手爪姿态以适合安放零部件 （2）插补方式选择“PTP” （3）确认并保存程序点5为装配机器人装配临近点
程序点6 （装配作业点）	（1）手动操作装配机器人移动到装配作业点 （2）插补方式选择“直线插补” （3）再次确认程序点，保证其为装配作业点 （4）若有需要可直接输入装配作业命令
程序点7 （装配规避点）	（1）手动操纵机器人移动到装配规避点 （2）将程序点插补方式选择“直线插补” （3）确认保存程序点7为装配机器人装配规避点
程序点8 （机器人原点）	（1）手动操纵机器人移动到机器人原点 （2）将程序点插补方式选择“PTP” （3）确认并保存程序点8为装配机器人原点

鼠标装配机器人作业示教关于步骤（4）设定作业条件、步骤（5）检查试运行和步骤（6）再现装配，操作与螺栓紧固机器人相似，不再赘述。

本例中，A、B位置给料器的零件可采用组合手爪中的夹钳式手爪进行装配，C位置给料器的零件装配需采用组合式手爪中吸附式手爪进行装配，为达到相应装配要求，须用专用式手爪进行按压。

综上所述，装配机器人作业示教编程，采用“PTP”和“直线插补”方式即可满足基本装配要求。对于复杂装配操作，可通过传感系统辅助实现精准装配，使机器人的动作随着传感器的反馈信号不断做出调整，以消除零件卡死和损坏的风险。当然，也可采用离线编程系统进行“虚拟示教”，以减少示教时间和编程者的劳动强度，提高编程效率和机器运作时间。

四、装配机器人的周边设备与工位布局

装配机器人工作站是一种融合计算机技术、微电子技术、网络技术等多种技术的集成化系统，其可与生产系统相连形成一个完整的集成化装配生产线。装配机器人完成一项装配工作，除需要装配机器人（机器人和装配设备）以外，还需要一些辅助周边设备，而这些辅助设备比机器人主体占地面积大。因此，为了节约生产空间、提高装配效率，合理地装配机器人工位布局可实现生产效益的最大化。

1. 周边设备

常见的装配机器人辅助装置有零件供给器、输送装置等。

（1）零件供给器

零件供给器的主要作用是提供机器人装配作业所需零部件，确保装配作业正常进行。目前应用最多的零件供给器主要是供给器和托盘，可通过控制器编程控制。

① 给料器。用振动或回转机构将零件排齐，并逐个送到指定位置，通常给料器以输送小零件为主，振动式给料器如图 3-3-20 所示。

② 托盘。装配结束后，大零件或易损坏划伤零件应放入托盘中进行运输。托盘能按一定精度要求将零件送到指定位置，由于托盘容纳量有限，故在实际生产装配中往往带有托盘自动更换机构，满足生产需求，托盘如图 3-3-21 所示。

图 3-3-20　振动式给料器

图 3 3-21　托盘

（2）输送装置

在机器人装配生产线上，输送装置将工件输送到各作业点，通常以传送带为主，零件随传送带一起运动，借助传感器或限位开关实现传送带和托盘同步运行，方便装配。

2. 工位布局

由装配机器人组成的柔性化装配单元，可实现物料自动装配，其合理的工位布局将直接影响到生产效率。在实际生产中，常见的装配工作站可采用回转式布局和线式布局。

（1）回转式布局

回转式工作站可将装配机器人聚集在一起进行配合装配，也可进行单工位装配，灵活性

较大，可针对一条或两条生产线，具有较小的输送线成本，减小占地面积，广泛应用于大、中型装配作业，回转式布局如图 3-3-22 所示。

（2）线式布局

线式布局装配机器人依附于生产线，排布于生产线的一侧或两侧，具有生产效率高、节省装配资源、节约人员维护等优点，一人便可监视全线装配等优点，广泛应用于小物件装配场合，线式布局如图 3-3-23 所示。

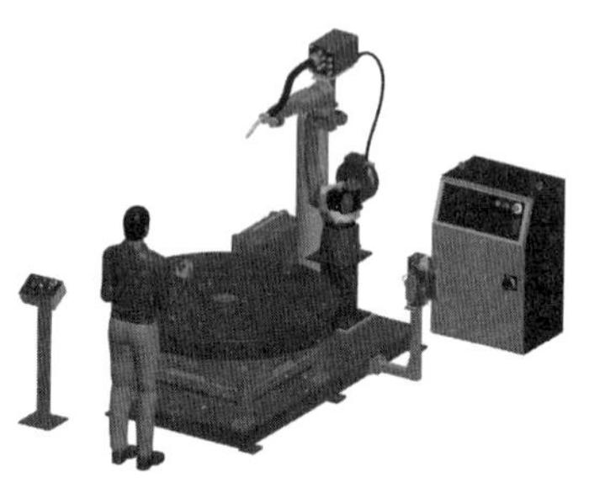

图 3-3-22　回转式布局

图 3-3-23　线式布局

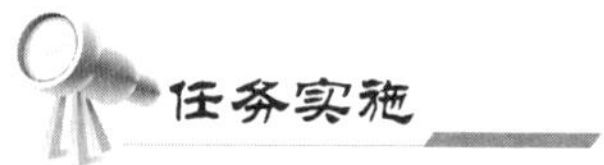
任务实施

一、任务准备

实施本任务教学所使用的实训设备及工具材料可参考表 3-3-5。

表 3-3-5　实训设备及工具材料

序号	分类	名称	型号规格	数量	单位	备注
1	工具	内六角扳手	3.0mm	1	个	工具墙
2		内六角扳手	4.0mm	1	个	工具墙
3	设备器材	内六角螺丝	M4	4	颗	工具墙蓝色盒
4		内六角螺丝	M5	4	颗	工具墙黄色盒
5		工件装配模块		16	个	物料间领料
6		抓手吸盘夹具		1	个	物料间领料

二、认识工业机器人工件装配单元工作站

1．工业机器人工件装配单元工作站的组成

工业机器人工件装配单元工作站主要由机器人本体、机器人控制器、工件装配单元、抓手吸盘夹具、操作控制柜、模块承载平台、透明安全护栏、光幕安全门、零件箱和工具墙及编程电脑桌等组成，工件装配单元工作站如图 3-3-24 所示。工件装配训练模型结构如图 3-3-25 所示。工件装配训练模型组成部件见表 3-3-6。

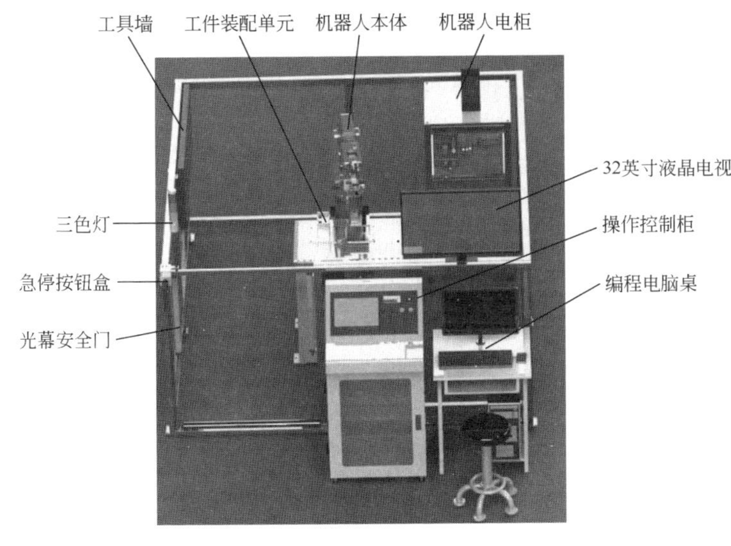

图 3-3-24　工件装配单元工作站

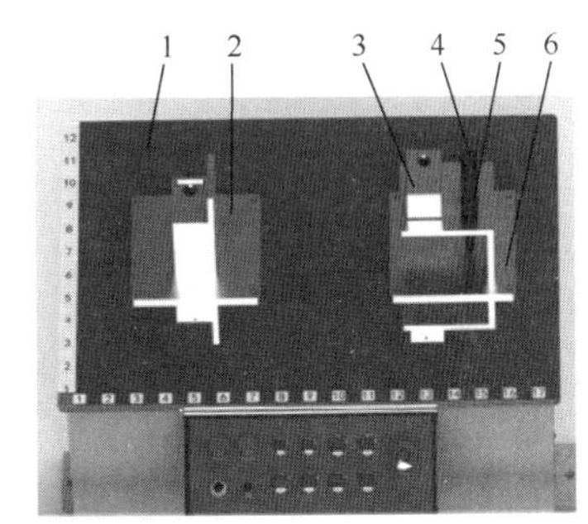

图 3-3-25　工件装配训练模型结构

表 3-3-6　工件装配训练模型组成部件

序号	名称	序号	名称	序号	名称
1	模块承载平台	3	装配工件 1	5	装配工件 3
2	组装支架	4	装配工件 2	6	排列支架

2．控制要求

本任务采用示教编程方法，操作机器人实现工件装配单元运动轨迹的示教。

具体控制要求如下所述。

（1）单击触摸屏上的“上电”按钮，机器人伺服上电；单击触摸屏上的“启动”按钮，机器人进入主程序；单击触摸屏上机器人的“复位”按钮，机器人回到 HOME 点，系统进入等待状态；单击触摸屏上工作站的“启动”按钮，系统进入运行状态，工件装配开始，直到工件装配完成后停止。

（2）单击触摸屏上的“停止”按钮，系统进入停止状态，所有气动机构均保持该状态不变。

三、工件装配单元的安装

在工件装配单元的每个凹槽板中间有两个用于安装固定的螺丝孔，把工件装配单元放置到模块承载平台上，用 M4 内六角螺丝将其固定锁紧，保证模型紧固牢靠，工件装配单元整体布局如图 3-3-26 所示。

四、抓手吸盘夹具的安装

本任务采用抓手吸盘夹具，该夹具在与机器人 J_6 轴连接法兰上有 4 个螺丝安装孔，把夹具调整到合适位置，然后用螺丝将其紧固到机器人 J_6 轴上，如图 3-3-27 所示。

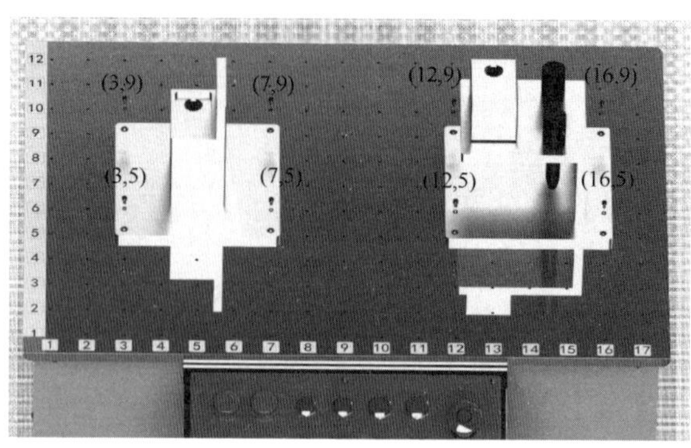

图 3-3-26　工件装配单元整体布局

五、气路检查及气路接法

工件装配模块吸盘使用气动控制，实现工件装配作业需要检查机器人背面底座的气动三联件，确认气路有气压，保证机器人能进行气动驱动，建议气压压力为 0.4MPa，气动三联件如图 3-3-28 所示。如图 3-3-29 所示是机器人手臂上的气管图，夹具气管的接法见表 3-3-7。

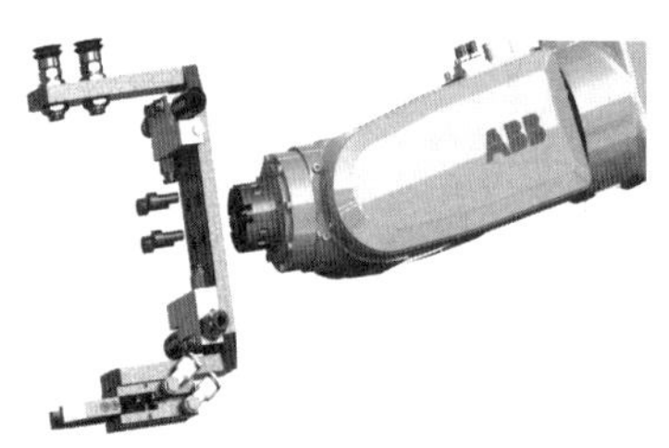

图 3-3-27　抓手吸盘夹具的安装

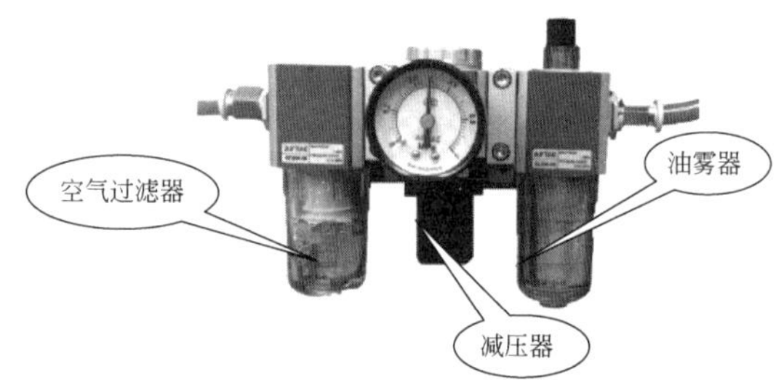

图 3-3-28　气动三联件

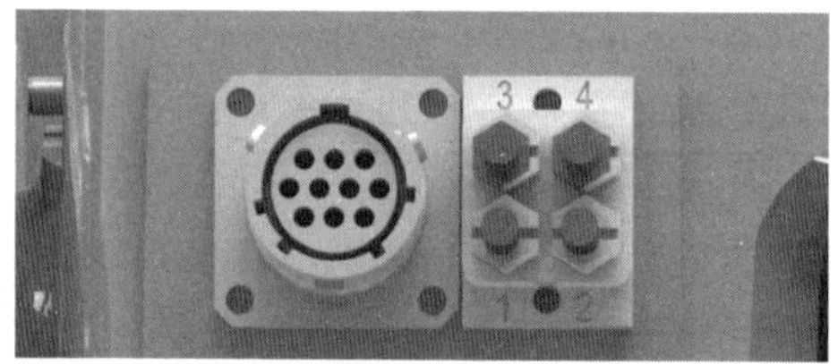

图 3-3-29　机器人手臂上的气管图

表 3-3-7　夹具气管的接法

机器人气管编号	连接对象
1	吸盘 1
2	吸盘 2
3	抓手“S”张开通气孔
4	抓手“O”闭合通气孔

六、控制柜 I/O 线路原理图

控制柜 I/O 线路原理图如图 3-3-30 所示。控制柜中元器件的作用见表 3-3-8。

表 3-3-8　控制柜中元器件的作用

符号	名称	作　用
PLC	S7-1200PLC	工作站控制中心
BMQ	流水线模块的编码器	用于计数脉冲，便于计算流水线速度
HL	三色灯	显示工作站状态
LB1	启动按钮	启动工作站并且显示运行状态灯
LB2	停止按钮	停止工作站并且显示运行状态灯
PI01	16DI/16D0 模块	用于与机器人 I/O 通信
XS12、XS13	机器人输入端子排	机器人接收外部信号
XS14、XS15	机器人输出端子排	机器人发送信号
PI1～PI16	钮子开关	手动输入信号给机器人
RQ1～RQ16	LED 灯	显示机器人输出状态

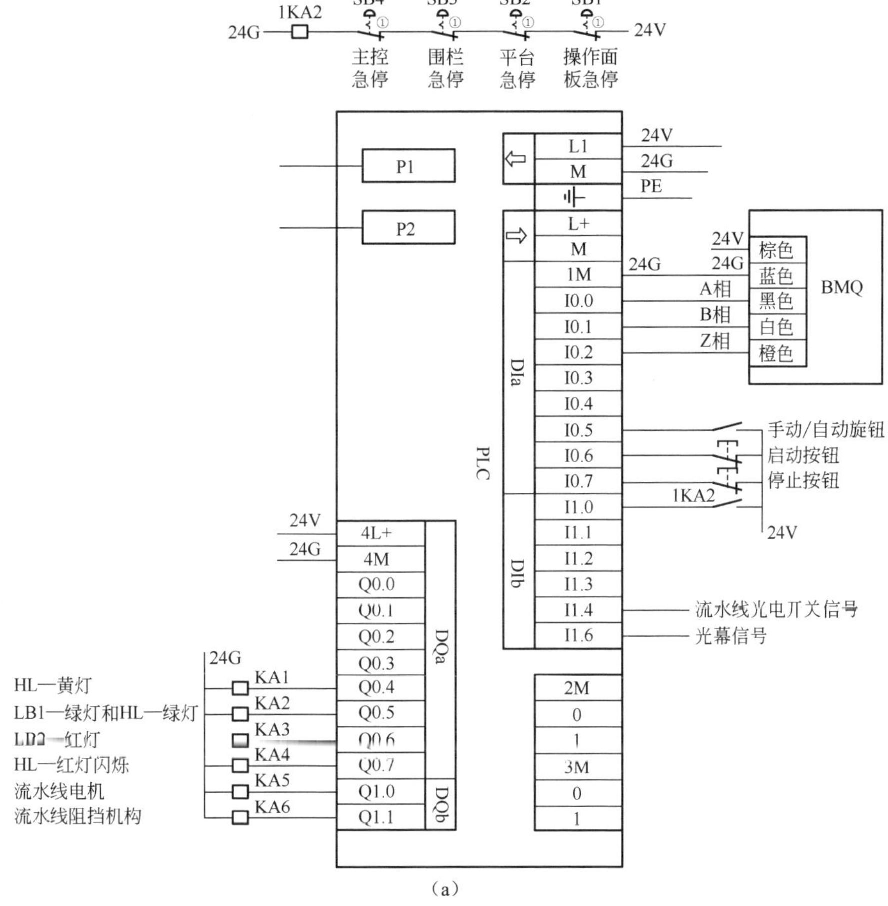

（a）

图 3-3-30　控制柜 I/O 线路原理图

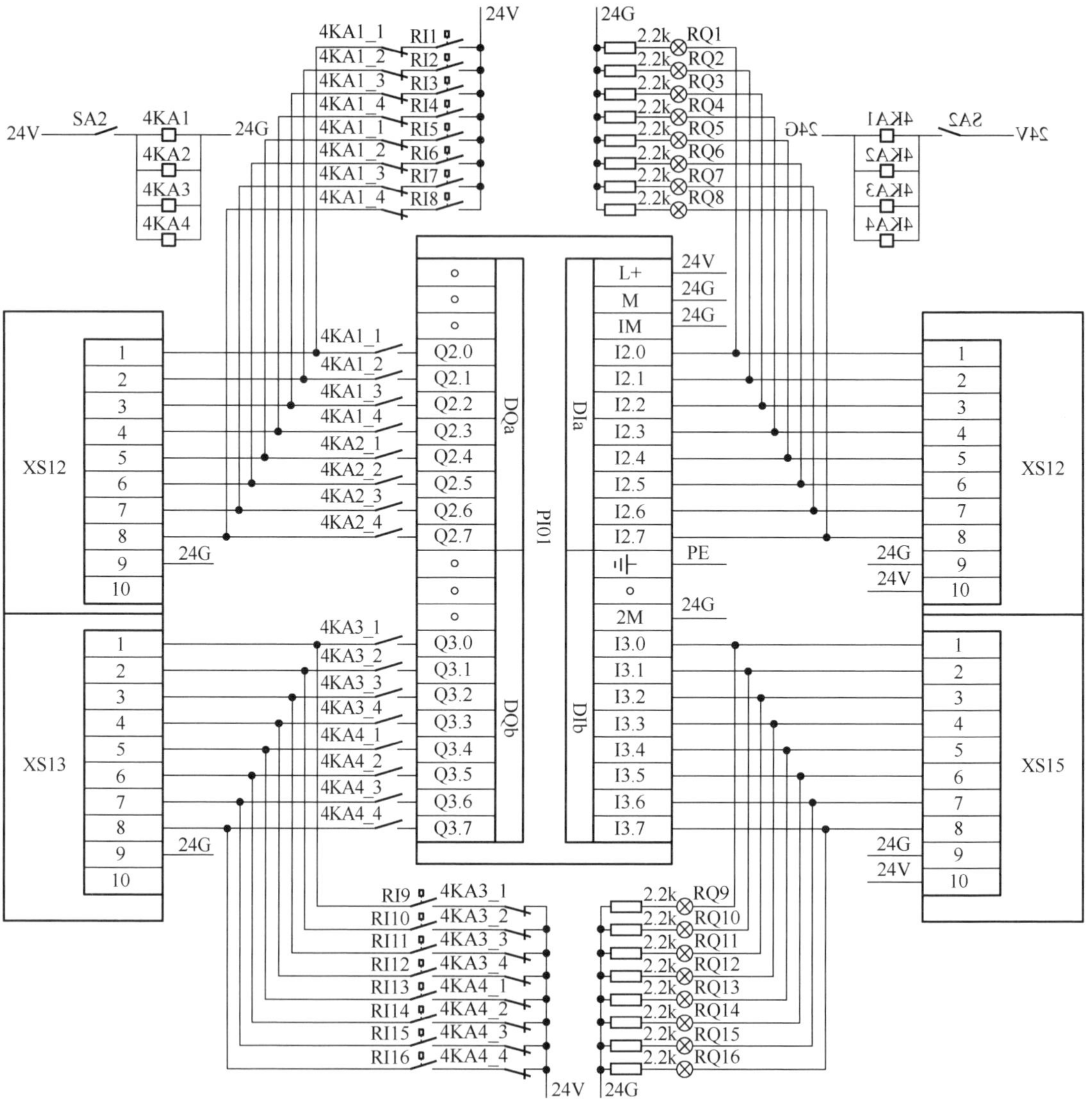

（b）

图 3-3-30　控制柜 I/O 线路原理图（续）

七、机器人程序设计与编写

根据机器人运动轨迹编写机器人程序时，首先根据控制要求绘制机器人程序流程图，然后编写机器人主程序和子程序。编写子程序前要先设计好机器人的运行轨迹及定义好机器人的程序点。

1. 机器人程序设计流程图

根据控制功能，设计机器人程序流程，如图 3-3-31 所示。

2. 确定机器人运动示教点

工件装配单元的位置分布如图 3-3-32 所示，可据此规划机器人的运行轨迹。

机器人运行轨迹示教点见表 3-3-9。

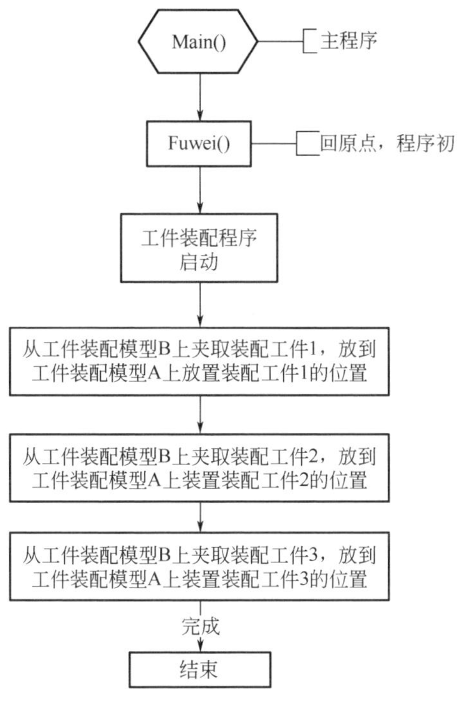

图 3-3-31　机器人程序流程

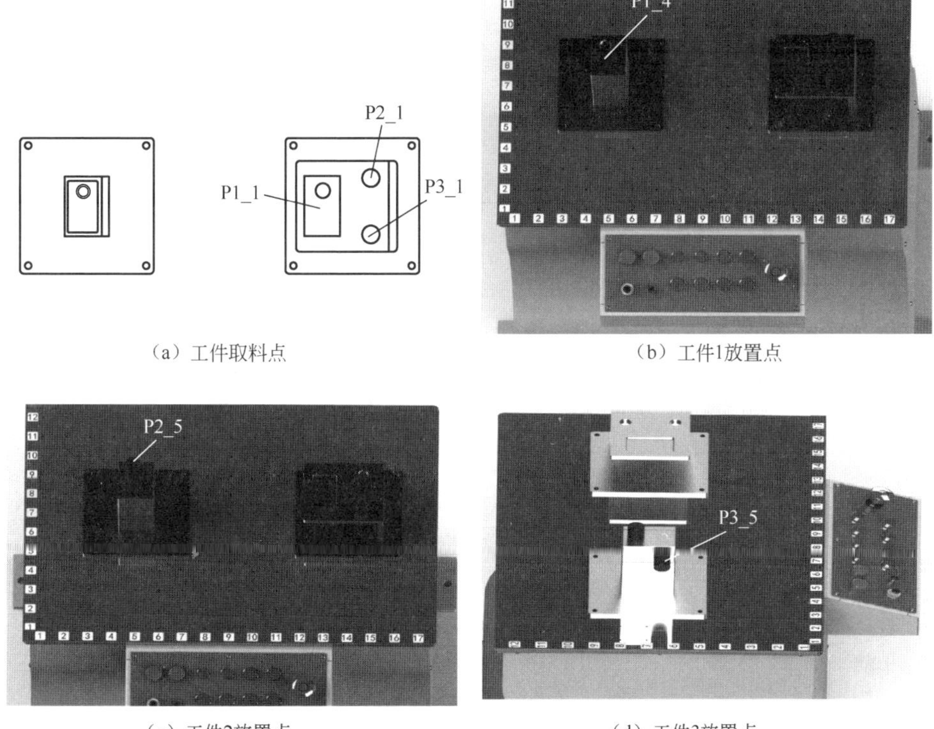

图 3-3-32　工件装配单元的位置分布

表 3-3-9 机器人运动轨迹示教点

序号	点序号	注释	备注
1	Home	机器人初始位置	程序中定义
2	p1_1	装配工件 1 夹取位置	需示教
3	p1_2～p1_3	移动装配工件 1 的过渡点	需示教
4	p1_4	装配工件 1 放置位置	需示教
5	p2_1	装配工件 2 夹取位置	需示教
6	p2_2～p2_3	移动装配工件 2 的过渡点	需示教
7	p2_4	装配工件 2 放置位置	需示教
8	p3_1	装配工件 3 夹取位置	需示教
9	p3_2～p3_4	移动装配工件 3 的过渡点	需示教
10	p3_5	装配工件 3 放置位置	需示教

3. 机器人系统 I/O 与 PLC 地址配置

实现机器人系统和 PLC 控制器的通信，需要配置相关的信号端口，机器人系统 I/O 与 PLC 地址配置见表 3-3-10。

表 3-3-10 机器人系统 I/O 与 PLC 地址配置表

序号	机器人 I/O	PLC I/O	功能描述	备注
1	di01	Q2.0	机器人伺服上电	配置系统 motor_on
2	di02	Q2.1	启动 Main 程序	配置系统 Start st main
3	di03	Q2.2	机器人停止	配置系统 Stop
4	Do2	I2.1	吸盘 1 开关信号	
5	Do3	I2.2	吸盘 2 开关信号	
6	Do4	I2.3	抓手开关信号	
7	Do6	I2.5	机器人工作完成信号	
8	Do7	I2.6	机器人正在运行中信号	

4. 机器人程序编写

（1）程序建立

根据上述的内容，需要建立 1 个主程序及 4 个子程序，包括 1 个复位程序“fuwei( )”，1 个主程序，3 个工件组装程序“zuzhuang_1”“zuzhuang_2”“zuzhuang_3”，程序建立如图 3-3-33 所示（仅供参考）。

（2）主程序编写

主程序编写，在“main( )”程序中只需要调用各个例行程序即可，参考程序如下。

```
!主程序
PROC main( )
    fuwei;                  !机器人回到 home 点
    zuzhuang_1;             !装配工件 1 的组装
    zuzhuang_2;             !装配工件 2 的组装
    zuzhuang_3;             !装配工件 3 的组装
    fuwei;                  !机器人回到 home 点
ENDPROC
```

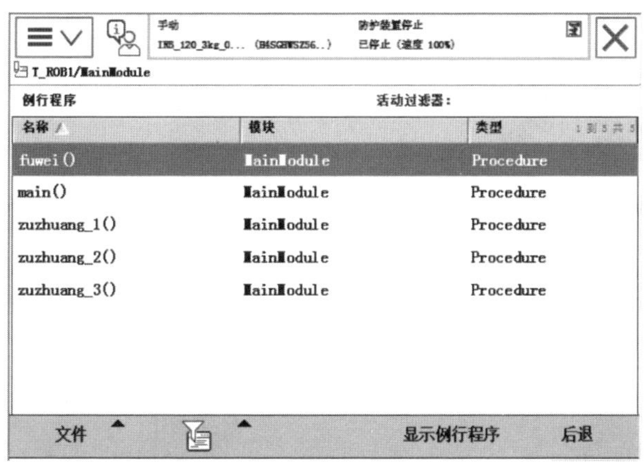

图 3-3-33 程序建立

（3）复位程序编写

复位程序编写，在“fuwei( )”程序中，要将机器人回到 home 点（初始位置），所有信号复位。参考程序如下。

```
PROC fuwei( )
    MoveJ home,v150,fine,tool0;
    Reset do2;        !吸盘 1 关闭
    Reset do3;        !吸盘 2 关闭
    Reset do4;        !抓手打开
    Reset do6;        !程序完成信号关闭
    Reset do7;        !程序运行信号关闭
ENDPROC
```

（4）工件 1 装配程序编写

在“zuzhuang_1( )”程序中，先是吸取工件 1，接着将工件 1 提起到一个合适的高度，再移到组装位置的上方，最后将工件放置到组装的位置。工件 1 装配流程如图 3-3-34 所示。

参考程序如下。

```
PROC zuzhuang_1( )
    MoveJ p1_2,v150,z10,tool0;         !将吸盘工具移动到工件 1 的上方
    MoveL p1_1,v150,fine,tool0;        !吸盘与工件 1 接触
    Set do2;                           !吸盘吸取工件 1
    Set do3;                           !吸盘吸取工件 1
    WaitTime 0.5;                      !等待 0.5s
    MoveL p1_2,v150,z10,tool0;         !将吸盘工具移动到工件 1 的上方
    MoveL p1_3,v150,z10,tool0;         !将吸盘工具移动到放置工件 1 的上方
    MoveL p1_4,v100,fine,tool0;        !将工件 1 放置到位置上
    Reset do2;                         !吸盘松开
    Reset do3;                         !吸盘松开
    WaitTime 0.5;                      !等待 0.5s
    MoveL p1_3,v150,z10,tool0;         !将吸盘工具移动到放置工件 1 的上方
ENDPROC
```

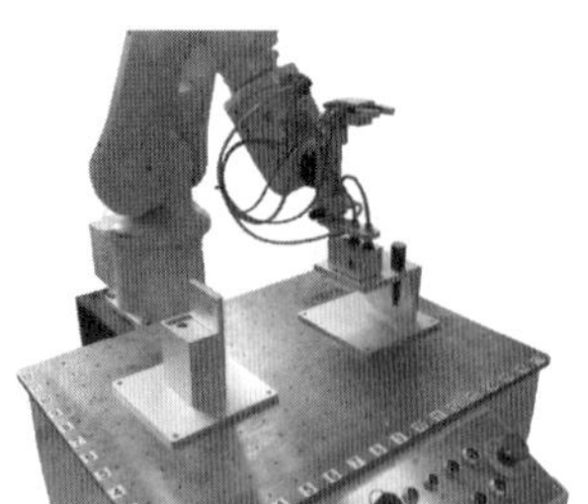
（a）吸取工件 1

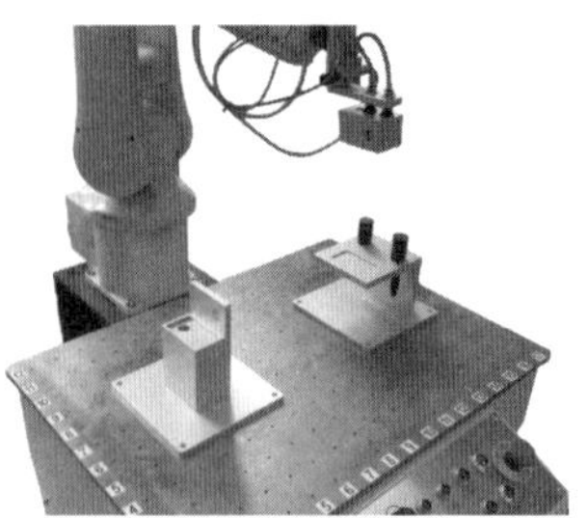
（b）抬升工件 1

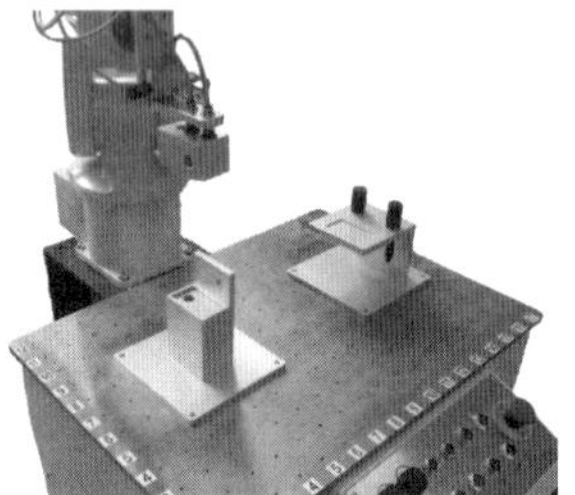
（c）移动工件 1 到放置点上方

（d）放置工件 1

图 3-3-34　工件 1 装配流程

（5）工件 2 装配程序编写

在“zuzhuang_2( )”程序中，机器人抓手首先移到工件 2 上方，然后吸取工件 2，接着将工件 2 提起到一个合适的高度，再移到组装位置的上方，最后将工件放置到组装的位置。工作 2 装配流程如图 3-3-35 所示。

（a）抓手移到工件 2 上方

（b）吸取工件 2

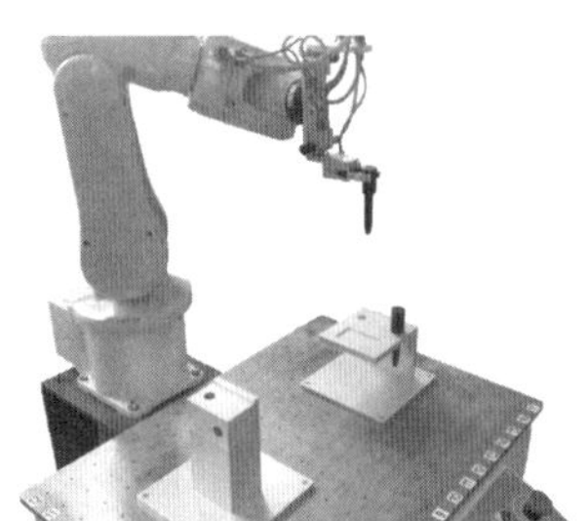
（c）抬起工件 1

（d）移动到工件 2 放置点上方

（e）工件 2 放置

图 3-3-35　工件 2 装配流程

参考程序如下。

```
!工件 2 的装配程序
PROC zuzhuang_2( )
    MoveJ p2_2,v150,z10,tool0;          !将抓手工具移动到工件 2 的上方
    MoveL p2_1,v150,fine,tool0;         !抓手与工件 2 接触
    Set do4;                            !抓手工具夹紧
    WaitTime 0.5;                       !等待 0.5s
    MoveL p2_2,v150,z10,tool0;          !将工件 2 移动到上方
    MoveL p2_3,v150,z10,tool0;          !将工件 2 移动到放置工件 3 的上方
    MoveL p2_4,v100,fine,tool0;         !将工件 2 插入模块
    Reset do4;                          !抓手工具松开
    WaitTime 0.5;                       !等待 0.5s
    MoveL p2_3,v150,z10,tool0;          !将抓手工具提升
ENDPROC
```

（6）工件 3 装配程序编写

工件 3 装配程序和工件 2 装配程序类似，参照工件 2 装配程序编写工件 3 装配程序。

（7）工件装配最终程序

工件装配最终程序如下（仅供参考）。

```
MODULE MainModule
    !主程序
    PROC main( )
        fuwei;                          !机器人回到 home 点
        zuzhuang_1;                     !装配工件 1 的组装
        zuzhuang_2;                     !装配工件 2 的组装
        zuzhuang_3;                     !装配工件 3 的组装
        fuwei;                          !机器人回到 home 点
    ENDPROC
    !复位程序
    PROC fuwei( )
        MoveJ home,v150,fine,tool0;
        Reset do2;                      !吸盘 1 关闭
        Reset do3;                      !吸盘 2 关闭
        Reset do4;                      !抓手松开
        Reset do6;                      !程序完成信号关闭
        Reset do7;                      !程序运行信号关闭
    ENDPROC
    !工件 1 的装配程序
    PROC zuzhuang_1( )
        Reset do7;                      !程序运行信号打开
        MoveJ p1_2,v150,z10,tool0;      !将吸盘工具移动到工件 1 的上方
        MoveL p1_1,v150,fine,tool0;     !吸盘与工件 1 接触
        Set do2;                        !吸盘吸取工件 1
        Set do3;                        !吸盘吸取工件 1
        WaitTime 0.5;                   !等待 0.5s
```

```
        MoveL p1_2,v150,z10,tool0;          !将吸盘工具移动到工件 1 的上方
        MoveL p1_3,v150,z10,tool0;          !将吸盘工具移动到放置工件 1 的上方
        MoveL p1_4,v100,fine,tool0;         !将工件 1 放置到位置上
        Reset do2;                          !吸盘松开
        Reset do3;                          !吸盘松开
        WaitTime 0.5;                       !等待 0.5s
        MoveL p1_3,v150,z10,tool0;          !移开机器人
    ENDPROC
    !工件 2 的装配程序
    PROC zuzhuang_2( )
        MoveJ p2_2,v150,z10,tool0;          !将抓手工具移动到工件 2 的上方
        MoveL p2_1,v150,fine,tool0;         !抓手与工件 2 接触
        Set do4;                            !抓手工具夹紧
        WaitTime 0.5;                       !等待 0.5s
        MoveL p2_2,v150,z10,tool0;          !将工件 2 移动到上方
        MoveL p2_3,v150,z10,tool0;          !将工件 2 移动到放置工件 3 的上方
        MoveL p2_4,v100,fine,tool0;         !将工件 2 插入模块
        Reset do4;                          !抓手工具松开
        WaitTime 0.5;                       !等待 0.5s
        MoveL p2_3,v150,z10,tool0;          !将抓手工具提升
        ENDPROC
        !工件 3 的装配程序
        PROC zuzhuang_3( )
        MoveJ p3_2,v150,z10,tool0;          !将抓手工具移动到工件 3 的上方
        MoveL p3_1,v150,fine,tool0;         !抓手与工件 3 接触
        Set do4;                            !抓手工具夹紧
        WaitTime 0.5;   !等待 0.5 秒
        MoveL p3_2,v150,z10,tool0;          !将工件 3 移动到上方
        MoveL p3_3,v150,z10,tool0;          !将工件 3 移动到放置工件 3 的上方
        MoveL p3_4,v150,z10,tool0;          !将工件 3 向下移动到放置工件 3 的水平方向
        MoveL p3_5,v100,fine,tool0;         !将工件 3 插入模块
        Reset do4;                          !抓手工具松开
        WaitTime 0.5;                       !等待 0.5s
        MoveL p3_4,v150,z10,tool0;          !将抓手工具水平移开
        MoveL p3_3,v150,z10,tool0;          !将抓手工具提升
        Reset do7;                          !程序运行信号关闭
        Set do6;                            !程序完成信号打开
ENDPROC
```

5．机器人程序调试

参照绘图模块建立视觉搬运操作单元的主程序 main 和子程序，并确保所有指令的速度值不能超过 150mm/s。程序编写完成，调试机器人程序。在工件装配程序调试界面，首先单击“调试”按钮，然后单击“PP 移至例行程序…”，再单击“fuwei”，最后单击“确定”按钮，程序指针指在“fuwei”程序的第一条语句，如图 3-3-36 所示。

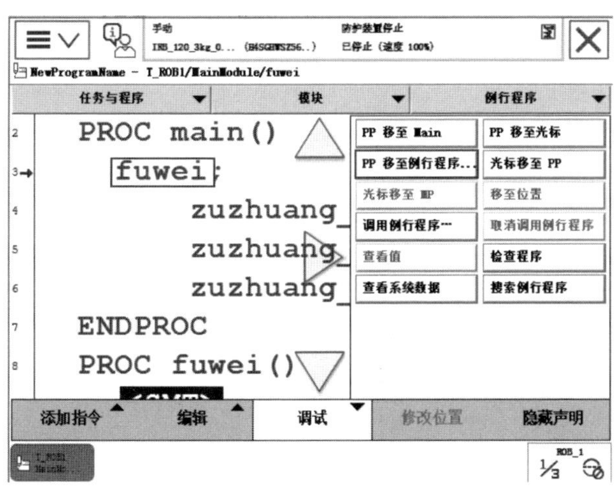

图 3-3-36　工件装配程序调试界面

用正确的方法手握着示教器，按下电机使能按键，示教器上显示“电机开启”，然后按下“单步向前”按钮，机器人程序按顺序往下执行。第一次运行程序务必单步运行程序，直至程序末尾，确定机器人运行每一条语句都没有错误，与工件不会发生碰撞，才可以按下“连续运行”按钮。需要停止程序时，先按下“停止”按钮，再松开电机使能按键。

八、PLC 程序设计

1. PLC 的地址分配表

PLC 的 I/O 地址分配见表 3-3-11。辅助继电器 M 配置见表 3-3-12。

表 3-3-11　PLC 的 I/O 地址分配

PLC 输入信号			PLC 输出信号		
地址	变量名	功能说明	地址	变量名	功能说明
I0.6	start	系统启动信号	Q0.5	start_sta	控制启动按钮的绿灯和三色灯的绿灯
I0.7	stop	系统停止信号	Q0.6	stop_sta	控制停止按钮的红灯
I1.0	all_emg	总急停信号	Q2.1	RB_start	控制机器人启动程序
I2.1	RB_DO2	吸盘 1 开关信号	Q2.2	RB_stop	控制机器人停止运动
I2.2	RB_DO3	吸盘 2 开关信号			
I2.3	RB_DO4	抓手开关信号			

表 3-3-12　辅助继电器 M 配置

序号	地址	变量名	功能说明
1	M100.0	tcp_吸盘开关	触摸屏吸盘打开/吸盘关闭指示灯
2	M100.1	tcp_抓手开关	触摸屏抓手夹紧/抓手松开指示灯

2. 程序设计

（1）程序段 1：启动与停止

程序段 1：启动与停止控制程序如图 3-3-37 所示，用于空盒子系统状态显示和机器人启动或停止控制。

%1.0 "all_emg" | %I0.6 "Start" | %Q0.5 "start_sta" (S)
%M1000.0 "tpc_启动" | %Q0.6 "stop_sta" (R)
%Q2.1 "RB_start" ( )
%10.7 "stop" | %M0.6 "stop_sta" (S)
%M1000.1 "tpc_停止" | %M0.5 "start_sta" (R)
%1.0 "all_emg" | %M2.2 "RB_stop" ( )

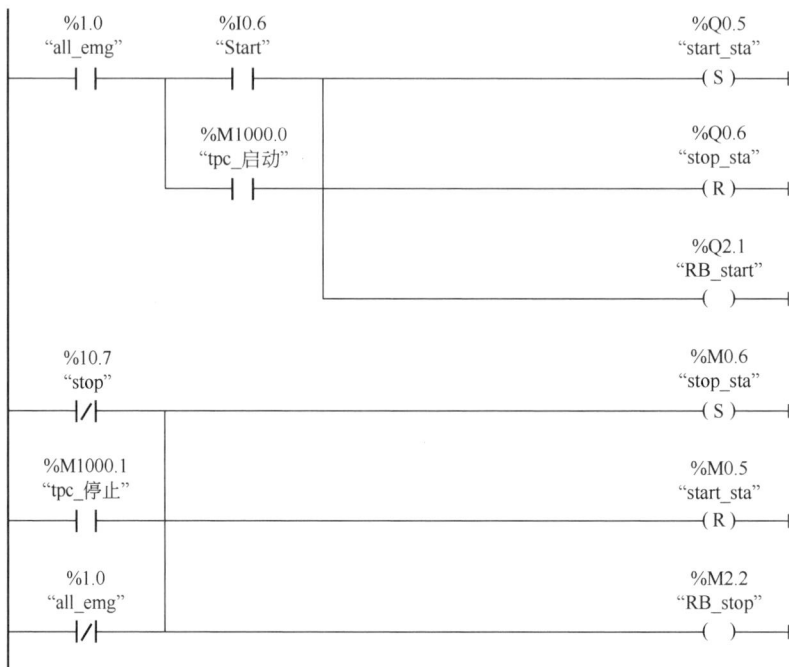

图 3-3-37 启动和停止控制程序

（2）程序段 2：水平搬运信号状态显示在触摸屏上程序

程序段 2：水平搬运信号状态显示在触摸屏上程序如图 3-3-38 所示。机器人每完成一列搬运，触摸屏指示灯都会显示。

%Q0.5 "start_sta" | %I2.1 "RB_DO2" | %M100.0 "tpc_吸盘开关" ( )
%I2.3 "RB_DO4" | %M100.1 "tpc_抓手开关" ( )

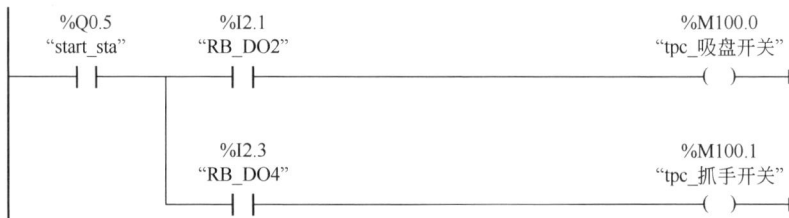

图 3-3-38 水平搬运信号状态显示在触摸屏上程序

九、触摸屏程序编写

1. 触摸屏界面设计

根据控制要求设计触摸屏界面，如图 3-3-39 所示。

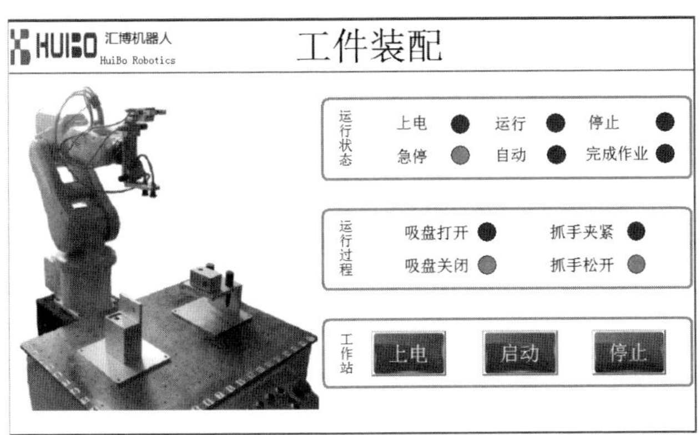

图 3-3-39　触摸屏界面

2. 触摸屏变量连接

按照表 3-3-13 所示的触摸屏界面指示灯和按钮配置，连接变量完成触摸屏设计。

表 3-3-13　触摸屏界面指示灯和按钮配置

指示灯配置			按钮配置		
灯名	表达式	灯颜色说明	按钮名	数据对象	操作方式
上电	RB_DO16	0：红色 1：绿色	上电	RB_power	按 1 松 0
运行	start_sta	0：红色 1：绿色	启动	tcp_start	按 1 松 0
停止	stop_sta	0：红色 1：绿色	停止	tcp_stop	按 1 松 0
急停	all_emg	0：绿色 1：红色			
自动	M_A	0：红色 1：绿色			
完成作业	RB_finish	0：红色 1：绿色			
吸盘打开	tcp_吸盘开关	0：红色 1：绿色			
吸盘关闭	tcp_吸盘开关	0：红色 1：绿色			
抓手夹紧	tcp_抓手开关	0：红色 1：绿色			
抓手松开	tcp_抓手开关	0：红色 1：绿色			

3. 系统调试

（1）在操作面板上将“手动/自动”切换到“自动”模式，“自动”指示灯变为绿色。将机器人的“手动/自动”钥匙拨到自动状态，并在示教器上确认，准备工作完成。

（2）在工件装配界面上，单击“上电”按钮，在运行状态中可看到“上电”指示灯变绿，

机器人进入准备状态。夹具安装好后，单击工作站中的“启动”按钮，机器人启动，“运行”指示灯变为绿色，工作站执行工件装配作业。当机器人系统运行完一遍程序后，“完成作业”指示灯变绿，机器人自动停止。机器人运行过程中单击“停止”按钮，机器人停止运行。

【提示】每次按下启动键，机器人都是从头开始运行程序，需要将工件摆放成初始状态。

对任务实施的完成情况进行检查，并将结果填入表 3-3-14。

表 3-3-14　任务测评表

序号	主要内容	考核要求	评分标准	配分	扣分	得分
1	机械安装	夹具与模块固定牢紧，不缺少螺丝	1. 夹具与模块安装位置不合适，扣 5 分 2. 夹具或模块松动，扣 5 分 3. 损坏夹具或模块，扣 10 分	10		
2	机器人程序设计与示教操作	I/O 配置完整，程序设计正确，机器人示教正确	1. 操作机器人动作不规范，扣 5 分 2. 机器人不能完成轨迹描图，每个图形轨迹扣 10 分 3. 缺少 I/O 配置，每个扣 1 分 4. 程序缺少输出信号设计，每个扣 1 分 5. 工具坐标系定义错误或缺失，每个扣 5 分	50		
3	触摸屏设计	界面设计完整，连接变量配置完整，按钮与灯配置正确	1. 触摸屏功能缺失，视情况严重性扣 3～10 分 2. 系统配置错误，扣 5 分 3. 按钮或灯配置错误，每个扣 1 分	15		
4	PLC 程序设计	PLC 程序组态正确；I/O 配置完整；PLC 程序完整	1. PLC 组态出错，扣 3 分 2. PLC 配置不完整，每个扣 1 分 3. PLC 程序缺失，视情况严重性扣 3～10 分	15		
5	安全文明生产	劳动保护用品穿戴整齐；遵守操作规程；讲文明懂礼貌；操作结束要清理现场	1. 操作中，违反安全文明生产考核要求的任何一项扣 5 分，扣完为止 2. 当发现学生有重大事故隐患时，要立即予以制止，并每次扣安全文明生产总分 10 分 3. 穿戴不整洁，扣 2 分；设备不还原，扣 5 分；现场不清理，扣 5 分	10		
合　计						
开始时间：			结束时间：			

巩固与提高

一、填空题

1．按臂部运动形式，装配机器人可分为________、________。

2．装配机器人常见的末端执行器分________、________、专用式和________。

3．装配机器人系统主要由________、________、________、________和安全保护装置等组成。

二、选择题

1．装配工作站可分为（　　）。

①全面式装配　　②回转式码垛　　③一进一出装配　　④线式装配

A．①②　　B．②③　　C．②④　　D．①②③④

2．对装配机器人而言，通常采用的传感器有（　　）。

①视觉传感器　　②力觉传感器　　③听觉传感器　　④滑觉传感器

⑤接近觉传感器　　⑥接触觉传感器　　⑦压觉传感器

A．①②③⑦　　B．①③⑤⑦　　C．②③④⑦　　D．①②③④⑤⑥⑦

三、判断题

1．目前应用最为广泛的装配机器人为 6 轴垂直关节型，因为其柔性化程度最高，可精确到达动作范围内的任意位姿。（　　）

2．机器人装配过程较为简单根本不需要传感器协助。（　　）

3．吸附式末端执行器 TCP 多设在法兰中心线与吸盘所在平面交点处。（　　）

四、综合应用题

1．简述装配机器人本体与焊接、涂装机器人本体不同之处。

2．依据图 3-3-40 画出Ⅰ、Ⅱ托盘上零件装配机器人运动轨迹示意图。

3．依据图 3-3-40 并结合Ⅰ、Ⅱ托盘上零件进行示教，完成表 3-3-15 装配作业示教的内容（请在相应选项下打“√”或选择序号）。

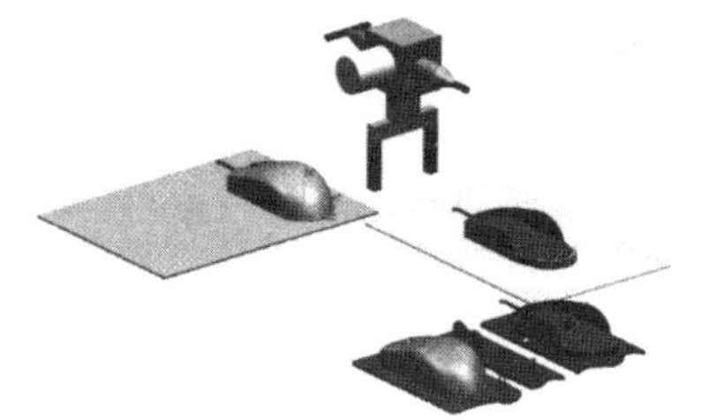

图 3-3-40　综合应用题 2、3 图

表 3-3-15　装配作业示教

程序点	装配作业		插补方式		末端执行器
	作业点	①原点；②中间点；③规避点；④临近点	PTP	直线插补	①吸附式；②夹钳式；③专用式

任务 4　涂装机器人及其操作应用

学习目标

✧ 知识目标

1. 了解涂装机器人的分类及特点。
2. 掌握涂装机器人的系统组成及功能。
3. 熟悉涂装机器人作业示教的基本流程。
4. 熟悉涂装机器人周边设备与布局。

✧ 能力目标

1. 能够识别涂装机器人工作站基本构成。
2. 能够进行涂装机器人的简单作业示教。

工作任务

在古老的涂装行业，施工技术从涂刷、揩涂发展到气压涂装、浸涂、辊涂、淋涂以及最新兴起的高压空气涂装、电泳涂装、静电粉末涂装等。在涂装技术高度发展的今天，企业已经进入一个新的竞争格局，即更环保、更高效、更低成本、更有竞争力。加之涂装行业对从业工人健康的争议和顾虑，机器人涂装正成为一个在尝试中不断迈进的新方向，并且，从尝试的成果来看，前景非常广阔。

本任务的内容是通过学习，掌握涂装机器人的分类、特点、基本系统组成和典型周边设备，并能掌握涂装机器人作业示教的基本要领和注意事项。

相关知识

一、涂装机器人的分类及特点

1．涂装机器人的特点

涂装机器人作为一种典型的涂装自动化设备，具有工件涂层均匀，重复精度好，通用性强、工作效率高，能够将工人从有毒、易燃、易爆的工作环境中解放出来的优点，已在汽车、工程机械制造、3C 产品及家具建材等领域得到广泛应用。涂装机器人与传统的机械涂装相比，具有以下优点。

（1）最大限度提高涂料的利用率、降低涂装过程中的 VOC（有害挥发性有机物）排放量。

（2）显著提高喷枪的运动速度，缩短生产节拍，效率显著高于传统的机械涂装。

（3）柔性强，能够适应多品种、小批量的涂装任务。

（4）能够精确保证涂装工艺的一致性，获得较高质量的涂装产品。

（5）与高速旋杯经典涂装站相比，可以减少大约 30%～40%的喷枪数量，降低系统故障率和维护成本。

2．涂装机器人的分类

目前，国内外的涂装机器人在结构上大多数仍采用与通用工业机器人相似的 5 或 6 自由

度串联关节式机器人，在其末端加装自动喷枪。按照手腕结构划分，涂装机器人应用中较为普遍的主要有两种：球型手腕涂装机器人和非球型手腕涂装机器人，如图 3-4-1 所示。

（1）球型手腕涂装机器人

球型手腕涂装机器人与通用工业机器人手腕结构类似，手腕 3 个关节轴线相交于一点，即目前绝大多数商用机器人所采用的 Bendix 手腕，如图 3-4-2 所示。该手腕结构能够保证机器人运动学逆解得到解析，便于离线编程的控制，但是由于其腕部第二关节不能实现 360° 周转，故工作空间相对较小。采用球型手腕的涂装机器人多为紧凑型结构，其工作半径多在 0.7～1.2m，多用于小型工件的涂装。

（a）球型手腕涂装机器人

（b）非球型手腕涂装机器人

图 3-4-1 涂装机器人

图 3-4-2 Bendix 手腕结构涂装机器人

（2）非球型手腕涂装机器人

非球型手腕涂装机器人，其手腕的 3 个轴线相交于两点。非球型手腕机器人相对于球型手腕机器人来说更适合于涂装作业。该类型涂装机器人每个腕关节转动角度都能达到 360° 以上，手腕灵活性强，机器人工作空间较大，特别适用复杂曲面及狭小空间内的涂装作业，但由于非球型手腕运动学逆解没有解析解，增大了机器人控制的难度，难于实现离线编程控制。

非球型手腕涂装机器人根据相邻轴线的位置关系又可分为正交非球型手腕和斜交非球型手腕两种形式，如图 3-4-3 所示。Comau SMART-3S 型机器人所采用的即为正交非球型手腕，其相邻轴线夹角为 90°，如图 3-4-3（a）所示；而 FANUC P-250iA 型机器人的手腕相邻两轴线不垂直，而是呈一定的角度，即斜交非球型手腕，如图 3-4-3（b）所示。

（a）正交非球型手腕

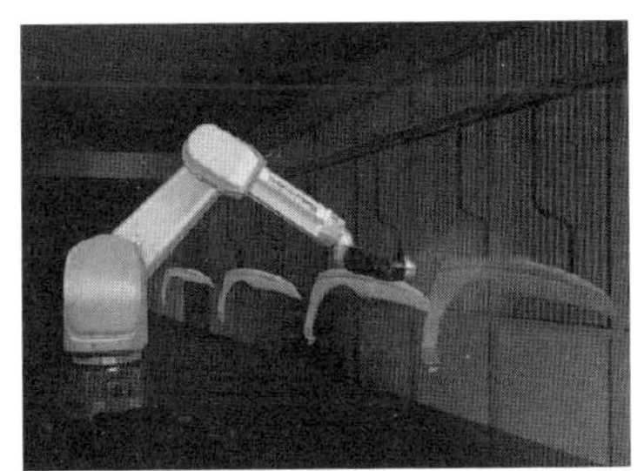

（b）斜交非球型手腕

图 3-4-3 非球型手腕涂装机器人

现今应用的涂装机器人很少采用正交非球型手腕，主要因其在结构上相邻腕关节彼此垂直，容易造成从手腕中穿过的管路出现较大的弯折、堵塞甚至折断管路。相反，斜交非球型手腕若做成中空的，各管线从中穿过，直接连接到末端高转速旋杯喷枪上，在作业过程中内部管线较为柔顺，故被广泛采用。

涂装作业环境中充满了易燃、易爆的有害挥发性有机物，除了要求涂装机器人具有出色的重复定位精度和循径能力及较高的防爆性能外，仍有特殊的要求。在涂装作业过程中，高速旋杯喷枪的轴线要与工件表面法线在一条直线上，且高速旋杯喷枪的端面要与工件表面始终保持一固定的距离，并完成往复蛇形轨迹运动，这就要求涂装机器人要有足够大的工作空间和尽可能紧凑灵活的手腕，即手腕关节要尽可能短。其他的一些基本性能要求如下所述。

① 能够通过示教器方便地设定流量、雾化电压、喷幅气压以及静电量等涂装参数。

② 具有供漆系统，能够方便地进行换色、混色，确保高质量、高精度的工艺调节。

③ 具有多种安装方式，如落地、倒置、角度安装和壁挂。

④ 能够与转台、滑台、输送链等一系列工艺辅助设备轻松集成。

⑤ 结构紧凑，减少密闭涂装室（简称喷房）尺寸，降低通风要求。

二、涂装机器人的系统组成

典型的涂装机器人工作站主要由操作机、机器人控制系统、供漆系统、自动喷枪/旋杯、喷房、防爆吹扫系统等组成，涂装机器人系统组成如图 3-4-4 所示。

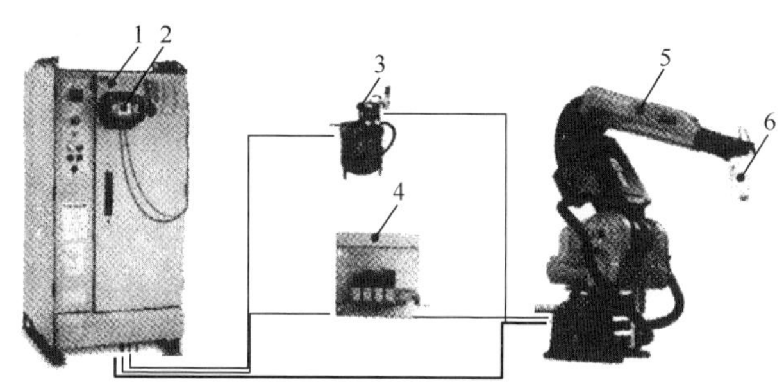

图 3-4-4　涂装机器人系统组成

1—机器人控制柜；2—示教器；3—供漆系统；4—防爆吹扫系统；
5—操作机；6—自动喷枪/旋杯

涂装机器人与普通工业机器人相比，操作机在结构方面的差别除了球型手腕与非球型手腕外，主要是防爆、油漆及空气管路和喷枪的布置所导致的差异，主要特点如下所述。

（1）一般手臂工作范围宽大，进行涂装作业时可以灵活避障。

（2）手腕一般有 2～3 个自由度，轻巧快速，适合内部、狭窄的空间及复杂工件的涂装。

（3）较先进的涂装机器人采用中空手臂和柔性中空手腕，柔性中空手腕及内部结构如图 3-4-5 所示。采用中空手臂和柔性中空手腕使得软管、线缆可内置，从而避免软管与工件间发生干涉，减少管道黏附薄雾、飞沫，最大程度降低灰尘粘到工件的可能性，缩短工作节拍。

（4）一般水平手臂搭载涂装工艺系统，从而缩短清洗、换色时间，提高生产效率，节约涂料及清洗液。集成于手臂的涂装工艺系统如图 3-4-6 所示。

1．涂装机器人控制系统

涂装机器人控制系统主要完成本体和涂装工艺控制。本体控制在控制原理、功能及组成上与通用工业机器人基本相同；涂装工艺的控制则是对供漆系统的控制，即负责对涂料单元控制盘、喷枪/旋杯单元进行控制，发出喷枪/旋杯开关指令，自动控制和调整涂装的参数（如流量、雾化电压、喷幅气压以及静电电压），控制换色阀及涂料混合器完成清洗、换色、混色作业。

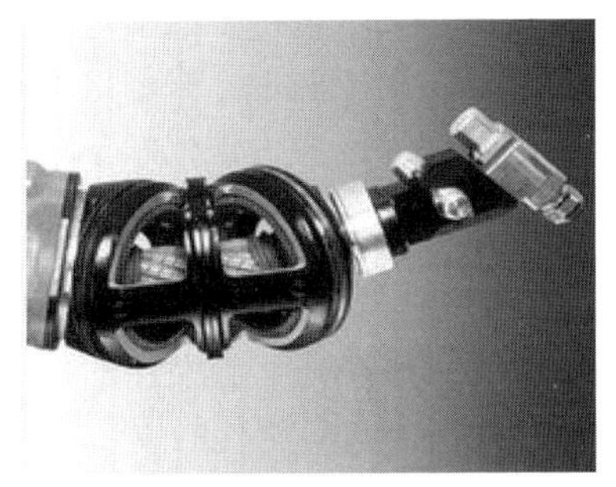

（a）柔性中空手腕

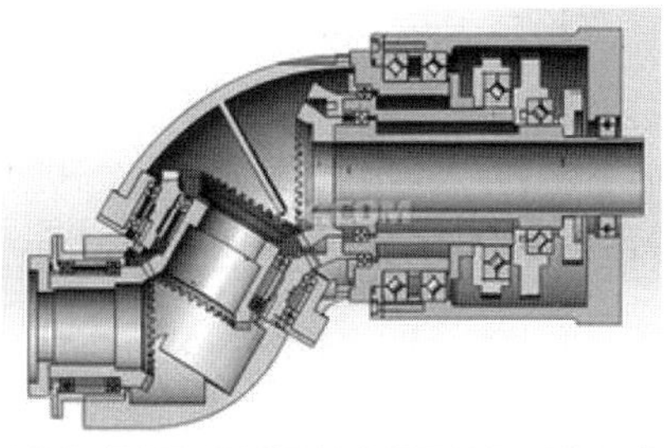

（b）柔性中空手腕内部结构

图 3-4-5　柔性中空手腕及结构

2. 供漆系统

供漆系统主要由涂料单元控制盘、气源、流量调节器、齿轮泵、涂料混合器、换色阀供漆供气管路及监控管线组成。涂料单元控制盘简称气动盘，它接收机器人控制系统发出的涂装工艺的控制指令，精准控制调节器、齿轮泵、喷枪/旋杯完成流量、空气雾化和空气成型的调整；同时控制涂料混合器、换色阀等以实现自动颜色切换和自动清洗等功能，实现高质量和高效率的涂装。著名涂装机器人厂商 ABB、FANUC 等均有自主生产的成熟供漆系统模块配套，如图 3-4-7 所示为 ABB 生产的涂料系统主要部件，包括采用模块化设计、可实现闭环控制的流量调节器、齿轮泵、涂料混合器及换色阀等模块。

图 3-4-6　集成于手臂的涂装工艺系统

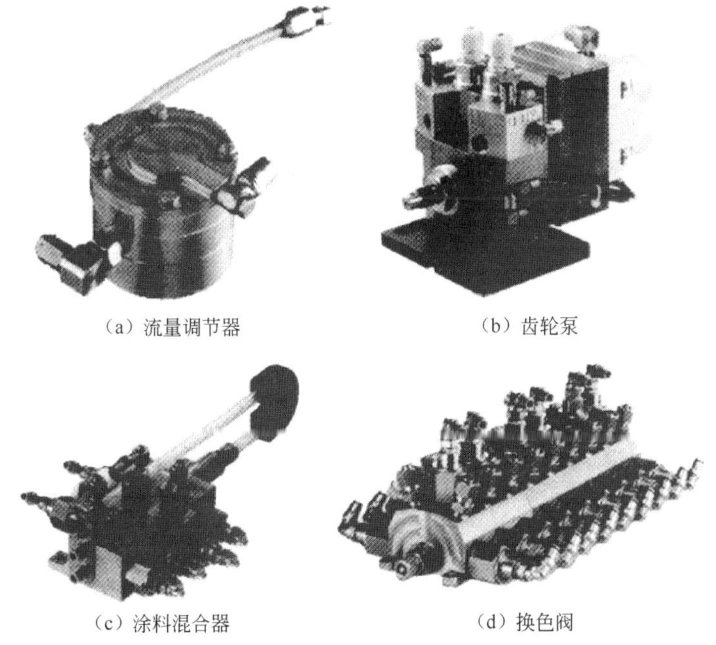

（a）流量调节器　（b）齿轮泵

（c）涂料混合器　（d）换色阀

图 3-4-7　ABB 生产的涂料系统主要部件

对于涂装机器人，根据所采用的涂装工艺不同，机器人“手持”的喷枪及配备的涂装系统也存在差异。传统涂装工艺与高压无气涂装仍在广泛应用，但近年来静电涂装，特别是旋杯式静电涂装工艺，凭借高质量、高效率、节能环保等优点已成为现代汽车车身涂装的主要手段之一，并且被广泛应用于其他工业领域。

3．空气涂装

空气涂装是利用压缩空气的气流，流过喷枪喷嘴孔形成负压，在负压的作用下涂料从吸管吸入，经过喷嘴喷出，通过压缩空气对涂料进行吹散，以达到均匀雾化的效果。空气涂装一般用于家具、3C 产品外壳、汽车等产品的涂装，如图 3-4-8 所示是较为常见的自动空气喷枪。

（a）日本明治 FA100H-P

（b）美国 DEVILBISST-AGHV

（c）德国 PILOT WA500

图 3-4-8　自动空气喷枪

4．高压无气涂装

高压无气涂装是一种较先进的涂装方法，其采用增压泵将涂料增至 6～30MPa 的高压，通过很细的喷孔喷出，使涂料形成扇形雾状，具有较高的涂料传递效率和生产效率，表面质量明显优于空气涂装。

5．静电涂装

静电涂装一般是以接地的被涂物为阳极，接电源负高压的雾化涂料为阴极，使得涂料雾化颗粒上带电荷，通过静电作用，吸附在工件表面。通常应用于金属表面或导电性良好且结构复杂的工件表面，或是球面、圆柱面等工件的涂装，其中高速旋杯式静电喷枪已成为应用最广的工业涂装设备，如图 3-4-9 所示。它在工作时利用旋杯的高速（一般为 30 000～60 000r/min）旋转运动产生离心作用，将涂料在旋杯内表面伸展成为薄膜，并通过巨大的加速度使其向旋杯边缘运动，在离心力及强电场的双重作用下涂料破碎为极细且带电的雾滴，向极性相反的被涂工件运动，沉积于被涂工件表面，形成均匀、平整、光滑、饱满的涂膜。高速旋杯式静电喷枪工作原理如图 3-4-10 所示。

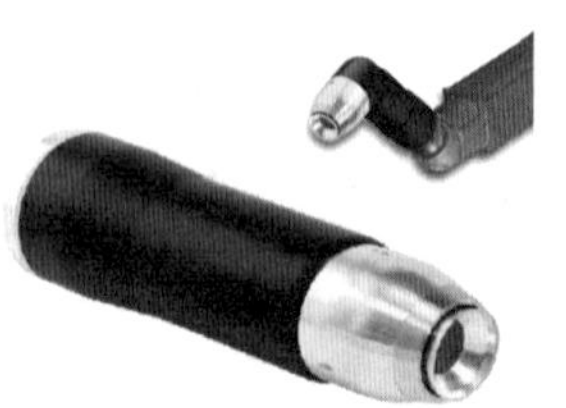
（a）ABB 溶剂性涂料适用高速旋杯式静电喷枪

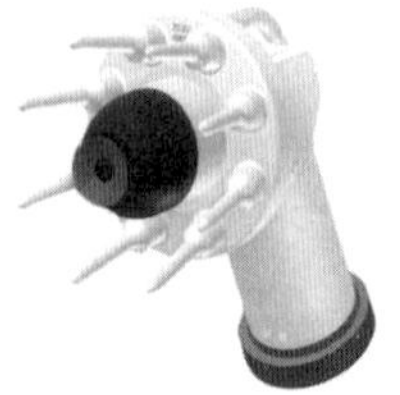
（b）ABB 水性涂料适用高速旋杯式静电喷枪

图 3-4-9　高速旋杯式静电喷枪

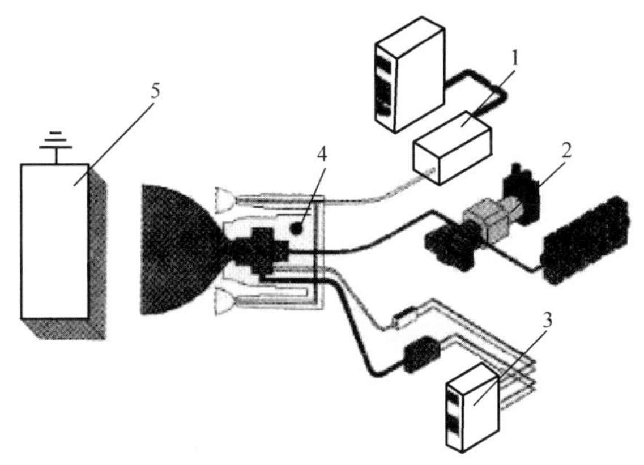

图 3-4-10　高速旋杯式静电喷枪工作原理

1—供气系统；2—供漆系统；3—高压静电发生系统；4—旋杯；5—工件

在进行涂装作业时，为了获得高质量的涂膜，除对机器人动作的柔性和精度、供漆系统及自动喷枪/旋杯的精准控制有所要求外，对涂装环境的最佳状态也提出了一定要求，如无尘、恒温、恒湿、工作环境内恒定的供风及对有害挥发性有机物含量的控制等，喷房由此应运而生。一般来说，喷房由涂料作业的工作室、收集有害挥发性有机物的废气舱、排气扇以及可将废气排放到建筑物外的排气管等组成。

涂装机器人多在封闭的喷房内涂装工件的内外表面，由于涂装的薄雾是易燃易爆的，如果机器人的某个部件产生火花或温度过高，就会引起大火甚至引起爆炸，所以防爆吹扫系统对于涂装机器人是及其重要的一部分。防爆吹扫系统主要由危险区域之外的吹扫单元、操作机内部的吹扫传感器、控制柜内的吹扫控制单元 3 部分组成。防爆吹扫系统工作原理如图 3-4-11 所示，吹扫单元通过柔性软管向包含有电气元件的操作机内部施加压力，阻止爆燃性气体进入操作机内；同时由吹扫控制单元监视操作机内压，当异常状况发生时立即切断操作机伺服电源。

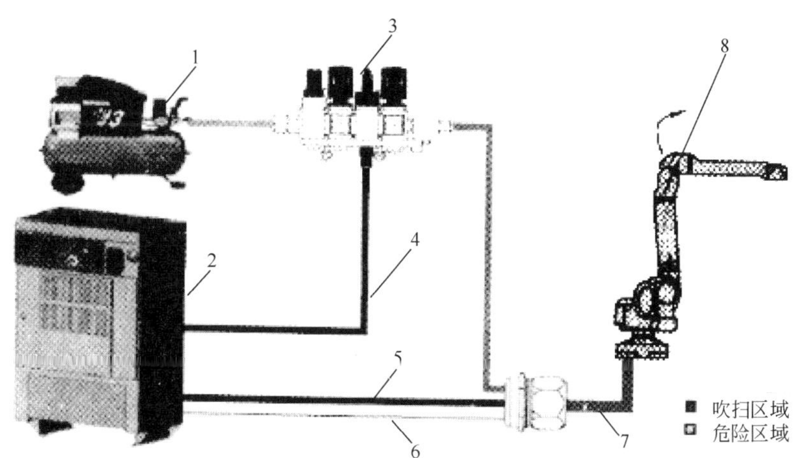

图 3-4-11　防爆吹扫系统工作原理

1—空气接口；2—控制柜；3—吹扫单元；4—吹扫单元控制电缆；5—操作机控制电缆；6—吹扫传感器控制电缆；7—软管；8—吹扫传感器

综上所述，涂装机器人主要包括机器人和自动涂装设备两部分。机器人由防爆机器人本体及完成涂装工艺控制的控制柜组成。而自动涂装设备主要由供漆系统及自动喷枪/旋杯组成。

三、涂装机器人的作业示教

目前，对于中小型涂装面形式较为简单的工件的编程方法以在线示教方式为主。由于各大机器人厂商对编程器及控制系统进行了优化，目前的编程器具有更直观友好的涂装用户界面，同时集成了涂装工艺系统，可让用户方便地进行机器人运动与编程、涂装工艺设备的试验与校准、涂装程序的测试。

涂装是一种较为常用的表面防腐、装饰、防污的表面处理方法，其规则之一需要喷枪在工件表面做往复运动。目前，工业机器人四大家族都有相应的涂装机器人产品，如ABB的IRB52、IRB5400、IRB5500和IRB580系列，FANUC的P-50iA、P-250iA和P-500系列，YASKAWA的EPX系列，KUKA的KR16等。这些机器人产品都有相应的专用的控制器及商业化应用软件，例如ABB的IRC5P和RobotWare Paint、FANUC的R-J3和Paint Tool Software。这些针对涂装作业开发的专业软件提供了强大而易用的涂装指令，可以方便地实现涂装参数及涂装过程的全面控制，也可缩短示教的时间，降低涂料消耗。涂装机器人示教的重点是对运动轨迹的示教，即确定各程序点处TCP的位姿。对于涂装机器人而言，其TCP一般设置在喷枪的末端中心，且在涂装作业中，高速旋杯喷枪的端面要相对于工件涂装工作面行走蛇形轨迹并保持一定的距离。涂装机器人TCP和喷枪作业姿态如图3-4-12所示。

为达到工作涂层的质量要求，必须保证以下几点。

（1）旋杯的轴线始终在工件涂装工作面的法线方向。

（2）旋杯端面到工件涂装工作面的距离要保持稳定，一般保持在0.2m左右。

（3）旋杯涂装轨迹要部分相互重叠（一般搭接宽度为2/3～3/4时较为理想），并保持适当的间距。

（4）涂装机器人应能同步跟踪工件传送装置上工件的运动。

（5）在进行示教编程时，若前臂及手腕有外露的管线应避免与工件发生干涉。

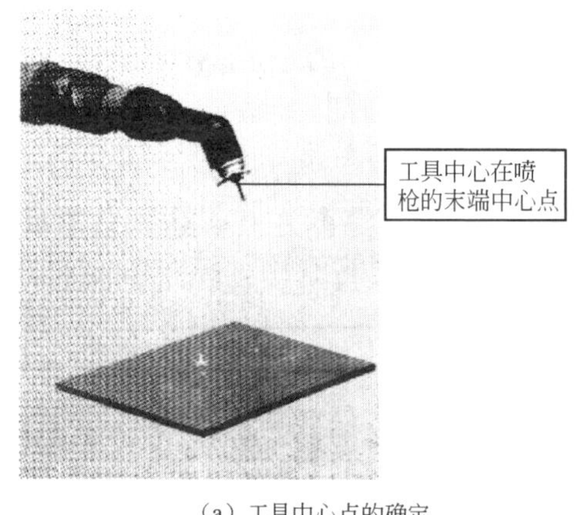

（a）工具中心点的确定

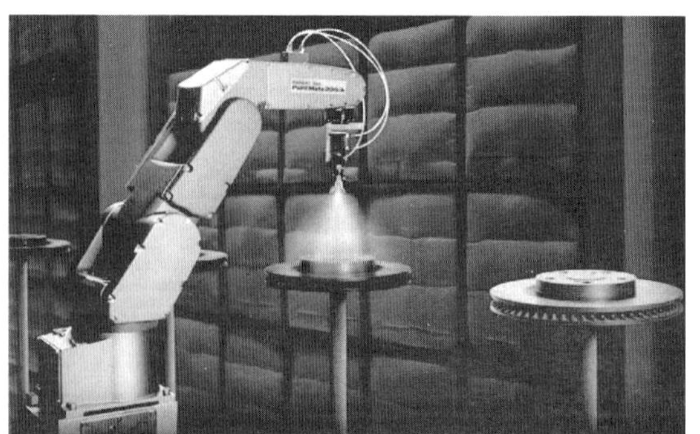
（b）喷枪作业姿态

图3-4-12　涂装机器人TCP和喷枪作业姿态

现以如图 3-4-13 所示的涂装机器人运动轨迹为例，采用在线示教的方式为机器人输入表面涂装作业程序。此程序由编号 1～8 的 8 个程序点组成，程序点说明见表 3-4-1。本例中使用的喷枪为高转速旋杯式自动静电涂装机，配合换色阀及涂料混合器完成旋杯打开、关闭，以进行涂装作业。具体作业编程可参照如图 3-4-14 所示涂装机器人作业示教流程开展。

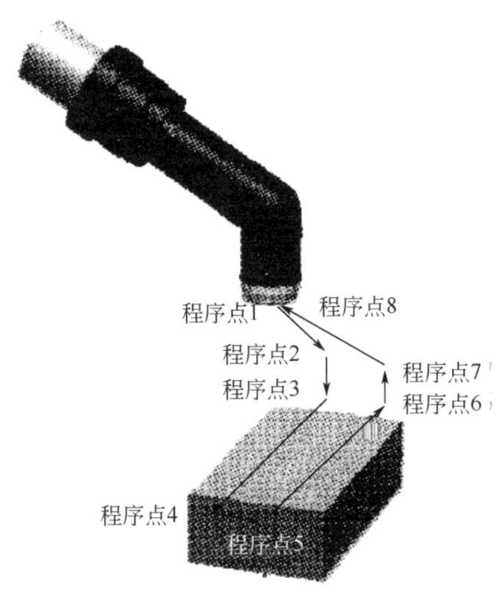

图 3-4-13　涂装机器人运动轨迹

表 3-4-1　程序点说明（涂装作业）

程序点	说明	程序点	说明	程序点	说明
程序点 1	机器人原点	程序点 4	涂装作业中间点	程序点 7	涂装作业规避点
程序点 2	作业临近点	程序点 5	涂装作业中间点	程序点 8	机器人原点
程序点 3	涂装作业开始点	程序点 6	涂装作业结束点	—	—

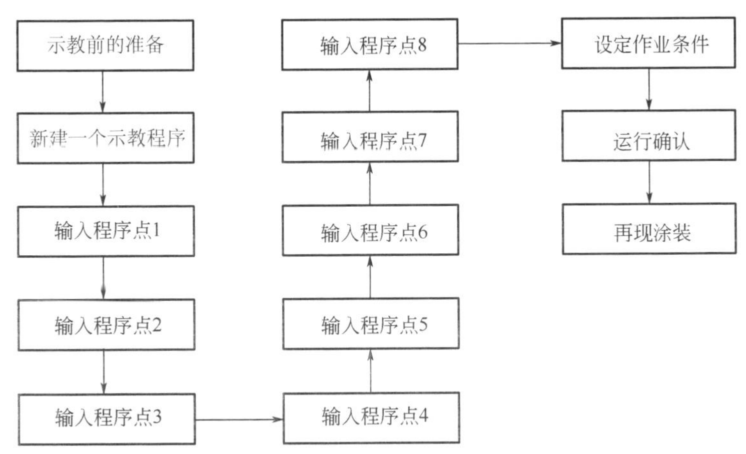

图 3-4-14　涂装机器人作业示教流程

1. 示教前的准备

示教前，应做好如下准备。

（1）工件表面清理。使用物理或化学方式将工件表面的铁锈、油污等杂质清理干净，一般可采用擦拭除尘、静电除尘及酸洗等方法。

（2）工件装夹。利用胎夹具将钢制箱体固定。

（3）安全确认。确认操作者与机器人之间保持安全距离。

（4）机器人原点确认。通过机器人机械臂各关节处的标记或调用原点程序复位机器人。

2. 新建作业程序

按下示教器的相关的菜单或按钮，新建一个作业程序，如“Paint__box”。

3. 程序点的输入

手动操作机器人分别移动到程序点 1～8 的位置。处于待机位置的程序点 1 和程序点 8，要处于与工件、夹具互不干涉的位置。机器人末端工具轴线在程序点 3～6 位置要与涂装工作面的法线共线，且必须保证机器人手臂及其外露管线不与涂装工作面接触。另外，机器人在各程序点间移动时，不可与工件、夹具发生干涉。涂装作业示教方法见表 3-4-2。

表 3-4-2　涂装作业示教方法

程序点	示 教 方 法
程序点 1 （机器人原点）	（1）按手动操作机器人要领移动机器人到原点 （2）将程序点插补方式选择“PTP” （3）确认保存程序点 1 为机器人原点
程序点 2 （作业临近点）	（1）手动操作机器人到作业临近点，并调整喷枪姿态 （2）将程序点插补方式选择“PTP” （3）确认并保存程序点 2 为作业临近点
程序点 3 （涂装作业开始点）	（1）保持喷枪姿态不变，手动操作机器人移动到涂装作业开始点 （2）将程序点插补方式选择“直线插补” （3）确认并保存程序点 3 为涂装作业开始点 （4）若有需要，手动插入涂装作业命令
程序点 4、5 （涂装作业中间点）	（1）保持喷枪姿态不变，手动操作机器人依次移动到各涂装作业中间点 （2）将程序点插补方式选择“直线插补” （3）确认并保存程序点 4、5 为涂装作业中间点
程序点 6 （涂装作业结束点）	（1）保持喷枪姿态不变，手动操作机器人移动到涂装作业结束点 （2）将程序点插补方式选择“直线插补” （3）确认并保存程序点 6 为涂装作业结束点 （4）若有需要，手动插入涂装作业结束命令
程序点 7 （作业规避点）	（1）手动操作机器人移动到作业规避点 （2）将程序点插补方式选择“PTP” （3）确认保存程序点 7 为作业规避点
程序点 8 （机器人原点）	（1）手动操纵机器人移动到机器人原点 （2）将程序点插补方式选择“PTP” （3）确认并保存程序点 8 为机器人原点

4. 设定作业条件

本例中涂装作业条件的输入，主要涉及两个方面：一是设定涂装条件（文件）；二是涂装

次序指令的添加。

（1）设定涂装条件

涂装条件的设定主要包括涂装流量、雾化气压、喷幅（调扇幅）气压、静电电压以及颜色设置表等，可参见表 3-4-3。

表 3-4-3 涂装条件设定

工艺条件	搭接宽度	喷幅/mm	枪速/mm・s^{-1}	吐出量/mL・min^{-1}	旋杯/mL・min^{-1}	$U_{静电}$/kV	空气压力/MPa
参考值	2/3～3/4	300～400	600～800	0～500	20～40	60～90	0.15

（2）添加涂装次序指令

在涂装开始、结束点（或各路径的开始、结束点）手动添加涂装次序指令，控制喷枪开关。

5．检查试运行

确认码垛机器人周围安全，按如下操作进行跟踪测试作业程序。

（1）打开要测试的程序文件。

（2）移动光标到程序开头位置。

（3）持续按住示教器上的有关跟踪功能键，实现机器人单步或连续运转。

6．再现涂装

跟踪测试无误后，即可进行再现涂装。

（1）打开要再现的作业程序，并将光标移动到程序的开头。

（2）切换“模式”旋钮到“再现/自动”状态。

（3）按下示教器上“伺服 ON”按钮，接通伺服电源。

（4）按下“启动”按钮，机器人再现涂装。

至此，涂装机器人的简单作业示教操作完毕。

综上所述，涂装机器人的示教与搬运、码垛、装配机器人示教相似，也是通过示教方式获取运动轨迹上的关键点，然后存入程序的运动指令中。这对于大型、复杂曲面工件来说，必须花费大量的时间示教，不但大大降低了生产效率，提高了生产成本，而且涂装质量也得不到有效的保障。因此，对于大型、复杂曲面工件的示教更多地采用离线编程，各大机器人厂商对于涂装作业的离线编程均有相应的商业化软件推出，比如 ABB 的 RobotStudio Paint 和 ShopFloor Editor，这些离线编程软件工具可以在无须中断生产的前提下，进一步示教操作和调整工艺。

四、涂装机器人的周边设备与布局

完整的涂装机器人生产线及柔性涂装单元除了前面所提及的机器人和自动涂装设备两部分外，还包括一些周边辅助设备。同时，为了保证生产空间、能源和原料的高效利用，灵活性高、结构紧凑的涂装车间布局显得非常重要。

1．周边设备

常见的涂装机器人辅助装置有机器人行走单元、工件传送（旋转）单元、空气过滤系统、输调漆系统、喷枪清理装置、涂装生产线控制盘等。

（1）机器人行走单元与工件传送（旋转）单元

如同前面任务介绍的装配机器人变位机和滑移平台，涂装机器人也有类似的装置，主要包括完成工件的传送机、旋转动作的伺服转台、伺服穿梭机及输送系统，以及完成机器人上下左右移动的行走单元，但是涂装机器人所配备的行走单元、工件传送和旋转单元的防爆性能有着较高的要求。一般将配备行走单元、工件传送与旋转单元的涂装机器人生产线及柔性涂装单元的工作方式有 3 种：动/静模式、流动模式及跟踪模式。

① 动/静模式。在动/静模式下，工件先由伺服穿梭机或输送系统传送到涂装室中，由伺服转台完成工件旋转，之后由涂装机器人单体或者配备行走单元的机器人对其完成涂装作业。在涂装过程中工件可以是静止地做独立运动，也可与机器人做协调运动。动/静模式下的涂装单元如图 3-4-15 所示。

② 流动模式。在流动模式下，工件由输送链承载匀速通过涂装室，由固定不动的涂装机器人对工件完成涂装作业。流动模式下的涂装单元如图 3-4-16 所示。

③ 跟踪模式。在跟踪模式下，工件由输送链承载匀速通过涂装室，机器人不仅要跟踪随输送链运动的涂装物，而且要根据涂装而改变喷枪的方向和角度。跟踪模式下的涂装机器人生产线如图 3-4-17 所示。

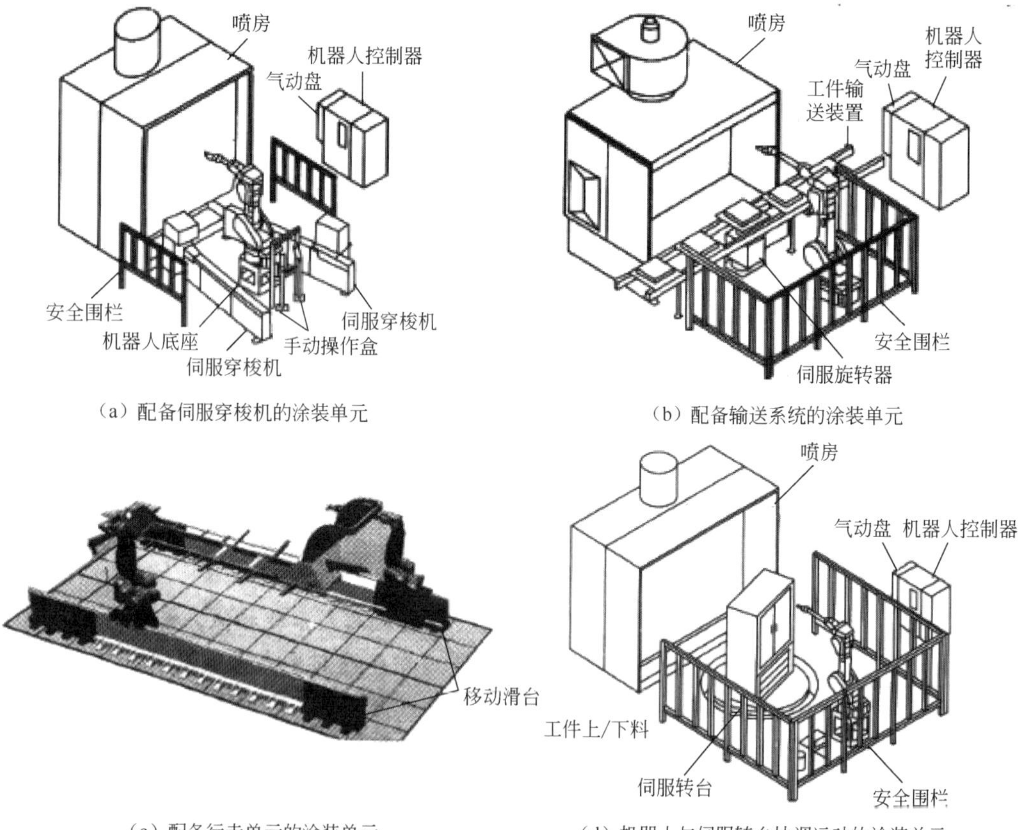

（a）配备伺服穿梭机的涂装单元

（b）配备输送系统的涂装单元

（c）配备行走单元的涂装单元

（d）机器人与伺服转台协调运动的涂装单元

图 3-4-15　动/静模式下的涂装单元

图 3-4-16　流动模式下的涂装单元

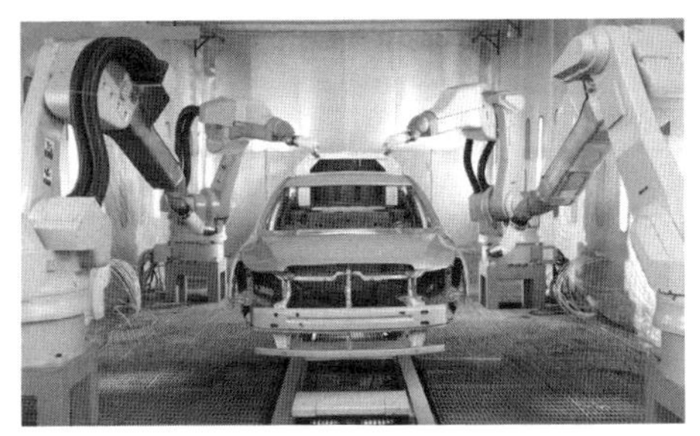

图 3-4-17　跟踪模式下的涂装机器人生产线

（2）空气过滤系统

在涂装作业过程中，当大于或者等于 10μm 的粉尘混入漆层时，肉眼就可以明显看到由粉尘造成的瑕点。为了保证涂装作业的表面质量，涂装线所处的环境及空气涂装所使用的压缩空气应尽可能保持清洁，因此由空气过滤系统使用大量空气过滤器对空气进行处理以及保持涂装车间正压来实现。喷房内的空气纯净度要求最高，一般来说要求经过 3 道过滤。

（3）输调漆系统

涂装机器人生产线一般由多个涂装机器人单元协同作业，这时需要有稳定、可靠的涂料及溶剂的供应，而输调漆系统则是保证这一问题的重要装置。一般来说，输调漆系统由以下几部分组成：油漆和溶剂混合的调漆系统，为涂装机器人提供油漆和溶剂的输送系统，液压泵系统，油漆温度控制系统，溶剂回收系统，辅助输调漆设备及输调漆管网等。输调漆系统如图 3-4-18 所示。

（4）喷枪清理装置

涂装机器人的设备利用率高达 90%～95%，在进行涂装作业中难免发生污物堵塞喷枪气路，同时在对不同工件进行涂装时也需要进行换色作业，此时需要对喷枪进行清理。自动化的喷枪清洗装置能够快速、干净、安全地完成喷枪的清洗和颜色更换，彻底清除喷枪通道内及喷枪上飞溅的涂料残渣，同时对喷枪完成干燥，减少喷枪清理所耗用的时间、溶剂及空气，自动喷枪清理机如图 3-4-19 所示。喷枪清洗装置在对喷枪清理时一般经过 4 个步骤：空气自动冲洗、自动清洗、自动溶剂冲洗、自动通风排气。喷枪清洗任务编程需要 5～7 个程序点，程序点说明见表 3-4-4。

图 3-4-18　输调漆系统

图 3-4-19　自动喷枪清理机

表 3-4-4 程序点说明（清枪动作）

程序点	说明	程序点	说明	程序点	说明
程序点 1	移向清枪位置	程序点 3	清枪位置	程序点 5	移出清枪位置
程序点 2	清枪前一点	程序点 4	喷枪抬起	—	—

（5）涂装生产线控制盘

对于采用两套或者两套以上涂装机器人单元同时工作的涂装作业系统，一般需要配置生产线控制盘对生产线进行监控和管理。如图 3-4-20 所示为川崎公司的 KOSMOS 涂装生产线控制盘界面，其功能如下。

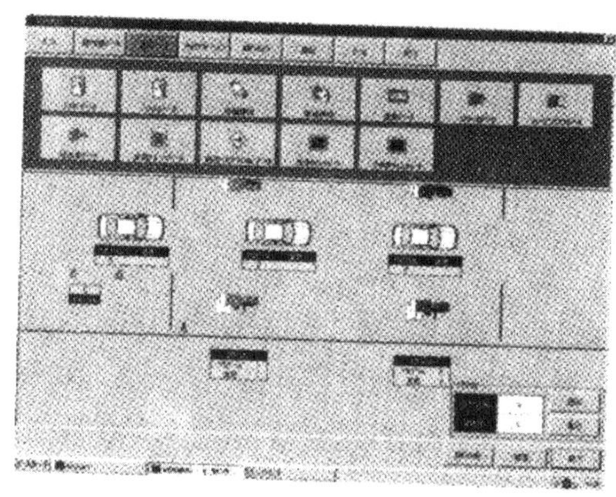

图 3-4-20 川崎公司的 KOSMOS 涂装生产线控制盘界面

① 生产线监控功能。通过管理界面可以监控整个涂装作业系统的状态，例如工件类型、颜色、涂装机器人和周边装置的操作、涂装条件、系统故障信息等。

② 可以方便设置和更改涂装条件及涂料单元控制盘，即对涂料流量、雾化电压、喷幅（调扇幅）气压、静电电压进行设置，并可设置颜色切换的时序图、喷枪清洗及各类工件类型和颜色的程序编号。

③ 可以管理统计生产线各类生产数据，包括产量统计、故障统计、涂料消耗率等。

2. 工位布局

涂装机器人具有涂装质量稳定，涂料利用率高，可以连续大批量生产等优点，涂装机器人工作站或生产线的布局是否合理直接影响到企业的产能及能源和原料的利用率。涂装机器人与周边设备组成的涂装机器人工作站的工位布局一般由工作台或工件传送（旋转）单元配合涂装机器人构成并排、A 字型、H 型与转台型双工位工作站。对于汽车及机械制造等行业往往需要结构紧凑灵活、自动化程度高的涂装生产线，涂装生产线在形式上一般有两种：线型布局和并行盒子布局，如图 3-4-21 所示。

图 3-4-21（a）所示的采取线型布局的涂装生产线在进行涂装作业时，产品依次通过各工作站完成清洗、中涂、底漆、清漆和烘干等工序，负责不同工序的各工作站间采用停走运行方式。对于图 3-4-21（b）所示并行盒子布局，在进行涂装作业时，产品进入清洗站完成清洗作业，接着为其外表面进行中涂之后，被分送到不同的盒子中完成内部和表面的底漆和清漆涂装，不同盒子间可同时以不同周期时间进行，同时日后如需扩充生产能力，可以轻易地整

合新的盒子到现有的生产线中。线型布局和并行盒子布局生产线比较详见表 3-4-5。

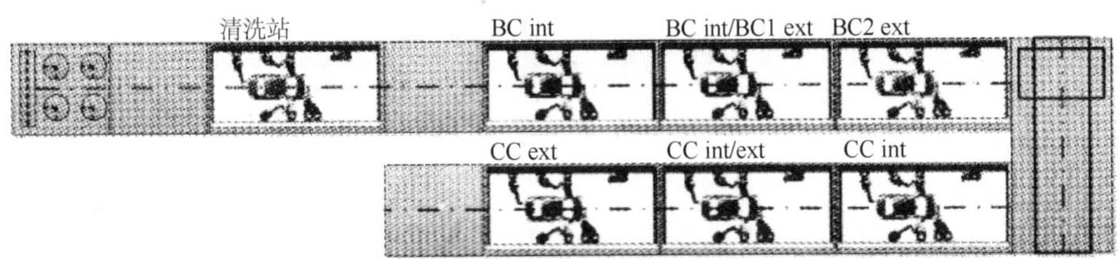

（a）线型布局

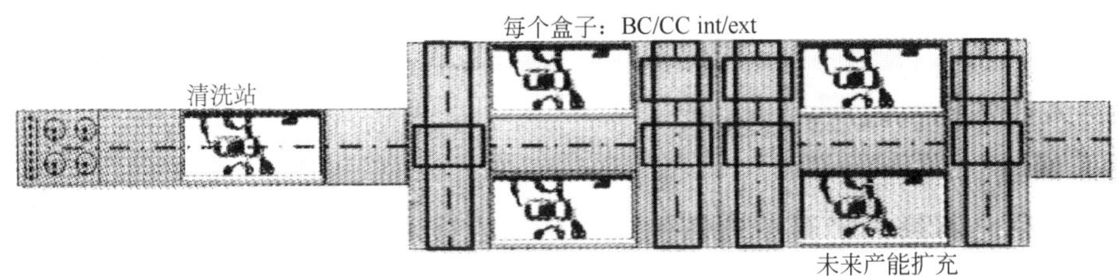

（b）并行盒子布局

图 3-4-21　涂装机器人生产线布局

表 3-4-5　线型布局与并行盒子布局生产线比较

比较项目	线型布局生产线	并行盒子布局生产线
涂装产品范围	单一	满足多产品要求
对生产节拍变化适应性	要求尽可能稳定	可适应不同的生产节拍
同等生产力的系统程度	长	远远短于线型布局
同等生产力需要机器人的数量	多	较少
设计建造难易程度	简单	相对较为复杂
生产线运行耗能	高	低
作业期间换色时涂料的损失量	多	较少
未来生产能力扩充难易度	较为困难	灵活简单

综上所述，在涂装生产线的设计过程中不仅要考虑产品范围以及额定生产能力，还需要考虑所需涂装产品的类型、各产品的生产批量及涂装工作量等因素。对于产品单一、生产节拍稳定、生产工艺中有特殊工序的可采取线型布局。当产品类型尺寸、工艺流程、产品批量各异，灵活的并行盒子布局的生产线则是比较合适的选择。同时采取并行盒子布局不仅可以减少投资，而且可以降低后续运行成本，但建造并行盒子布局的生产线时需要额外承担产品处理方式及中转区域设备等投资。

一、任务准备

实施本任务教学所使用的实训设备及工具材料可参考表 3-4-6。

表 3-4-6　实训设备及工具材料

序号	分类	名称	型号规格	数量	单位	备注
1	工具	内六角扳手	3.0mm	1	个	工具墙
2		内六角扳手	4.0mm	1	个	工具墙
3	设备器材	内六角螺丝	M4	4	颗	工具墙蓝色盒
4		内六角螺丝	M5	4	颗	工具墙黄色盒
5		单吸盘夹具		1	个	物料间领料
6		车窗涂胶模块		1	个	物料间领料
7		涂胶注射器		1	套	物料间领料

二、认识工业机器人车窗涂胶单元工作站

1. 工业机器人车窗涂胶单元工作站的组成

工业机器人车窗涂胶单元工作站是为了进行机器人示教编程而建立的，其主要由机器人本体、机器人控制器、车窗涂胶单元、单吸盘夹具、操作控制柜、模块承载平台、透明安全护栏、光幕安全门、零件箱和工具墙、编程电脑桌等组成，如图 3-4-22 所示。其中车窗涂胶单元主要由车窗涂胶单元和模块承载平台构成，主要训练点对点的轨迹运动。车窗涂胶单元如图 3-4-23 所示。车窗涂胶训练模型组成部件见表 3-4-7。

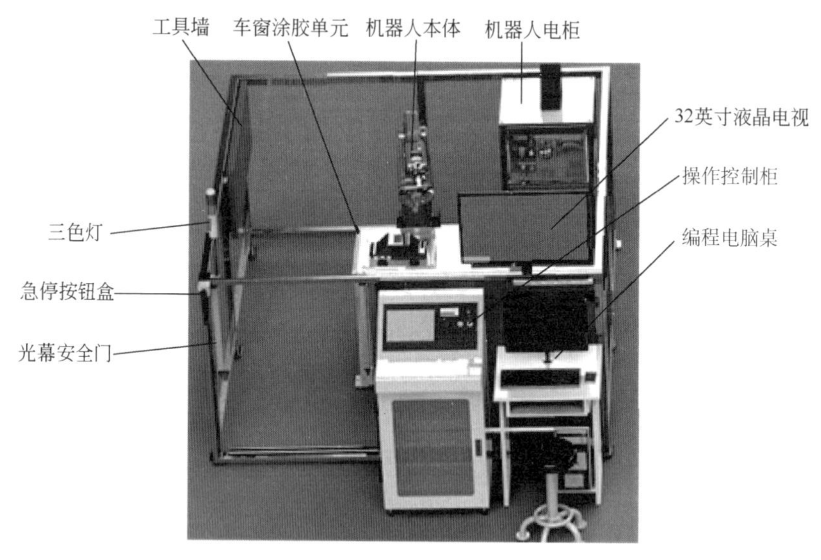

图 3-4-22　工业机器人车窗涂胶单元工作站

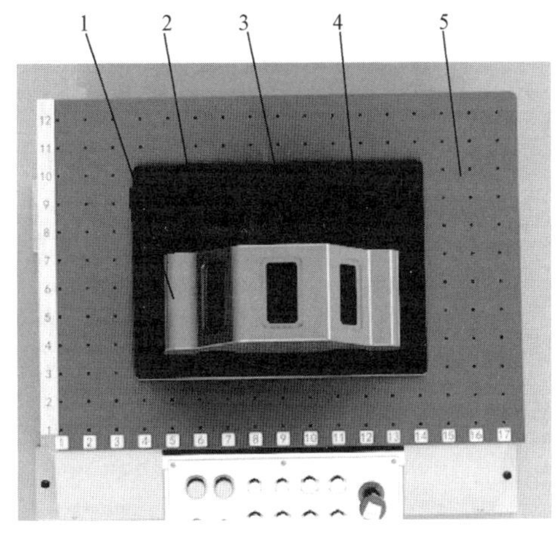

图 3-4-23　车窗涂胶单元

表 3-4-7　车窗涂胶训练模型组成部件

序号	名称	序号	名称	序号	名称
1	小车模型	3	小车顶窗	5	模块承载平台
2	小车前窗	4	小车后窗		

2．控制要求

本任务采用示教编程方法，操作机器人实现车窗涂胶单元运动轨迹的示教。

具体控制要求如下。

1．单击触摸屏上的“上电”按钮，机器人伺服上电；单击触摸屏上机器人的“启动”按钮，机器人进入主程序；单击触摸屏上机器人的“复位”按钮，机器人回到 HOME 点，系统进入等待状态；单击触摸屏上工作站的“启动”按钮，系统进入运行状态，车窗涂胶开始，直到涂胶完成后停止。

2．单击触摸屏上的“停止”按钮，系统进入停止状态，所有气动机构均保持该状态不变。

二、车窗涂胶单元的安装

在车窗涂胶单元的每个凹槽板中间有两个用于安装固定的螺丝孔，把车窗涂胶单元放置到模块承载平台上，用 M4 内六角螺丝将其固定锁紧，保证模型紧固牢靠，车窗涂胶单元整体布局如图 3-4-24 所示。

三、单吸盘夹具的安装

本任务训练采用单吸盘夹具，该夹具在与机器人 J_6 轴连接法兰上有 4 个螺丝安装孔，把夹具调整到合适位置，然后用螺丝将其紧固到机器人 J_6 轴上，把机器人上面 1 号气管接在夹具气管接头上，完成夹具的安装，如图 3-4-25 所示。

图 3-4-24　车窗涂胶单元整体布局

图 3-4-25　单吸盘夹具的安装

四、气路检查及气路接法

工件装配模块吸盘使用气动控制，实现工件装配作业需要检查机器人背面底座的气动三联件，确认气路有气压，保证机器人能进行气动驱动，建议气压压力为 0.4MPa，气动三联件如图 3-4-26 所示。如图 3-4-27 所示是机器人手臂上的气管图，夹具气管的接法见表 3-4-8。

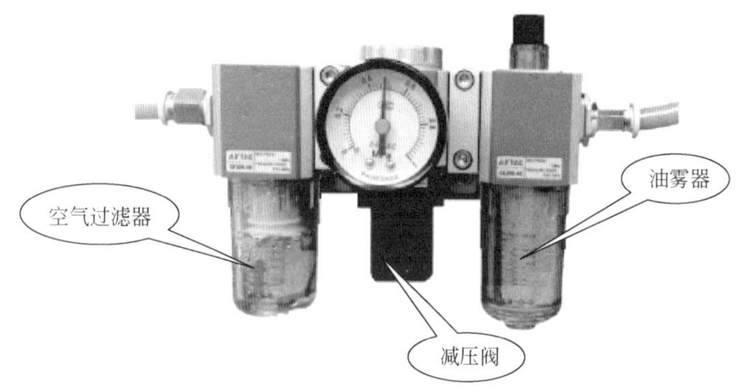

图 3-4-26　气动三联件

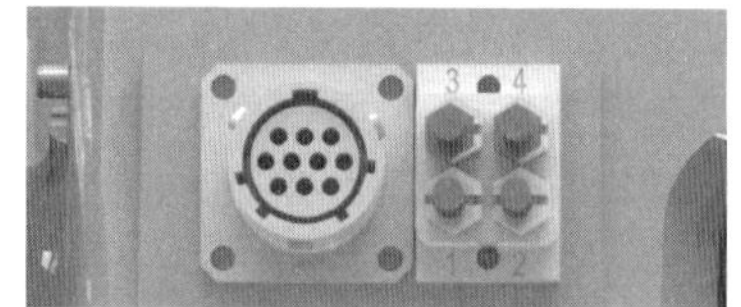

图 3-4-27　机器人手臂上的气管图

表 3-4-8　夹具气管的接法

机器人气管编号	连接对象
1	吸盘 1
2	吸盘 2
3	抓手“S”张开通气孔
4	抓手“O”闭合通气孔

五、机器人程序设计与编写

根据机器人运动轨迹编写机器人程序时，首先根据控制要求绘制机器人程序流程图，然后编写机器人主程序和子程序。编写子程序前要先设计好机器人的运行轨迹及定义好机器人

的程序点。

1．设计机器人程序流程图

根据控制功能，设计机器人程序流程，如图 3-4-28 所示。

2．机器人系统 I/O 与 PLC 地址配置

实现机器人系统和 PLC 控制器的通信，需要配置相关的信号端口，机器人系统 I/O 与 PLC 端口配置见表 3-4-9。

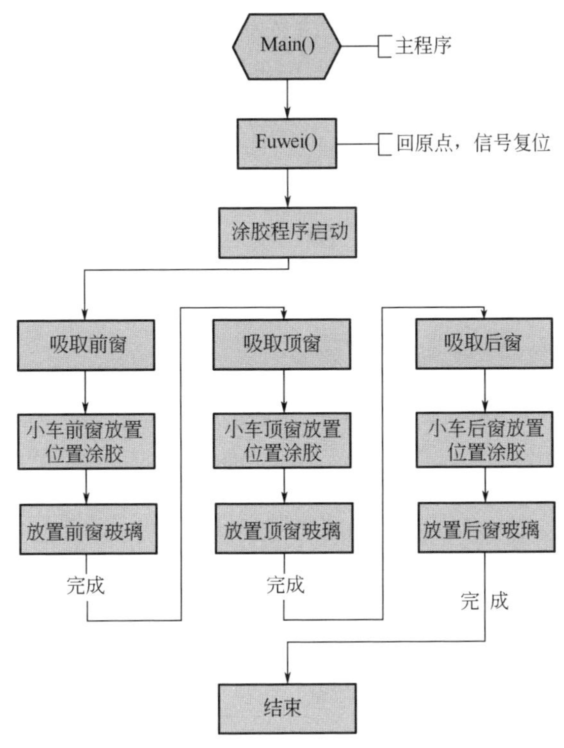

图 3-4-28　机器人程序流程

表 3-4-9　机器人系统 I/O 与 PLC 端口配置

序号	机器人 I/O	PLC I/O	功能描述	备　注
1	di01	Q2.0	机器人伺服上电	配置系统 motor_on
2	di02	Q2.1	启动 Main 程序	配置系统 Start st main
3	di03	Q2.2	机器人停止	配置系统 Stop
4	do2	I2.1	吸盘开关信号	触摸屏指示灯
5	do3	I2.2	涂胶开关信号	触摸屏指示灯
6	do6	I2.5	机器人工艺完成信号	触摸屏指示灯
7	do7	I2.6	机器人正在运行中信号	触摸屏指示灯

3．确定机器人运动所需示教点

根据如图 3-4-29 所示的机器人运动轨迹分布图，可确定机器人运动轨迹示教点见表 3-4-10。

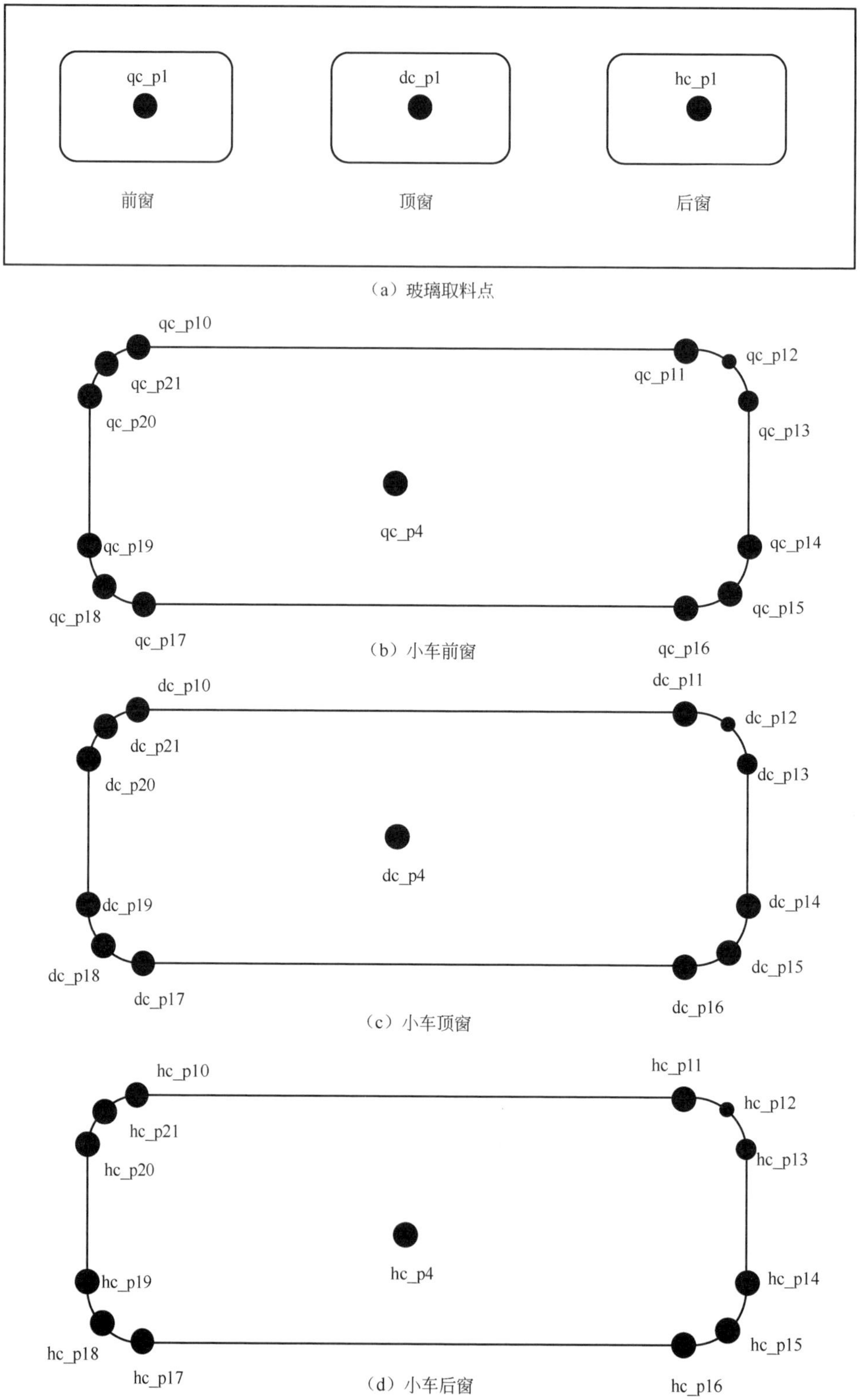

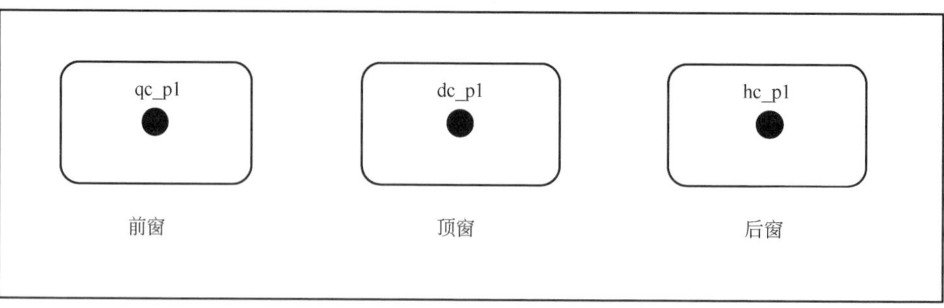

（a）玻璃取料点

qc_p10
qc_p12
qc_p21
qc_p11
qc_p20
qc_p13
qc_p4
qc_p19
qc_p14
qc_p18
qc_p15
qc_p17
qc_p16

（b）小车前窗

dc_p10
dc_p11
dc_p12
dc_p21
dc_p13
dc_p20
dc_p4
dc_p19
dc_p14
dc_p18
dc_p15
dc_p17
dc_p16

（c）小车顶窗

hc_p10
hc_p11
hc_p12
hc_p21
hc_p13
hc_p20
hc_p4
hc_p19
hc_p14
hc_p18
hc_p15
hc_p17
hc_p16

（d）小车后窗

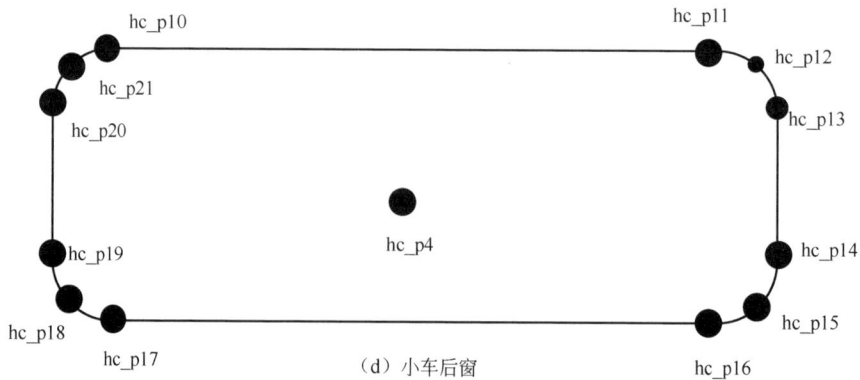

图 3-4-29　机器人运动轨迹分布图

表 3-4-10 机器人运动轨迹示教点

序号	点序号	注 释	备注
1	Home	机器人初始位置	需示教
2	qc_p1	前窗吸取点	需示教
3	qc_p2～qc_p3	移动前窗过渡点	需示教
4	qc_p4	前窗放置点	需示教
5	qc_p10～qc_p21	小车前窗涂点轨迹点	需示教
6	dc_p1	顶窗吸取点	需示教
7	dc_p2～dc_p3	移动顶窗过渡点	需示教
8	dc_p4	顶窗放置点	需示教
9	dc_p10～dc_p21	小车顶窗涂点轨迹点	需示教
10	hc_p1	后窗吸取点	需示教
11	hc_p2～hc_p3	移动后窗过渡点	需示教
12	hc_p4	后窗放置点	需示教
13	hc_p10～hc_p21	小车后窗涂点轨迹点	需示教

4. 机器人程序设计

（1）程序建立

根据上述的内容，需要建立 1 个主程序及 4 个子程序，包括 1 个复位程序“fuwei( )”，3 个车窗涂胶程序“qianchuang( )”“dingchuang( )”“houchuang( )”，程序建立如图 3-4-30 所示（仅供参考）。

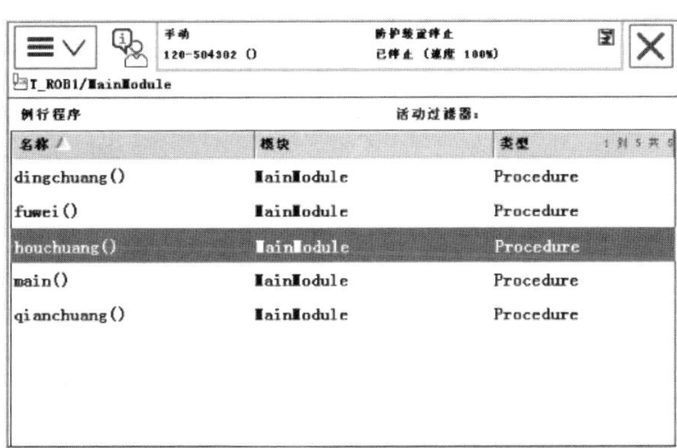

图 3-4-30 程序建立

（2）主程序编写

主程序编写，在“main( )”程序中只需要调用各个例行程序即可，参考程序如下。

```
!车窗涂胶主程序
PROC main( )
    fuwei;                    !调用 fuwei( )子程序
    qianchuang;               !调用 qianchuang( )子程序
```

```
    dingchuang;                     !调用 dingchuang( )子程序
    houchuang;                      !调用 houchuang( )子程序
    fuwei;                          !调用 fuwei( )子程序
ENDPROC
```

（3）复位程序编写

复位程序编写，在“fuwei( )”程序中，要将机器人回到 home 点（初始位置），电磁阀复位，参考程序如下。

```
PROC fuwei( )
    MoveJ home,v150,fine,tool0;         !机器人回到原点
    Reset do2;                          !吸盘关闭
    Reset do3;                          !涂胶关闭
    Reset do6;                          !完成信号关闭
    Reset do7;                          !运行信号关闭
ENDPROC
```

（4）车窗涂胶程序编写

车窗涂胶程序编写，小车模型凹槽涂胶后，需要将前窗、顶窗、后窗 3 块玻璃，分别放入小车模型凹槽。前窗涂胶流程如图 3-4-31 所示。

（a）吸取前窗玻璃

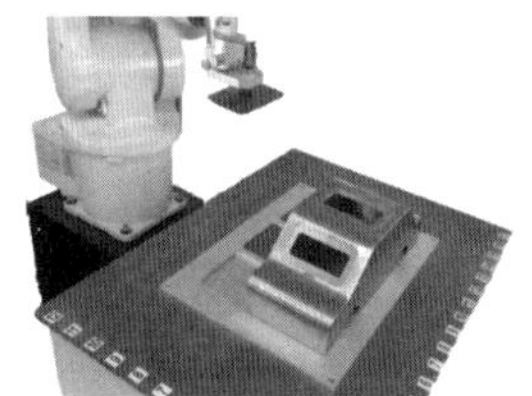

（b）抬升前窗玻璃

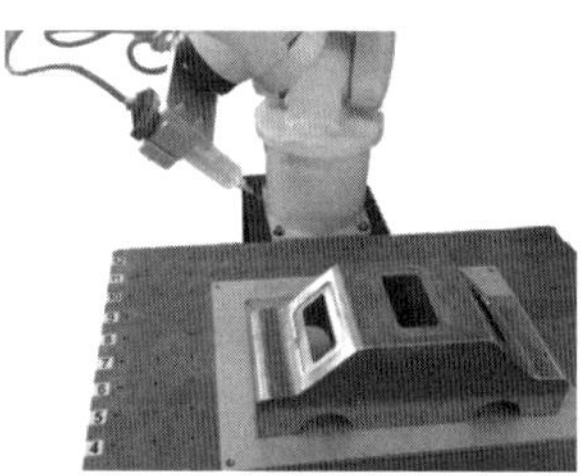

（c）准备涂胶

（d）开始涂胶

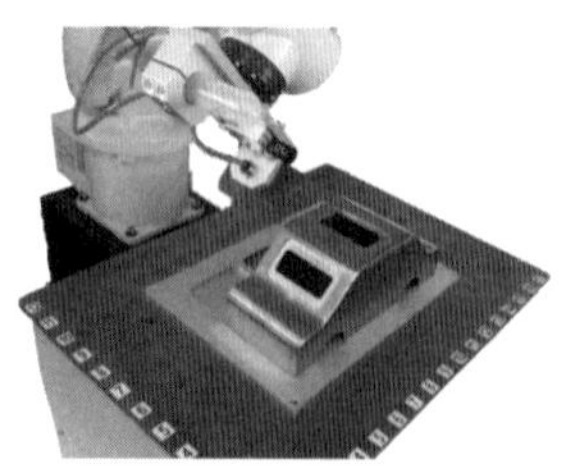

（e）准备放置前窗玻璃

（f）放置前窗玻璃

图 3-4-31　前窗涂胶流程

前窗涂胶参考程序如下。

```
!前窗程序
PROC qianchuang( )
    MoveJ qc_p2,v150,z10,tool0;                 !吸取前窗玻璃上方
    MoveL qc_p1,v150,fine,tool0;                !接触前窗玻璃
    Set do2;!吸取前窗
    WaitTime 0.5;
    MoveL qc_p2,v150,z10,tool0;                 !抬升
    MoveL qc_p3,v150,z10,tool0;                 !前窗放置点上方
    MoveJ qc_p5,v100,z10,tool0;                 !涂胶点上方
    MoveL qc_p10,v50,fine,tool0;                !接触涂胶点
    Set do3;!开始涂胶
    WaitTime 0.5;
    MoveL qc_p11,v50,z0,tool0;                  !直线涂胶
    MoveC qc_p12,qc_p13,v50,z0,tool0;           !圆弧涂胶
    MoveL qc_p14,v50,z0,tool0;                  !圆弧涂胶
    MoveC qc_p15,qc_p16,v50,z0,tool0;           !圆弧涂胶
    MoveL qc_p17,v50,z0,tool0;                  !直线涂胶
    MoveC qc_p18,qc_p19,v50,z0,tool0;           !圆弧涂胶
    MoveL qc_p20,v50,z0,tool0;                  !直线涂胶
    MoveC qc_p21,qc_p10,v50,fine,tool0;         !圆弧涂胶
    Reset do3;                                  !关闭涂胶注射器
    WaitTime 0.5;
    MoveL qc_p5,v100,z10,tool0;                 !抬升
    MoveJ qc_p3,v150,z10,tool0;                 !前窗放置点上方
    MoveL qc_p4,v50,fine,tool0;                 !移到前窗放置点
    Reset do2;                                  !放置玻璃
    WaitTime 0.5;
    MoveL qc_p3,v150,z10,tool0;                 !抬升
ENDPROC
```

（5）工件装配最终程序

顶窗涂胶和后窗涂胶与前窗涂胶作业流程类似，请参照前窗涂胶程序编写顶窗涂胶和后窗涂胶程序，整个控制程序如下。

```
PROC main( )
    fuwei;
    qianchuang;
    dingchuang;
    houchuang;
    fuwei;
ENDPROC
PROC fuwei( )
```

```
        MoveJ home,v150,fine,tool0;
        Reset do2;
        Reset do3;
        Reset do6;
        Reset do7;
    ENDPROC
    !前窗程序
    PROC qianchuang( )
        Set do7;!程序运行信号打开
        MoveJ qc_p2,v150,z10,tool0;                 !吸取前窗玻璃上方
        MoveL qc_p1,v150,fine,tool0;                !接触前窗玻璃
        Set do2;!吸取前窗
        WaitTime 0.5;
        MoveL qc_p2,v150,z10,tool0;                 !抬升
        MoveL qc_p3,v150,z10,tool0;                 !前窗放置点上方
        MoveJ qc_p5,v100,z10,tool0;                 !涂胶点上方
        MoveL qc_p10,v50,fine,tool0;                !接触涂胶点
        Set do3;!开始涂胶
        WaitTime 0.5;
        MoveL qc_p11,v50,z0,tool0;                  !直线涂胶
        MoveC qc_p12,qc_p13,v50,z0,tool0;           !圆弧涂胶
        MoveL qc_p14,v50,z0,tool0;                  !圆弧涂胶
        MoveC qc_p15,qc_p16,v50,z0,tool0;           !圆弧涂胶
        MoveL qc_p17,v50,z0,tool0;                  !直线涂胶
        MoveC qc_p18,qc_p19,v50,z0,tool0;           !圆弧涂胶
        MoveL qc_p20,v50,z0,tool0;                  !直线涂胶
        MoveC qc_p21,qc_p10,v50,fine,tool0;         !圆弧涂胶
        Reset do3;                                  !关闭涂胶注射器
        WaitTime 0.5;
        MoveL qc_p5,v100,z10,tool0;                 !抬升
        MoveJ qc_p3,v150,z10,tool0;                 !前窗放置点上方
        MoveL qc_p4,v50,fine,tool0;                 !移到前窗放置点
        Reset do2;                                  !放置玻璃
        WaitTime 0.5;
        MoveL qc_p3,v150,z10,tool0;                 !抬升
    ENDPROC
    !顶窗程序
    PROC dingchuang( )
        MoveJ dc_p2,v150,z10,tool0;                 !吸取顶窗玻璃上方
        MoveL dc_p1,v150,fine,tool0;                !接触顶窗玻璃
        Set do2;                                    !吸取顶窗
        WaitTime 0.5;
        MoveL dc_p2,v150,z10,tool0;                 !抬升
```

```
        MoveL dc_p3,v150,z10,tool0;                !顶窗放置点上方
        MoveJ dc_p5,v100,z10,tool0;                !涂胶点上方
        MoveL dc_p10,v50,fine,tool0;               !接触涂胶点
        Set do3;!开始涂胶
        WaitTime 0.5;
        MoveL dc_p11,v50,z0,tool0;                 !直线涂胶
        MoveC dc_p12,qc_p13,v50,z0,tool0;          !圆弧涂胶
        MoveL dc_p14,v50,z0,tool0;                 !圆弧涂胶
        MoveC dc_p15,qc_p16,v50,z0,tool0;          !圆弧涂胶
        MoveL dc_p17,v50,z0,tool0;                 !直线涂胶
        MoveC dc_p18,qc_p19,v50,z0,tool0;          !圆弧涂胶
        MoveL dc_p20,v50,z0,tool0;                 !直线涂胶
        MoveC dc_p21,qc_p10,v50,fine,tool0;        !圆弧涂胶
        Reset do3;                                 !关闭涂胶注射器
        WaitTime 0.5;
        MoveL dc_p5,v100,z10,tool0;                !抬升
        MoveJ dc_p3,v150,z10,tool0;                !顶窗放置点上方
        MoveL dc_p4,v50,fine,tool0;                !移到顶窗放置点
        Reset do2;                                 !放置玻璃
        WaitTime 0.5;
        MoveL dc_p3,v150,z10,tool0;                !抬升
    ENDPROC
    !后窗程序
    PROC houchuang( )
        MoveJ hc_p2,v150,z10,tool0;                !吸取后窗玻璃上方
        MoveL hc_p1,v150,fine,tool0;               !接触后窗玻璃
        Set do2;                                   !吸取后窗
        WaitTime 0.5;
        MoveL hc_p2,v150,z10,tool0;                !抬升
        MoveL hc_p3,v150,z10,tool0;                !后窗放置点上方
        MoveJ hc_p5,v100,z10,tool0;                !涂胶点上方
        MoveL hc_p10,v50,fine,tool0;               !接触涂胶点
        Set do3;!开始涂胶
        WaitTime 0.5;
        MoveL hc_p11,v50,z0,tool0;                 !直线涂胶
        MoveC hc_p12,qc_p13,v50,z0,tool0;          !圆弧涂胶
        MoveL hc_p14,v50,z0,tool0;                 !圆弧涂胶
        MoveC hc_p15,qc_p16,v50,z0,tool0;          !圆弧涂胶
        MoveL hc_p17,v50,z0,tool0;                 !直线涂胶
        MoveC hc_p18,qc_p19,v50,z0,tool0;          !圆弧涂胶
        MoveL hc_p20,v50,z0,tool0;                 !直线涂胶
        MoveC hc_p21,qc_p10,v50,fine,tool0;        !圆弧涂胶
        Reset do3;                                 !关闭涂胶注射器
```

```
    WaitTime 0.5;
    MoveL hc_p5,v100,z10,tool0;              !抬升
    MoveJ hc_p3,v150,z10,tool0;              !后窗放置点上方
    MoveL hc_p4,v50,fine,tool0;              !移到后窗放置点
    Reset do2;                               !放置玻璃
    WaitTime 0.5;
    MoveL hc_p3,v150,z10,tool0;              !抬升
    Reset do7;                               !程序运行信号关闭
    set do6;                                 !程序运行完成信号打开
ENDPROC
```

5. 机器人程序调试

参照绘图模块建立视觉搬运操作单元的主程序 main 和子程序，并确保所有指令的速度值不能超过 150mm/s。程序编写完成，调试机器人程序。首先单击“调试”按钮，然后单击“PP 移至例行程序…”，再单击“fuwei”，最后单击“确定”按钮，程序指针指在“fuwei”程序的第一条语句，机器人程序调试如图 3-4-32 所示。

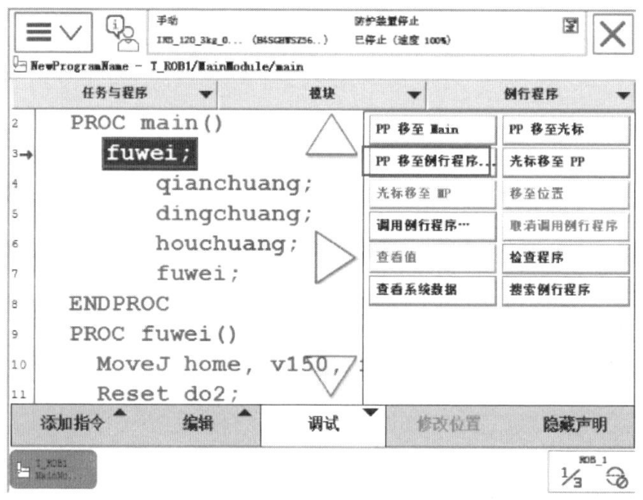

图 3-4-32　机器人程序调试

用正确的方法手握示教器，按下电机使能按键，示教器上显示“电机开启”，然后按下“单步向前”按钮，机器人程序按顺序往下执行程序。第一次运行程序务必单步运行程序，直至程序末尾，确定机器人运行每一条语句都没有错误，与工件不会发生碰撞，才可以按下“连续运行”按钮。需要停止程序时，先按下“停止”按钮，再松开电机使能按键。

六、PLC 程序设计

1. PLC 输入/输出口设计

根据任务要求，可设计出 PLC 的 I/O 控制原理图，如图 3-4-33 所示。PLC 与机器人控制柜接线图如图 3-4-34 所示。控制柜中元器件的作用见表 3-4-11。

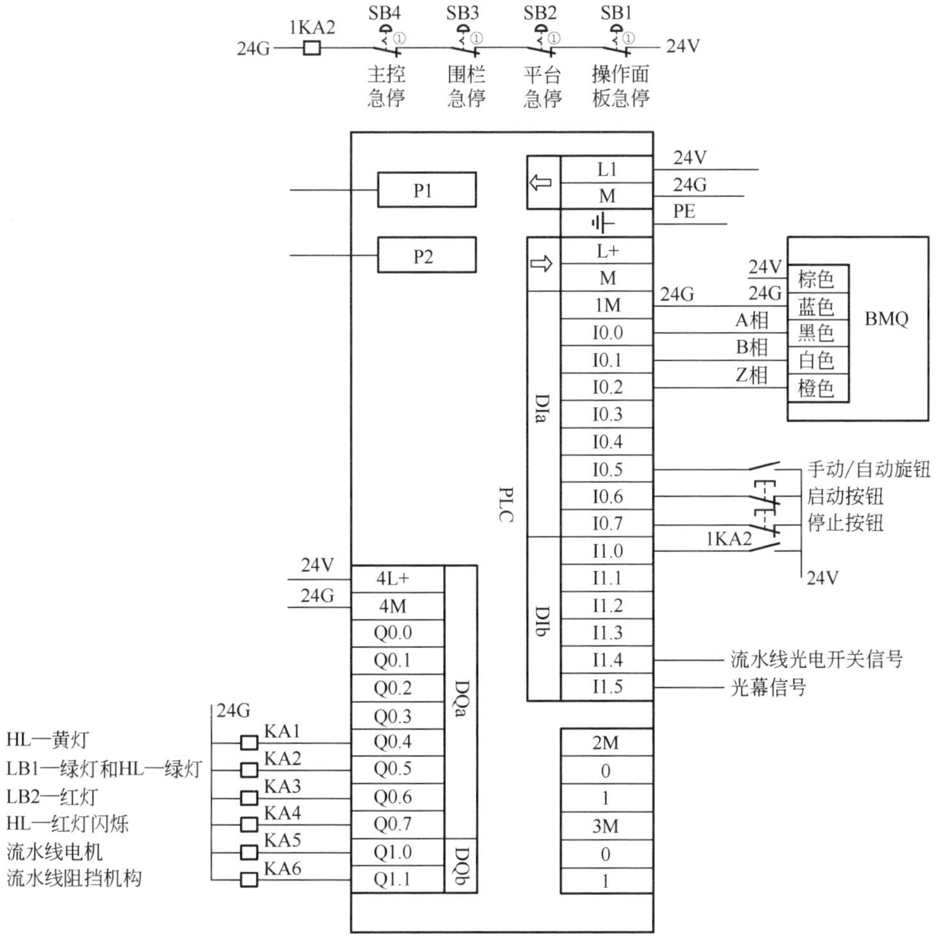

图 3-4-33　PLC 的 I/O 控制原理图

表 3-4-11　控制柜中元器件的作用

符号	名　称	作　用
PLC	S7-1200PLC	工作站控制中心
BMQ	流水线模块的编码器	用于计数脉冲，便于计算流水线速度
HL	三色灯	显示工作站状态
LB1	启动按钮	启动工作站并且显示运行状态灯
LB2	停止按钮	停止工作站并且显示运行状态灯
PI01	16DI/16D0 模块	用于与机器人 I/O 通信
XS12、XS13	机器人输入端子排	机器人接收外部信号
XS14、XS15	机器人输出端子排	机器人发送信号
PI1～PI16	钮子开关	手动输入信号给机器人
RQ1～RQ16	LED 灯	显示机器人输出状态

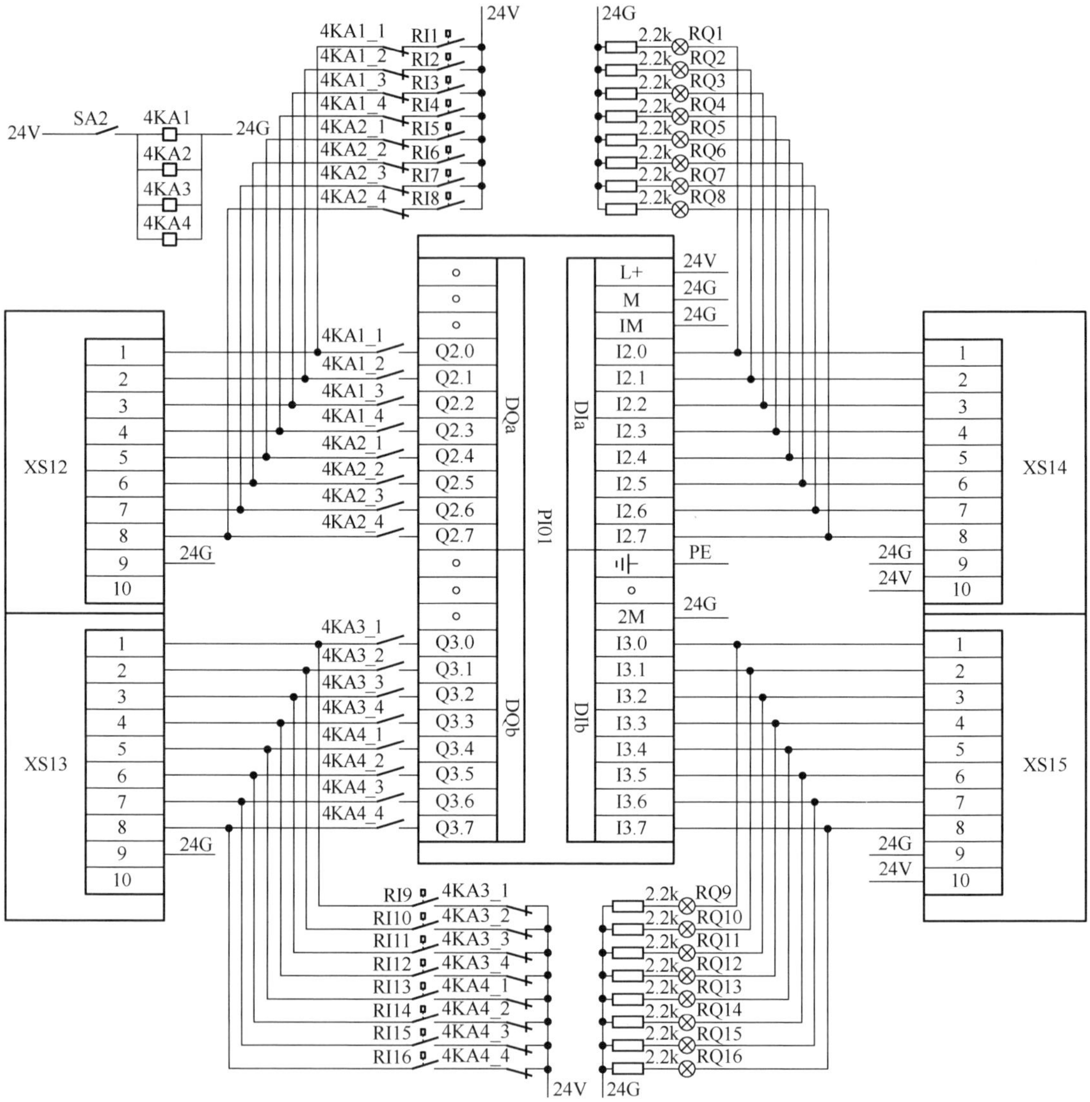

图 3-4-34　PLC 与机器人控制柜接线图

2. PLC 的地址分配表

PLC 的 I/O 地址分配见表 3-4-12，辅助继电器 M 配置见表 3-4-13。

表 3-4-12　PLC 的 I/O 地址分配

PLC 输入信号			PLC 输出信号		
地址	变量名	功能说明	地址	变量名	功能说明
I0.6	start	系统启动信号	Q0.5	start_sta	控制启动按钮的绿灯和三色灯的绿灯
I0.7	stop	系统停止信号	Q0.6	stop_sta	控制停止按钮的红灯
I1.0	all_emg	总急停信号	Q2.1	RB_start	控制机器人启动程序

续表

PLC 输入信号			PLC 输出信号		
地址	变量名	功能说明	地址	变量名	功能说明
I2.1	RB_DO2	吸盘开关信号	Q2.2	RB_stop	控制机器人停止运动
I2.2	RB_DO3	涂胶开关信号			
I2.1	RB_DO2	吸盘开关信号			

表 3-4-13 辅助继电器 M 配置

序号	地址	变量名	功能说明
1	M100.0	tcp_吸盘开关	触摸屏吸盘打开/吸盘关闭指示灯
2	M100.1	tcp_涂胶开关	触摸屏涂胶打开/涂胶关闭指示灯

3. 程序设计

（1）车窗涂胶模块 PLC 启动和停止程序

车窗涂胶模块 PLC 启动和停止程序如图 3-4-35 所示。用于空盒子系统状态显示和机器人启动或停止。

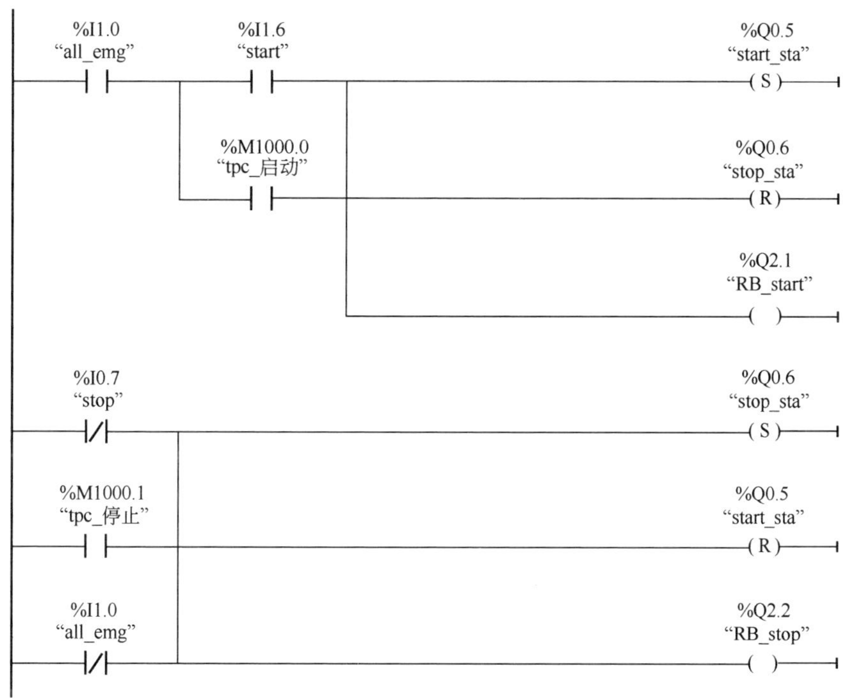

图 3-4-35 车窗涂胶模块 PLC 启动和停止程序

（2）水平搬运信号状态显示在触摸屏上程序

水平搬运信号状态显示在触摸屏上程序如图 3-4-36 所示。机器人每完成一列搬运，触摸屏指示灯都会显示。

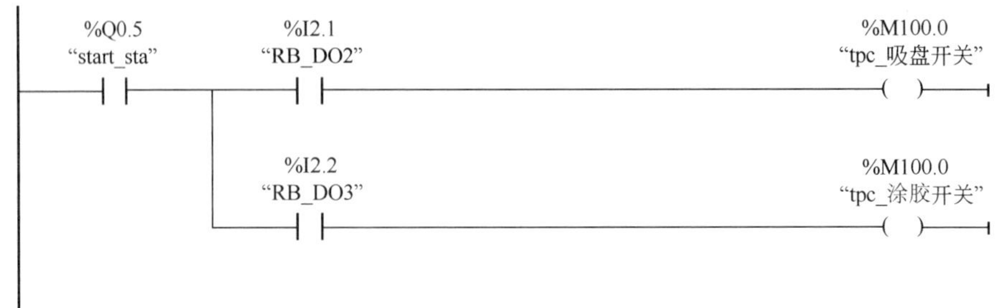

图 3-4-36　水平搬运信号状态显示在触摸屏上程序

七、触摸屏程序编写

1. 触摸屏界面设计

根据控制要求设计触摸屏界面，如图 3-4-37 所示。

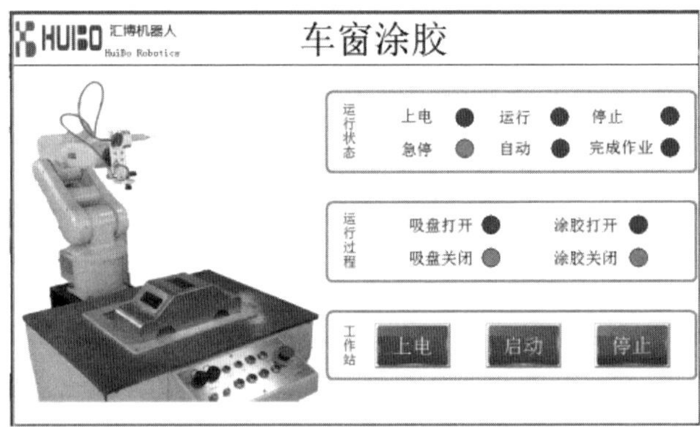

图 3-4-37　触摸屏界面

2. 触摸屏变量连接

按照表 3-4-14 所示中的触摸屏界面指示灯和按钮配置，连接变量并完成触摸屏设计。

表 3-4-14　触摸屏界面指示灯和按钮配置

指示灯配置			按钮配置		
灯名	表达式	灯颜色说明	按钮名	数据对象	操作方式
上电	RB_DO16	0：红色 1：绿色	上电	RB_power	按 1 松 0
运行	start_sta	0：红色 1：绿色	启动	tcp_start	按 1 松 0
停止	stop_sta	0：红色 1：绿色	停止	tcp_stop	按 1 松 0
急停	all_emg	0：绿色 1：红色			
自动	M_A	0：红色 1：绿色			

续表

指示灯配置			按钮配置		
灯名	表达式	灯颜色说明	按钮名	数据对象	操作方式
完成作业	RB_finish	0：红色 1：绿色			
吸盘打开	tcp_吸盘开关	0：红色 1：绿色			
吸盘关闭	tcp_吸盘开关	0：红色 1：绿色			
涂胶打开	tcp_涂胶开关	0：红色 1：绿色			
涂胶关闭	tcp_涂胶开关	0：红色 1：绿色			

3．系统调试

（1）在操作面板上将“手动/自动”切换到自动模式，“自动”指示灯变为绿色。将机器人的“手动/自动”钥匙拨到自动状态，并在示教器上确认，准备工作完成。

（2）在车窗涂胶界面上，单击“上电”按钮，在运行状态中可看到“上电”指示灯变绿，机器人进入准备状态。夹具安装好后，单击工作站中的“启动”按钮，机器人启动，“运行”指示灯变为绿色，工作站执行车窗涂胶工艺。当机器人系统运行完一遍程序后，“完成作业”指示灯变绿，机器人自动停止。机器人运行过程中单击“停止”按钮，机器人停止运行。

【提示】每次按下启动键，机器人都是从头开始运行程序，需要将工件摆放成初始状态。

任务测评

对任务实施的完成情况进行检查，并将结果填入表 3-4-15。

表 3-4-15　任务测评表

序号	主要内容	考核要求	评分标准	配分	扣分	得分
1	机械安装	夹具与模块固定紧固，不缺少螺丝	1．夹具与模块安装位置不合适，扣 5 分 2．夹具或模块松动，扣 5 分 3．损坏夹具或模块，扣 10 分	10		
2	机器人程序设计与示教操作	I/O 配置完整，程序设计正确，机器人示教正确	1．操作机器人动作不规范，扣 5 分 2．机器人不能完成车窗涂胶，每个轨迹扣 10 分 3．缺少 I/O 配置，每个扣 1 分 4．程序缺少输出信号设计，每个扣 1 分 5．工具坐标系定义错误或缺失，每个扣 5 分	50		
3	触摸屏设计	界面设计完整，连接变量配置完整，按钮与灯配置正确	1．触摸屏功能缺失，视情况严重性扣 3～10 分 2．系统配置错误，扣 5 分 3．按钮或灯配置错误，每个扣 1 分	15		
4	PLC 程序设计	PLC 程序组态正确；I/O 配置完整；PLC 程序完整	1．PLC 组态出错，扣 3 分 2．PLC 配置不完整，每个扣 1 分 3．PLC 程序缺失，视情况严重性扣 3～10 分	15		

续表

序号	主要内容	考核要求	评分标准	配分	扣分	得分
5	安全文明生产	劳动保护用品穿戴整齐；遵守操作规程；讲文明懂礼貌；操作结束要清理现场	1．操作中，违反安全文明生产考核要求的任何一项扣5分，扣完为止 2．当发现学生有重大事故隐患时，要立即予以制止，并每次扣安全文明生产总分10分 3．穿戴不整洁，扣2分；设备不还原，扣5分；现场不清理，扣5分	10		
合　计						
开始时间：			结束时间：			

巩固与提高

一、填空题

1．涂装机器人一般具有________个可自由编程的轴；_______具有较大的运动空间，进行涂装作业时可以灵活避障；手腕一般有_____个自由度，适合内部、狭窄的空间及复杂工件的涂装。

2．目前工业生产应用中较为普遍的涂装机器人按照手腕结构分主要有两种：_____涂装机器人和________涂装机器人，其中________手腕机器人更适合用于涂装作业。

3．图3-4-38所示为涂装机器人系统组成示意图。其中，编号1表示_______，编号2表示_______，编号5表示_______，编号6表示_______。

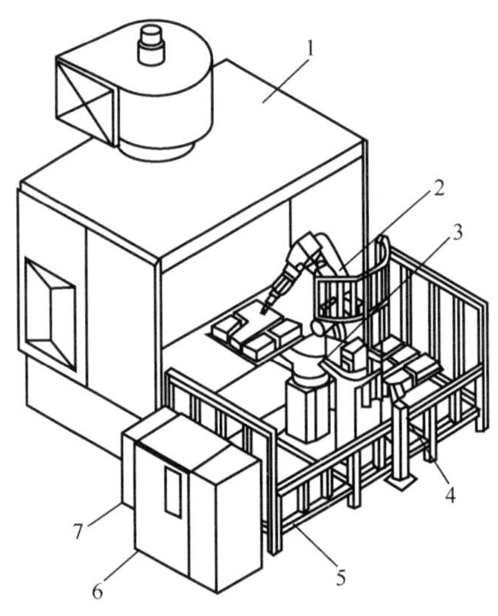

图3-4-38　填空题题3图

二、选择题

1．涂装条件的设定一般包括（　　）。

①涂装流量　②雾化气压　③喷幅（调扇幅）气压　④线式装配　⑤颜色设置表

A．①②⑤　　B．①②③⑤　　C．①③　　D．①②③④⑤

2．柔性涂装单元的工作方式有哪几种？（　　）。

①跟踪模式　②非协调模式　③动/静模式　④流动模式

A．①②④　　B．①②③　　C．①③④　　D．①②③④

3．涂装机器人的常见周边辅助设备主要有（　　）。

①机器人行走单元　②工件传送（旋转）单元　③涂装生产线控制盘

④喷枪清理装置　⑤防爆吹扫系统

A．①②⑤　　B．①②③　　C．①③⑤　　D．①②③④

三、判断题

1. 空气涂装更适用于金属表面或导电性良好且结构复杂的表面，或是球面、圆柱面涂装。（　　）

2．某汽车厂，车型单一，生产节拍稳定，其生产线布局最好选取并行盒子布局来减少投资成本。（　　）

3．涂装机器人的工具中心点（TCP）通常设在喷枪的末端中心处。（　　）

四、综合应用题

用机器人完成图 3-4-39 所示汽车顶盖的涂装作业，回答如下问题。

1．结合具体示教过程，填写表 3-4-16（请在相应选项下打“√”）。

2．涂装作业条件的设定主要涉及哪些？分别需要在哪些程序点进行设置。

3．程序点 2～24 自动喷枪应当处于何种位姿？

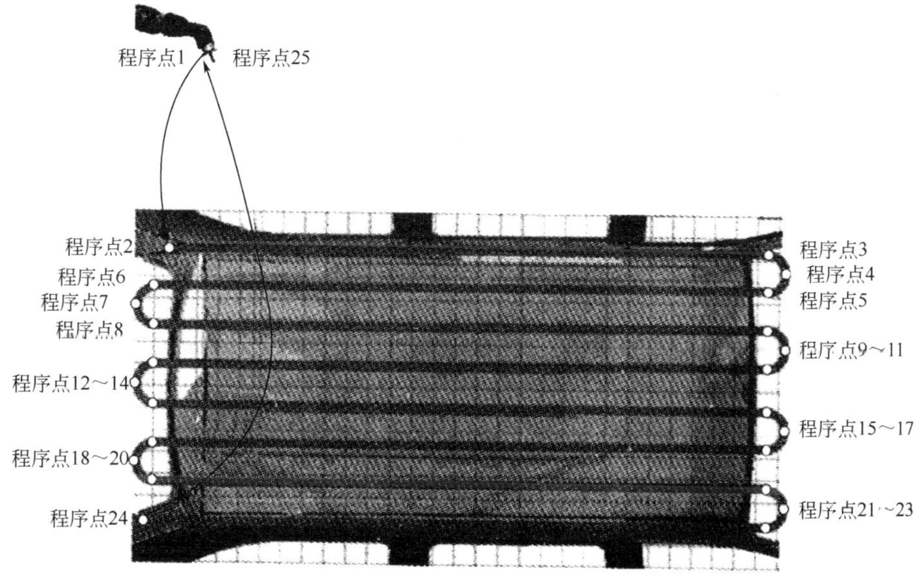

图 3-4-39　综合应用题图

表 3-4-16　汽车顶盖轨迹作业示教

程序点	涂装作业/空走穴		插补方式		
	作业点	空走点	PTP	直线插补	圆弧插补
程序点 1					
程序点 2					
程序点 3					
程序点 4					
程序点 5					
程序点 6					
程序点 7					
程序点 8					
程序点 24					
程序点 25					

模块四 工业机器人的管理与维护

任务1 工业机器人管理与维护

学习目标

✧ 知识目标

1. 了解机器人的系统结构。
2. 熟悉机器人主机、控制柜主要部件的工作过程及管理。
3. 掌握机器人日常检查保养维护的项目。

✧ 能力目标

1. 能够对机器人日常管理。
2. 能够对机器人进行定期保养维护。
3. 能够对机器人的简单故障进行维修。

工作任务

机器人在现代企业生产活动中的地位和作用十分重要，而机器人状态的好坏则直接影响机器人的效率是否能得到充分发挥，从而影响企业的经济效益。因此，机器人管理、维护的主要任务之一就是保证机器人正常运转，管理维护进行得好，机器人发挥的效率就高，企业取得的经济效益就大；相反，功能再完善机器人也不会发挥作用。

本任务的内容是通过学习，熟悉机器人主机、控制柜主要部件的工作过程及管理，掌握机器人日常检查保养维护的项目，并能对机器人进行定期保养维护，同时能够对机器人的简单故障进行维修。

相关知识

一、工业机器人的系统安全和工作环境安全管理

在设计和布置机器人系统时，为使操作员、编程员和维修人员能得到恰当的安全防护，应按照机器人制造厂商的规范进行。为确保机器人及其系统与预期的运行状态相一致，则应评价分析所有的环境条件，包括爆炸性混合物、腐蚀情况、湿度、污染、温度、电磁干扰（EMI）、射频干扰（RFI）和振动等是否符合要求，否则应采取相应的措施。

1．机器人系统的布局

控制装置的机柜宜安装在安全防护空间外。这可使操作人员在安全防护空间外进行操作、启动机器人完成工作任务，并且在此位置上操作人员应具有开阔的视野，能观察到机器人运行情况及是否有其他人员处于安全防护空间内。若控制装置被安装在安全防护空间内，则其位置和固定方式应能满足各类安全要求。

2. 机器人系统的安全管理

（1）机器人系统的布置应避免机器人运动部件和与作业无关的周围固定物体和机器人（如建筑结构件、公用设施等）之间的挤压和碰撞，应保持有足够的安全间距，一般至少为0.5m。但那些与机器人完成作业任务相关的机器人和装置（如物料传送装置、工作台、相关工具台、相关机床等）则不受约束。

（2）当要求由机器人系统布局限定机器人各轴的运动范围时，应按要求设计限定装置，并在使用时进行器件位置的正确调整和可靠固定。

在设计末端执行器时，应使其动力源（电气、液压、气动、真空等）发生变化或动力消失时，负载不会松脱落下或发生危险（如飞出）；同时，在机器人运动时由负载和末端执行器所生成的静力和动力及力矩不应超过机器人的负载能力。机器人系统的布置应考虑操作人员进行手动作业时（如零件的上、下料）的安全防护。可通过传送装置、移动工作台、旋转工作台、滑道推杆、气动和液压传送机构等过渡装置来实现，使手动上、下料的操作人员置身于安全防护空间之外。但这些自动移出或送进的装置不应产生新的危险。

（3）机器人系统的安全防护可采用一种或多种安全防护装置，如固定式或联锁式防护装置，包括双手控制装置、智能装置、握持—运行装置、自动停机装置、限位装置等；现场传感安全防护装置（PSSD），包括安全光幕或光屏、安全垫系统、区域扫描安全系统、单路或多路光束等。

机器人系统安全防护装置的作用如下。

① 防止各操作阶段中与该操作无关的人员进入危险区域。

② 中断引起危险的来源。

③ 防止非预期的操作。

④ 容纳或接受由于机器人系统作业过程中可能掉落或飞出的物件。

⑤ 控制作业过程中产生的其他危险（如抑制噪声、遮挡激光或弧光、屏蔽辐射等）。

3. 机器人工作环境安全管理

根据GB/T15706.1—1995的定义，安全防护装置是安全装置和防护装置的统称。安全装置是“消除或减小风险的单一装置或与防护装置联用的装置（而不是防护装置）”。例如，联锁装置、使能装置、握持—运行装置、自动停机装置、限位装置等。防护装置是“通过物体障碍方式专门用于提供防护的机器部分”。根据其结构，防护装置可以是壳、罩、屏、门、封闭式防护装置等。机器人安全防护装置如图 4-1-1 所示。机器人安全防护装置有固定式防护装置、活动式防护装置、可调式防护装置、联锁防护装置、带防护锁的联锁防护装置及可控防护装置。

为了减小已知的危险和保护各类工作人员的安全，在设计机器人系统时，应根据机器人系统的作业任务及各阶段操作过程的需要和风险评价的结果，选择合适的安全防护装置。所选的安全防护装置应按照机器人制造厂商的规范进行使用和安装。

（1）固定式防护装置

① 通过紧固件（如螺钉、螺栓、螺母等）或通过焊接将防护装置永久固定在指定位置。

图 4-1-1　机器人安全防护装置

② 其结构能经受预定的操作力和环境产生的作用力，即应考虑结构的强度与刚度。

③ 其构造应不增加任何附加危险（如应尽量减少锐边、尖角、突起等）。

④ 不使用工具就不能移开固定部件。

⑤ 隔板或栅栏的底部离地面的高度不大于 0.3m，高度应不低于 1.5m。

【提示】在物料搬运机器人系统周围安装的隔板或栅栏应有足够的高度以防止任何物件由于末端执行器松脱而飞出隔板或栅栏。

（2）联锁式防护装置

① 在机器人系统中采用联锁式防护装置时，应考虑下述原则。

- 防护装置关闭前，联锁能防止机器人系统自动操作，但防护装置的关闭应不能使机器人进入自动操作方式，而启动机器人进入自动操作应在控制板上谨慎地进行。
- 在伤害的风险消除前，具有防护锁定的联锁防护装置处于关闭和锁定状态；或当机器人系统正在工作时，防护装置被打开应给出停止或急停的指令。联锁装置起作用时，若不产生其他危险，则应能从停止位置重新启动机器人进行运行。

中断动力源可消除进入安全防护区之前的危险，但动力源中断不能立即消除危险，则联锁系统中应含有防护装置的锁定或制动系统。

在进入安全防护空间的联锁门处，应考虑设置防止意外关闭联锁门的结构或装置（如采用两组以上触点，具有磁性编码的磁性开关等）。应确保所安装的联锁装置的动作在避免一种危险（如停止了机器人的危险运动）同时，不会引起另外的危险发生（如使危险物质进入工作区）。

② 在设计联锁系统时，也应考虑安全失效的情况，即万一某个联锁器件发生不可预见的失效时，安全功能应不受影响。若万一受影响，则机器人系统仍应保持在安全状态。

③ 在机器人系统的安全防护中经常使用现场传感装置，在设计时应遵循下述原则。

- 现场传感装置的设计和布局，应能使传感装置未起作用前工作人员不能进入且身体各部位不能伸展到限定空间内。为了防止人员从现场传感装置旁边绕过进入危险区，要求将现场传感装置与隔栏一起使用。
- 在设计和选择现场传感装置时，应考虑到其作用不受系统所处的任何环境条件（如湿度、温度、噪声、光照等）的影响。

（3）安全防护空间

安全防护空间是由机器人外围的安全防护装置（如栅栏等）所组成的空间。确定安全防护空间的大小是通过风险评价来确定超出机器人限定空间而需要增加的空间。一般应考虑当

机器人在作业过程中，所有人员身体的各部分应不能接触到机器人运动部件或进入工件的运动范围。

（4）动力断开

① 提供机器人系统及外围机器人的动力源，应满足由机器人制造商的规范及本地区或国家的电气构成规范要求，并按要求进行接地。

② 在设计机器人系统时，应考虑维护和修理的需要，必须具备与动力源断开的技术措施。断开必须做到既可见（如运行明显中断），又能通过检查断开装置操作器的位置而确认，而且能将切断装置锁定在断开位置。切断电器电源的措施应按相应的电器安全标准。机器人系统或其他相关机器人动力断开时，应不发生危险。

（5）急停

机器人系统的急停电路应超越其他所有控制，使所有运动停止，并从机器人驱动器上和可能引起危险的其他能源（如外围机器人中的喷漆系统、焊接电源、运动系统、加热器等）上撤出驱动动力。

① 每台机器人的操作站和其他能控制运动的场合都应设有易于迅速接近的急停装置。

② 机器人系统的急停装置应如机器人控制装置一样，其按钮开关应是掌揿式或蘑菇头式，衬底为黄色，红色按钮，且要求能人工复位。

③ 重新启动机器人系统运行时，应在安全防护空间外，按规定的启动步骤进行。

④ 若机器人系统中安装两台机器人，且两台机器人的限定空间具有相互交叉的部分，则其共用的急停电路应能停止系统中两台机器人的运动。

（6）远程控制

机器人控制系统需要具有远程控制功能，可采取有效措施防止由其他场所启动机器人运动而产生的危险。

具有远程操作（如通过通信网络）的机器人系统，应设置一种装置（如按钮开关），以确定在进行本地控制时，任何远程命令均不能引发危险产生。

① 当现场传感装置已起作用时，只要不产生其他的危险，可将机器人系统从停止状态重新启动到运行状态。

② 在恢复机器人运动时，应要求撤除传感区域的阻断，此时不应使机器人系统重新启动自动操作。

③ 应具有指示现场传感装置正在运动的指示灯，其安装位置应易于观察。可以集成在现场传感装置中，也可以是机器人控制接口的一部分。

（7）警示方式

在机器人系统中，为了引起人们注意潜在危险的存在，应采取警示措施。警示措施包括栅栏或警示设施。它们是被用于识别以上安全防护装置没有阻止的残留风险，起到加强安全防护作用。

（8）警示栅栏

为了防止人员意外进入机器人限定空间，应设置警示栅栏。

（9）警示信号

为了给接近或处于危险中的人员提供可识别的视听信号，应设置和安装信号警示装置。在安全防护空间内采用可见的光信号来警告危险时，应有足够多的器件以便人们在接近安全防护空间时能看到光信号。

音响报警装置则应具有比环境噪声分贝级别更高的独特的警示声音。

（10）安全生产规程

考虑机器人系统生命中的某些阶段（例如，调试阶段、生产过程转换阶段、清理阶段、维护阶段），应该采用相应的安全生产规程。

（11）安全防护装置的复位

重建联锁门或现场传感装置时，其本身应不能重新启动机器人的自动操作。应要求在安全防护空间仔细地动作来重新启动机器人系统。重新启动装置的安装位置，应在安全防护空间内的人员不能达到的地方，且能观察到安全防护空间。

二、工业机器人的主机及控制柜主要部件的备件管理

1. 机器人主机的管理

机器人主机位于机器人控制柜内，是故障较多的部分，如图 4-1-2 所示。

图 4-1-2

机器人主体常见的故障有串口、并口、网卡接口失灵、无法进入系统、屏幕无显示等。而机器人主板是主机的关键部件，起着至关重要的作用。主板集成度越高，维修难度也越来越大，需专业的维修技术人员借助专门的数字检测设备才能完成。机器人主机主板集成的组件和电路多而复杂，容易引起故障，其中也不乏是工作人员造成的。

（1）人为因素

热插拔硬件非常危险，许多主板故障都是由热插拔引起的，带电插拔装板卡及插头时用力不当容易造成对接口、芯片等的损害，从而导致主板损坏。

（2）内在因素

随着使用机器人时间的增长，主板上的元器件就会自然老化，从而导致主板故障。

（3）环境因素

由于操作者的保养不当，机器人主机主板上布满了灰尘，可以造成信号短路，此外，静电也常造成主板上芯片（特别是 CMOS 芯片）被击穿，引起主板故障。

因此，特别注意机器人主机的通风、防尘，减少因环境因素引起的主板故障。

2. 机器人控制柜的管理

（1）控制柜的保养计划表

机器人的控制柜必须有计划地经常保养，以便其正常工作。表 4-1-1 为控制柜保养计划表。

表 4-1-1 控制柜保养计划表

保养内容	设 备	周 期	说 明
检查	控制柜	6 个月	
清洁	控制柜		
清洁	空气过滤器		
更换	空气过滤器	4 000 小时/24 个月	小时表示运行时间，而月份表示实际的日历时间
更换	电池	12 000 小时/36 个月	同上
更换	电池	60 个月	同上

（2）检查控制柜

控制柜的检查方法与步骤见表 4-1-2。

表 4-1-2 控制柜的检查方法与步骤

步骤	操 作 方 法
1	检查并确定柜子里面无杂质，如果发现杂质，清除并检查柜子的衬垫和密封
2	检查柜子的密封结合处及电缆密封管的密封性，确保灰尘和杂质不会从这些地方吸入柜子里面
3	检查插头及电缆连接的地方是否松动，电缆是否有破损
4	检查空气过滤器是否干净
5	检查风扇是否正常工作

在维修控制柜或连接到控制柜上的其他单元之前，应注意以下几点。

① 切断控制柜的所有供电电源。

② 控制柜或连接到控制柜的其他单元内部很多元件都对静电很敏感，如果受静电影响，有可能损坏。

③ 在操作时，一定要带上一个接地的静电防护装置，如特殊的静电手套等，有的模块或元件安装了静电保护扣，用来连接保护手套，请使用。

（3）清洁控制柜

所需设备配备一般清洁器具和真空吸尘器。一般清洁器具，可以用软刷蘸取酒精清洁外部柜体，真空吸尘器可进行内部清洁。控制柜内部清洁方法与步骤见表 4-1-3。

表 4-1-3 控制柜内部清洁方法与步骤

步骤	操 作 方 法	说 明
1	用真空吸尘器清洁柜子内部	
2	如果柜子里面装有热交换装置，须保持其清洁，这些装置通常在供电电源后面、计算机模块后、驱动单元后面	如果需要，可以先移开这些热交换装置，然后再清洁柜子

清洁柜子之前的注意事项如下。

① 尽量使用前面介绍的工具清洁，否则容易造成问题。

② 清洁前检查保护盖或者其他保护层是否完好。

③ 在清洗前，千万不要使用指定之外的清洁用品，如压缩空气及溶剂等。

④ 千万不要使用高压的清洁器喷射。

三、工业机器人的维护和保养

1. 控制装置及示教器的检查

机器人控制装置及示教器的检查见表 4-1-4。

表 4-1-4　控制装置及示教器的检查

序号	检查内容	检查事项	方法及对策
1	外观	1. 机器人本体和控制装置是否干净 2. 电缆外观有无损伤 3. 通风孔是否堵塞	1. 清扫机器人本体和控制装置 2. 目测外观有无损伤，如果有应紧急处理，损坏严重时应进行更换 3. 目测通风孔是否堵塞并进行处理
2	复位急停按钮	1. 面板急停按钮是否正常 2. 示教器急停按钮是否正常 3. 外部控制复位急停按钮是否正常	开机后用手按动面板复位急停按钮，确认有无异常，损坏时进行更换
3	电源指示灯	1. 面板、示教器、外部机器、机器人本体的指示灯是否正常 2. 其他指示灯是否正常	目测各指示灯有无异常
4	冷却风扇	运转是否正常	打开控制电源，目测所有风扇运转是否正常，不正常予以更换
5	伺服驱动器	伺服驱动器是否洁净	清洁伺服驱动器
6	底座螺栓	检查有无缺少、松动	用扳手拧紧、补缺
7	盖类螺栓	检查有无缺少、松动	用扳手拧紧、补缺
8	放大器输入/输出电缆，安装螺钉	1. 放大器输入/输出电缆是否连接 2. 安装螺钉是否紧固	连接放大器输入/输出电缆，并紧固安装螺钉
9	编码器电池	机器人本体内的编码器挡板上的蓄电池电压是否正常	电池没电，机器人遥控盒显示编码器复位时，按照机器人维修手册上的方法进行更换（所有机型每 2 年更换一次）
10	I/O 模块的端子导线	I/O 模块的端子导线是否连接	连接 I/O 模块的端子导线，并紧固螺钉
11	伺服放大器的输入/输出电压（AC/DC）	打开伺服电源，参照各机型维修手册测量伺服放大器的输入/输出电压（AC/DC）是否正常，判断基准在±15%范围内	建议由专业人员指导
12	开关电源的输入/输出电压	打开伺服电源，参照各机型维修手册，测量各 DC 电源的输入/输出电压。输入端单相 220V，输出端为 DC24V	建议由专业人员指导
13	电动机抱闸线圈打开时的电压	电动机抱闸线圈打开时的电压判定基准为 DC24V	建议由专业人员指导

2. 机器人本体的检查

机器人本体的检查见表 4-1-5。

表 4-1-5　机器人本体的检查

序号	检查内容	检查事项	方法及对策
1	整体外观	机器人本体外观上有无脏污、龟裂及损伤	清扫灰尘、焊接飞溅，并进行处理（用真空吸尘器、用布擦拭时使用少量酒精或清洁剂、用水清洁加入防腐剂）
2	机器人本体安装螺钉	1. 机器人本体所安装螺钉是否紧固 2. 焊枪本体安装螺钉、母材线、地线是否紧固	1. 紧固螺钉 2. 紧固螺钉和各零部件
3	同步皮带	检查皮带的张紧力和磨损程度	1. 皮带的扩张程度松弛进行调整 2. 损伤、磨损严重时要更换
4	伺服电动机安装螺钉	伺服电动机安装螺钉是否紧固	打开控制电源，目测所有风扇运转是否正常，不正常予以更换
5	超程开关的运转	闭合电源开关，打开各开关，检查运转是否正常	检查机器人本体上有几个超程开关
6	原点标志	原点复位，确认原点标志是否吻合	目测原点标志是否吻合（思考：不吻合时如何进行示教修正操作？）
7	腕部	1. 伺服锁定时腕部有无松动 2. 在所有运转领域中腕部有无松动	松动时要调整锥齿轮（思考：松动时如何调整锥齿轮？）
8	阻尼器	检查所有阻尼器上是否损伤，破裂或存在大于 1mm 的印痕，检查连接螺钉是否变形	目测到任何损伤必须更换新的阻尼器，如果螺钉有变形则更换连接螺钉
9	润滑油	检查齿轮箱润滑油油量和清洁程度	卸下油塞，用带油嘴和集油箱的软管排出齿轮箱中的油，装好油塞，重新注油（注油的量根据排出的量而定）
10	平衡装置	检查平衡装置有无异常	卸下螺母，拆去平衡装置防护罩，将气缸抽出一些气，检查内部平衡缸，擦干净内部目测内部环有无异常，更换任何有异常的部分，推回气缸装好防护罩并拧紧螺母
11	防碰撞传感器	闭合电源开关机伺服电源，拨动焊枪使防碰撞传感器运转，检查紧急停止功能是否正常	防碰撞传感器损坏或不能正常工作时应进行更换
12	空转（刚性损伤）	运转各轴检查是否有刚性损伤	（思考：如何确认刚性损伤？）
13	锂电池	检查锂电池使用时间	每两年更换一次
14	电线束、谐波油（黄油）	检查机器人本体内电线束上的黄油的情况	在机器人本体内电线束上涂敷黄油，以三年为一周期更换
15	所有轴的异常振动、声音	检查所有运转中轴的异常振动和异常声音	用示教器手动操作转动各轴，不能有异常振动和声音
16	所有轴的运转区域	示教器手动操作转动各轴，检查在软限位报警时是否达到硬限位	目测是否达到硬限位，进行调节
17	所有轴与原来标志的一致性	原点复位后，检查所有轴与原来标志是否一致	用示教器手动操作转动各轴，目测所有轴与原点标志是否一致，不一致时重新检查第 6 项
18	变速箱润滑油	打开注油塞，检查油位	如有漏油，用油枪根据需要补油（第一次工作隔 6 000h 更换，以后每隔 24 000h 更换）
19	外部导线	目测检查有无污迹，损伤	如有污迹、损伤，应进行清理或更换
20	外露电动机	目测有无漏油	如有漏油清查并联系专业人员
21	大修	30 000h	请联系厂家人员

3. 连接电缆的检查

连接电缆的检查见表 4-1-6。检查机器人连接电缆时，应先关闭连接到机器人的所有电源、

液压源、气压源，然后再进入机器人工作区域进行检查。

表 4-1-6 连接电缆的检查

序号	检查内容	检查事项	方法及对策
1	机器人本体与伺服电动机相连的电缆	1．接线端子的松紧程度 2．电缆外观有无磨损和损伤	1．用手确认松紧程度 2．目测外观有无损伤，如果有任何磨损应及时更换
2	焊机和接口相连的电缆	同机器人本体与伺服电动机相连的电缆	同上
3	与控制装置相连的电缆	1．接线端子的松紧程度 2．电缆外观（包括示教器及外部轴电缆）有无损伤	同上
4	接地线	1．本体与控制装置间是否接地 2．外部轴与控制装置间是否接地	目测并连接接地线
5	电缆导向装置	检查底座上的连接器，检查电缆导向装置有无损坏	如有任何磨损应及时更换

任务实施

一、任务准备

实施本任务教学所使用的实训设备及工具材料可见表 4-1-7。

表 4-1-7 实训设备及工具材料

序号	分类	名称	型号规格	数量	单位	备注
1	工具	活动扳手	8～9mm	1	把	
2		外六星套筒	20～60	1	套	
3		套筒扳手组		1	套	
4		转矩扳手	10～100N • m	1	把	
5		转矩扳手	75～400N • m	1	把	
6		转矩扳手	1/2 的棘轮头	1	把	
7		双鼓铆钉钳		1	把	
8	设备器材	内六角螺钉	5～17mm	若干	颗	
9		外六角螺钉	M10×100	若干	颗	
10		外六角螺钉	M16×90	若干	颗	

二、工业机器人控制柜的检查与维护

机器人的控制柜必须有计划地经常保养，以便使其正常工作。其保养计划表见表 4-1-8。

表 4-1-8 保养计划表

保养内容	设备	周期	说明
检查	控制柜	6 个月	
清洁	控制柜		

续表

保养内容	设备	周期	说明
清洁	空气过滤器		
更换	空气过滤器	4 000 小时/24 个月	
更换	电池	12 000 小时/36 个月	
更换	风扇	60 个月	

1. 控制柜的检查

检查控制柜的方法和步骤如下。

（1）断开控制柜的所有电源。

（2）由于控制柜或连接到控制柜的其他单元内部很多元件都对静电很敏感，如果受静电影响，有可能损坏，在操作时，一定要带上一个接地的静电防护装置，如特殊的静电手套等。有的模块或元件安装了静电保护扣，用来连接保护手套，请使用。

（3）检查柜子，确定里面无杂质，如果发现杂质，清除并检查柜子的衬垫和密封层。

（4）检查柜子的密封结合处及电缆密封管的密封性，确保灰尘和杂质不会从这些地方吸入柜子。

（5）检查插头及电缆连接的地方是否松动，电缆是否损坏。

（6）检查空气过滤器是否干净。

（7）检查风扇是否正常工作。

2. 清洁控制柜

清洁控制柜的方法及步骤如下。

（1）用真空吸尘器清洁柜子内部。

（2）如果柜子里面有热交换装置，须保持其清洁，这些装置通常在供电电源后面、计算机模块后面和驱动单元里面。如果有需要，可以先移开这些热交换装置，然后再清洁柜子。

【操作提示】

① 尽量使用上面介绍的工具，否则容易造成一些额外的问题。

② 清洁前检查保护盖或者其他保护层是否完好。

③ 在清洗前，千万不要移开任何盖子或保护装置。

④ 千万不要使用指定以外的清洁用品，如压缩空气及溶剂等。

⑤ 千万不要使用高压清洁器喷射。

3. 清洁空气过滤器

如图 4-1-3 所示是空气过滤器在控制柜里所在的位置。清洁空气过滤器的方法及步骤如下。

（1）断开控制柜的所有电源。

（2）由于控制柜或连接到控制柜的其他单元内部很多元件都对静电很敏感，如果受静电影响，有可能损坏，操作时，一定要带上一个接地的静电防护装置，如特殊的静电手套等。有的模块或元件安装了静电保护扣，用来连接保护手套，请使用。

（3）清洗比较粗糙的一面（干净空气那面），再翻转。

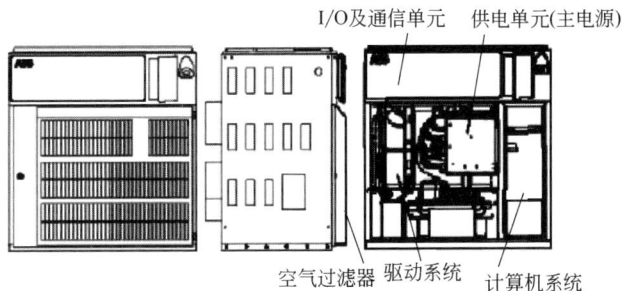

图 4-1-3　空气过滤器在控制柜里所在的位置

（4）清洗 3～4 次。

（5）晾干过滤网。晾干过滤网的方法有两种：一是将过滤网平放在一个平的表面晾干；二是用压缩空气从面对干净空气那面吹干。

任务测评

对任务实施的完成情况进行检查，并将结果填入表 4-1-9。

表 4-1-9　任务测评表

序号	主要内容	考核要求	评分标准	配分	扣分	得分
1	清洗机器人控制柜	1. 会打开机器人控制柜并检查其清洁程度 2. 能熟练地清洗控制柜中各部件，并正确安装	1. 打开控制柜的方法不正确，扣 10 分 2. 不会检查控制柜的清洁程度，扣 10 分 3. 不能正确拆卸控制柜内各部件，并进行检查，每个扣 10 分 4. 不会清洗控制柜各部件，每个扣 10 分 5. 清洗控制柜后不能正确安装各个部件，每个扣 10 分	90		
2	安全文明生产	劳动保护用品穿戴整齐；遵守操作规程；讲文明懂礼貌；操作结束要清理现场	1. 操作中，违反安全文明生产考核要求的任何一项扣 5 分，扣完为止 2. 当发现学生有重大事故隐患时，要立即予以制止，并每次扣安全文明生产总分 10 分	10		
合　计						
开始时间：			结束时间：			

巩固与提高

一、填空题

1. 机器人的安全管理包括_________和________。

2. 为使操作人员安全进行操作，并且能观察到机器人运行情况及是否有其他人员处于安全防护空间内，机器人的控制装置应安装在安全防护空间________。

3. 机器人主机主板集成的组件和电路多而复杂，容易引起故障，其中也不乏人为造成。机器人主机研究的经验有_______、_______、_______。

4. 机器人控制柜清洁时所需设备有一般清洁器具和真空吸尘器，______可以用帕子蘸酒精清洁外部柜体，______进行内部清洁。

二、选择题

1．机器人系统安全防护装置的作用是（　　）。

①防止各操作阶段中与该操作无关的人员进入危险区域

②中断引起危险的来源

③防止非预期的操作

④容纳或接受由于机器人系统作业过程中可能掉落或飞出的物体

⑤控制作业过程中产生的其他危险（如抑制噪声、遮挡激光、弧光、屏蔽辐射等）

A．①②③　　B．①②③④⑤　C．③④⑤　　D．①③⑤

2．清洗机器人控制柜之前的注意事项有（　　）。

①尽量使用介绍的工具清洗，否则容易造成一些额外的问题

②清洗前检查保护盖或者其他保护层是否完好

③在清洗前，千万不要移开任何盖子或保护装置

④千万不要使用指定以外的清洁用品，如压缩空气及溶剂

⑤千万不要用高压的清洁器喷射

A．①②③　　B．③④⑤　　C．①③⑤　　D．①②③④⑤

三、简答与分析题

为什么要进行机器人的保养和维护？

任务2　工业机器人本体的保养与维护

学习目标

✧ 知识目标

1．了解机器人的系统结构。
2．熟悉机器人主机、控制柜主要部件的工作过程及管理。
3．掌握机器人日常检查保养维护的项目。

✧ 能力目标

1．能够进行机器人的日常管理工作。
2．能够对机器人进行定期保养维护。
3．能够对机器人的简单故障进行维修。

工作任务

机器人在使用过程中，由于机器人的物质运动和化学作用，必然会产生技术状况的不断变化和难以避免的不正常现象，以及人为因素造成的损耗，如松动、干摩擦、腐蚀等。这是机器人设备形成的隐患，如果不及时处理，会造成机器人的过早磨损，甚至形成严重事故。

本任务的内容是通过学习，熟悉机器人本体各部分的维护和保养。

一、工业机器人的维护周期

为确保机器人正常的工作，必须对其进行维护和保养，表 4-2-1 列出了机器人各部分的维护及维护周期。

表 4-2-1 机器人各部分的维护及维护周期

维护类型	设备	周期	注意	关键词
检查	轴 1 的齿轮，油位	12 个月	环境温度<50℃	检查，油位，变速箱 1
检查	轴 2 的齿轮，油位	12 个月	环境温度<50℃	检查，油位，变速箱 2
检查	轴 3 的齿轮，油位	12 个月	环境温度<50℃	检查，油位，变速箱 3
检查	轴 4 的齿轮，油位	12 个月	环境温度<50℃	检查，油位，变速箱 4
检查	轴 5 的齿轮，油位	12 个月	环境温度<50℃	检查，油位，变速箱 5
检查	轴 6 的齿轮，油位	12 个月	环境温度<50℃	检查，油位，变速箱 6
检查	平衡设备	12 个月	环境温度<50℃	检查，平衡设备
检查	机械手电缆	12 个月		检查，动力电缆
检查	轴 2～5 的节气阀	12 个月		检查，轴 2～5 的节气阀
检查	轴 1 的机械制动	12 个月		检查，轴 1 的机械制动
更换	轴 1 的齿轮油	48 个月	环境温度<50℃	更换，变速箱 1
更换	轴 2 的齿轮油	48 个月	环境温度<50℃	更换，变速箱 2
更换	轴 3 的齿轮油	48 个月	环境温度<50℃	更换，变速箱 3
更换	轴 4 的齿轮油	48 个月	环境温度<50℃	更换，变速箱 4
更换	轴 5 的齿轮油	48 个月	环境温度<50℃	更换，变速箱 5
更换	轴 6 的齿轮油	48 个月	环境温度<50℃	更换，变速箱 6
更换	轴 1 的齿轮	96 个月		
更换	轴 2 的齿轮	96 个月		
更换	轴 3 的齿轮	96 个月		
更换	轴 4 的齿轮	96 个月		
更换	轴 5 的齿轮	96 个月		
更换	机械手动力电缆			检测到破损或使用寿命结束的时候更换
更换	SMB 电池	36 个月		
润滑	平衡设备轴承	48 个月		

说明：如果机器人工作的环境高于 50℃，则更需要频繁保养。轴 4 和轴 5 的变速箱的维护周期不是由 SIS 计算出来的。

二、机器人各部件的预期寿命

以 ABB IRB 6600 机器人为例，由于工作强度的不同，预期寿命也会有很大的不同。

1. 机器人动力电缆

机器人动力电缆的寿命约 2 000 000 个循环。1 个循环表示每个轴从标准位置到最小角度再到最大角度，然后回到标准位置。如果离开这个循环，则寿命会不一样。

2. 限位开关及风扇电缆

限位开关及风扇电缆的寿命约 2 000 000 个循环。1 个循环表示每个轴从标准位置到最小角度再到最大角度，然后回到标准位置。如果离开这个循环，则寿命会不一样。

3. 平衡设备

平衡设备的寿命约 2 000 000 个循环。而这里的 1 个循环表示从初始位置到最大角度位置，然后回到初始位置。如果离开这个循环，则寿命会不一样。

4. 变速箱

变速箱的寿命为 40 000 小时。正常条件下点焊，机器人定义年限为 8 年（350 000 个循环每年）。鉴于实际工作的不同，也许每个变速箱的寿命会和标准定义不一样。SIS 系统（Service Information System）会保存各个变速箱的运行轨迹，如果需要维护的时候，会通知用户。

三、变速箱油位的检测

1. 轴 1 变速箱油位的检测

轴 1 变速箱位于骨架和基座之间，如图 4-2-1 所示。轴 1 变速箱油位的检测方法及步骤如下。

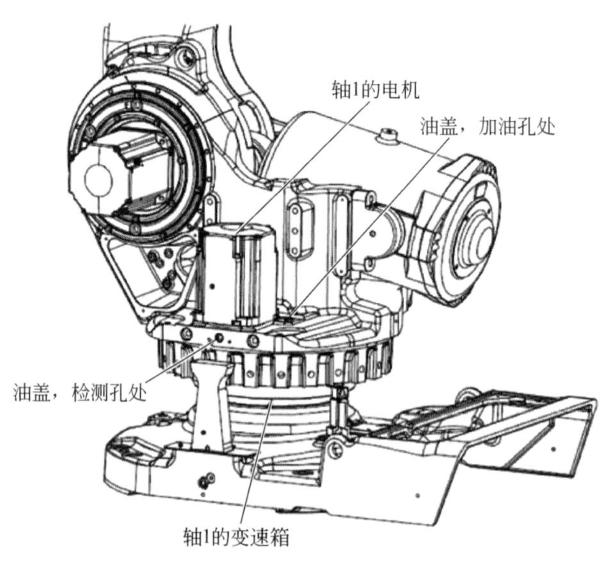

图 4-2-1　轴 1 变速箱的位置

（1）打开油塞，检查油位。

（2）最低油位：离油塞孔不超过 10mm。

（3）如有需要，则加油。

（4）装上油塞（上紧油塞扭矩：24N•m）。

2．轴 2 变速箱油位的检测

在轴 2 的电机和变速箱之间有一个电机附加装置，以两种方式存在，早期的电机附加装置是直接附在变速箱上的；之后的设计中，电机附加装置被附到框架上，另外设计一个盖子与电机附加装置配合。轴 2 的变速箱位于低手臂的旋转中心，在电机附加装置的下面，如图 4-2-2 所示是后期设计的电机附加装置的位置图。轴 2 变速箱油位的检测方法及步骤如下。

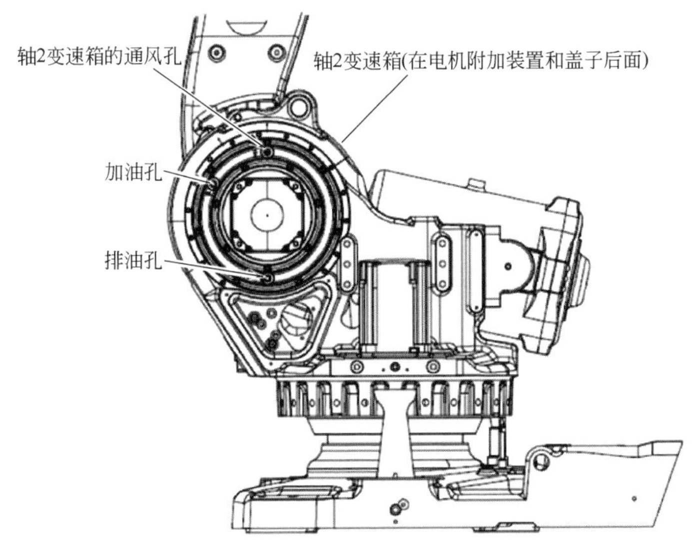

图 4-2-2　后期设计的电机附加装置的位置图

（1）打开加油孔的油塞。

（2）从加油孔处测量油位，根据电机附加装置来判断，早期设计的必要油位，大约 65±5mm；后期的设计，离加油孔不超过 10mm。

（3）如有需要，则加油。

（4）盖好油塞（上紧油塞扭矩：24N•m）。

3．轴 3 变速箱油位的检测

轴 3 变速箱位于上臂的旋转中心，如图 4-2-3 所示。轴 3 变速箱油位的检测方法及步骤如下。

（1）将机械手运行到标准位置。

（2）打开加油孔的油塞。

（3）从加油孔处测量油位，根据电机附加装置来判断，早期设计的必要油位，大约 65±5mm；后期的设计，离加油孔不超过 10mm。

（4）如有需要，则加油。

（5）盖好油塞（上紧油塞扭矩：24N•m）。

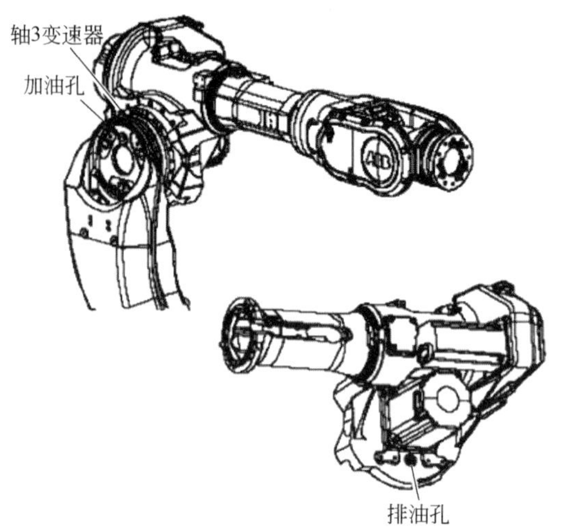

图 4-2-3　轴 3 变速箱的位置

4．轴 4 变速箱油位的检测

轴 4 变速箱位于上臂的最后方，如图 4-2-4 所示。轴 4 变速箱油位的检测方法及步骤如下。

（1）将机械手运行到标准位置。

（2）打开加油孔的油塞。

（3）最低油位离加油孔不超过 10mm。

（4）如缺油，则加油。

（5）盖好油塞（上紧油塞扭矩：24N•m）。

5．轴 5 变速箱油位的检测

轴 5 的变速箱位于腕节单元，如图 4-2-5 所示。轴 5 变速箱油位的检测方法及步骤如下。

（1）转动腕节单元，使所有的油塞向上。

（2）打开加油孔的油塞。

（3）测量油位，最低油位离加油孔不超过 30mm。

（4）如缺油，则补充油。

（5）盖好油塞（上紧油塞扭矩：24N•m）。

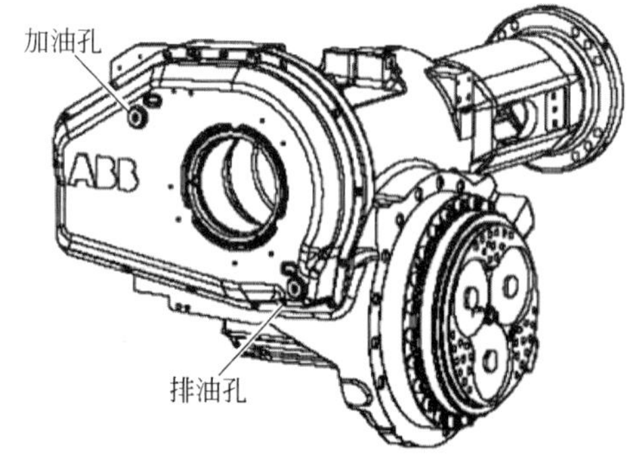

图 4-2-4　轴 4 变速箱的位置

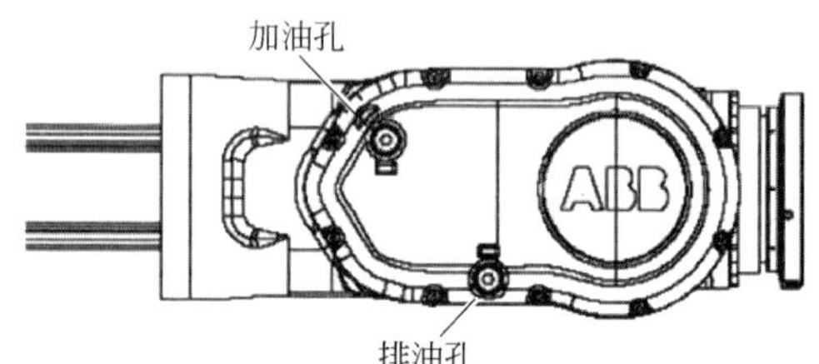

图 4-2-5　轴 5 变速箱的位置

6．轴 6 变速箱油位的检测

轴 6 变速箱位于腕节单元的中心，如图 4-2-6 所示。轴 6 变速箱油位的检测方法及步骤如下。

（1）确定进油孔油塞向上。

（2）打开加油孔的油塞。

（3）测量油位，正确油位离加油孔 55±5mm。

（4）如缺油，则补充油。

（5）盖好油塞（上紧油塞扭矩：24N•m）。

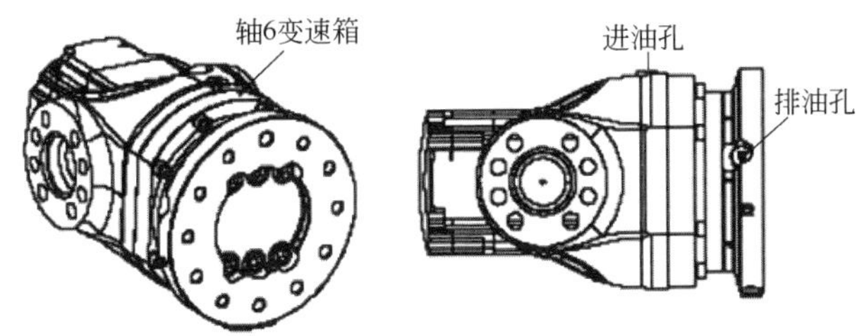

图 4-2-6　轴 6 变速箱的位置

四、平衡装置的检查

平衡装置在机械手的后上方，如图 4-2-7 所示。如果发现损坏，则应根据平衡装置的型号采取不同的措施。3HAC 14678-1 和 3HAC 16189-1 需要维修，而 3HAC 12604-1 则需要升级。

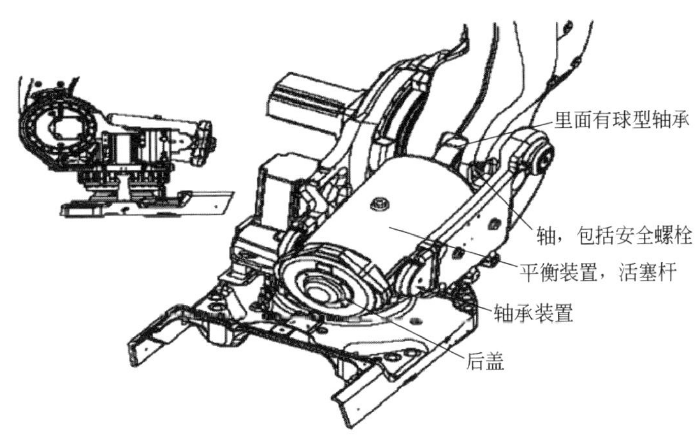

图 4-2-7　平衡装置

检查平衡装置的方法及步骤如下。

（1）检查轴承、齿轮和轴是否协调，确定安全螺栓在正确位置且没有损坏（M16×180，力矩：50N•m）。

（2）检查汽缸是否协调，如果里面的弹簧发出异响，则需要更换平衡装置。注意是维修还是升级。

（3）检查活塞杆，如果听见异常声音，则表明轴承有问题，或里面有杂质，或轴承润滑不够。注意采取维修或升级。

（4）检查活塞杆是否有刮擦声，是否受损或者表面不平坦。

（5）如发现以上问题，按照维修或者升级包上的说明书来进行维修或升级。

在进行机器人平衡装置的检查时应注意以下几点。

（1）在机器人运行后，电机和齿轮温度都很高，注意烫伤。

（2）关掉所有电源、液压源及气压源。

（3）当移动一个部位时，做一些必要的措施确保机械手不会倒下来，例如，当拆除轴 2 的电机时，要固定低处的手臂。

（4）要在指定的环境下处理平衡装置。

五、动力电缆保护壳的检查

1．机器人轴 1～4 的电缆保护壳的检查

机器人的轴 1～4 的动力电缆分布如图 4-2-8 所示。其电缆保护壳的检查方法及步骤如下。

（1）做一个全面目测检查，观察是否有损坏。

（2）检查电缆连接插头。

（3）检查电缆夹、衬盘是否松动，另外，检查电缆是否用带子捆住并且没有损坏。如在下臂进口处发现少许磨损，属正常情况。

（4）如有损坏，应更换。

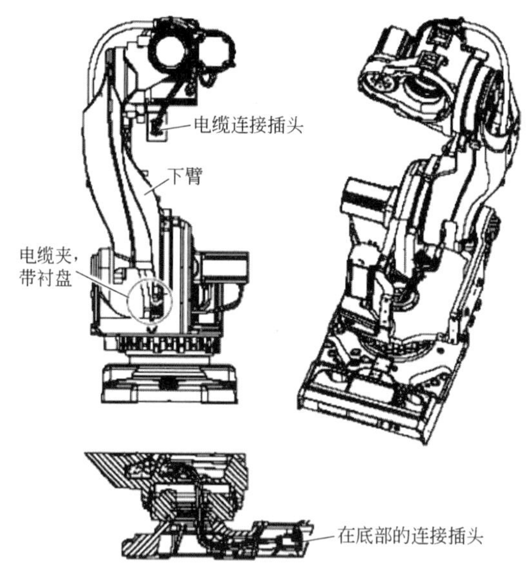

图 4-2-8　机器人的轴 1～4 的动力电缆分布

2．机器人轴 5～6 的电缆保护壳的检查

机器人的轴 5～6 的电缆保护壳位置如图 4-2-9 所示。其检查方法及步骤如下。

（1）做一个全面目测检查，观察是否有损坏。

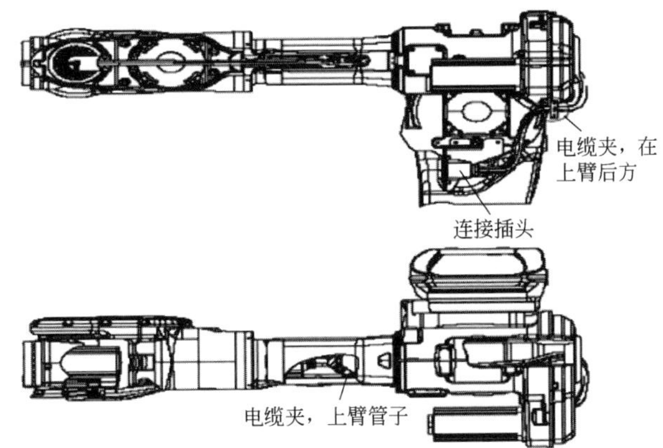

图 4-2-9　机器人的轴 5～6 的电缆保护壳位置

（2）检查电缆夹和电缆插头，确定电缆夹没有被压弯。

（3）如有损坏，应更换。

六、检查信息标志

机器人信息标志的位置如图 4-2-10 所示。机器人各部位的信息标志名称见表 4-2-2。

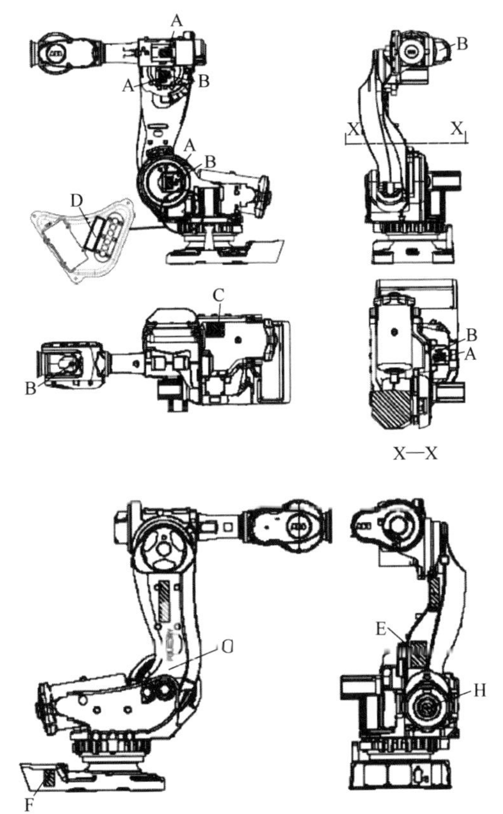

图 4-2-10　机器人信息标志的位置

表 4-2-2　机器人各部位的信息标志名称

序号	名　　称	序号	名　　称
A	警示标志“高温”，3HAC4431-1	E	“吊装机器人”的标志，3HAC16420-1
B	闪烁指示灯，3HAC1589-1	F	警示标志“机器人可能前倾”，3HAC9191-1
C	“安全说明”牌，3HAC4591-1	G	铸造号
D	警示标志“刹车松开”，3HAC15334-1	H	警示标志，“蓄能”标志，3HAC9526-1

任务实施

一、任务准备

实施本任务教学所使用的实训设备及工具材料可见表 4-2-3。

表 4-2-3　实训设备及工具材料

序号	分类	名称	型号规格	数量	单位	备注
1	工具	活动扳手	8～9mm	1	把	
2		外六星套筒	20～60	1	套	
3		套筒扳手组		1	套	
4		转矩扳手	10～100N・m	1	把	
5		转矩扳手	75～400N・m	1	把	
6		转矩扳手	1/2 的棘轮头	1	把	
7		双鼓铆钉钳		1	把	
8	设备器材	6 轴机器人本体	型号自定	1	台	
9		内六角螺钉	5～17mm	若干	颗	
10		外六角螺钉	M10×100	若干	颗	
11		外六角螺钉	M16×90	若干	颗	

二、工业机器人轴的机械停止检修

1. 检修轴 1 的机械停止

轴 1 的机械停止（定位销）位置在底座处，如图 4-2-11 所示。

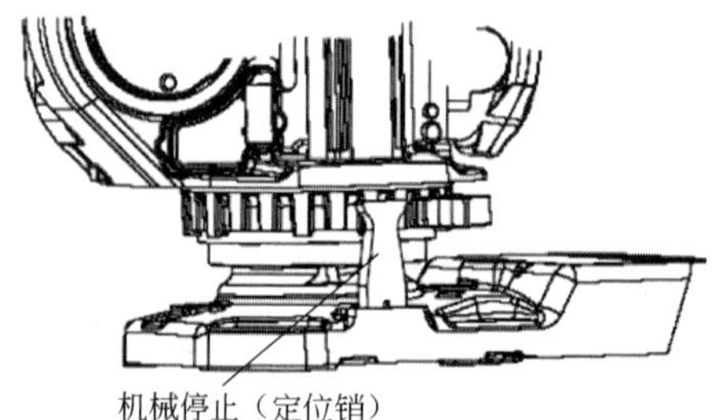

图 4-2-11　轴 1 的机械停止（定位销）位置

检修轴 1 的机械停止的方法和步骤如下。

（1）关掉所有的电源、液压源及气压源。

（2）机器人运行后，电机和齿轮温度都很高，检修时注意烫伤。

（3）当移动一个部位时，做一些必要的措施确保机械手不会倒下来，例如，当拆除轴 2 的电机时，要固定低处的手臂。

（4）按照图 4-2-11 检查轴 1 的机械停止。

（5）确定机械停止可以向任何方向翕动。

（6）如定位销弯曲或损坏，需更换。

2. 轴 1，2 和 3 的机械停止检查

轴 1，2 和 3 的一些机械停止的位置如图 4-2-12 所示。

检修轴 1，2 和 3 的一些机械停止的方法和步骤如下。

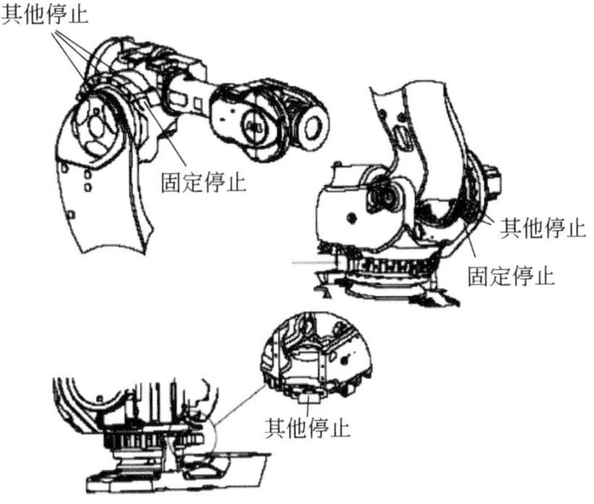

图 4-2-12　轴 1，2 和 3 的一些机械停止的位置

（1）关掉所有的电源、液压源及气压源。

（2）机器人运行后，电机和齿轮温度都很高，检修时注意烫伤。

（3）当移动一个部位时，做一些必要的措施确保机械手不会倒下来，例如，当拆除轴 2 的电机时，要固定低处的手臂。

（4）按照图 4-2-12 检查轴 1，2 和 3 的机械停止是否损坏。

（5）确定这些停止装置安装正确。

（6）如有损坏，必须更换，使用螺栓（带润滑油 Molycote1000），轴 1 用 M16×35；轴 2 用 M16×50；轴 3 用 M16×60。

三、检测轴 2～5 的抑制装置（刹车片）

轴 2～5 的抑制装置（刹车片）的位置如图 4-2-13 所示。检修轴 2～5 的抑制装置（刹车片）的方法和步骤如下。

（1）关掉所有的电源、液压源及气压源。

（2）机器人运行后，电机和齿轮温度都很高，检修时注意烫伤。

（3）当移动一个部位时，做一些必要的措施确保机械手不会倒下来，如，当拆除轴 2 的

电机时，要固定低处的手臂。

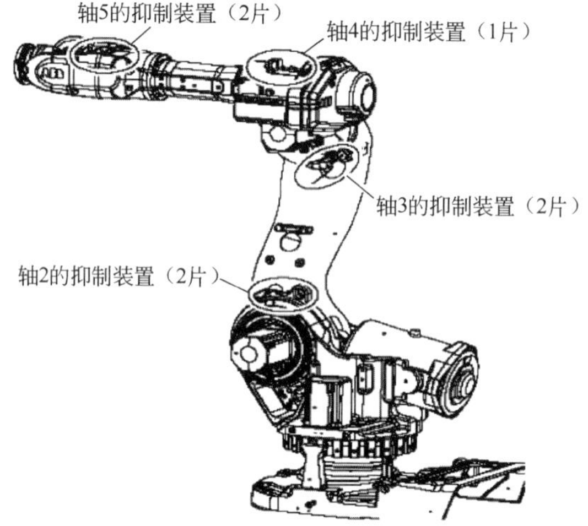

图 4-2-13　轴 2～5 的抑制装置（刹车片）的位置

（4）按照图 4-2-13 检查所有的刹车片是否损坏，是否有裂纹，是否有超过 1mm 的压痕。检修轴 4 时，应首先移开上臂顶部的两个盖子。

（5）检查锁紧螺栓是否变形。

（6）如有损坏，应更换新的刹车片。

四、检查轴 1，2 和 3 的限位开关

轴 1 的限位开关位置如图 4-2-14 所示，轴 2 的限位开关位置如图 4-2-15 所示，轴 3 的限位开关位置如图 4-2-16 所示。

检修轴 1，2 和 3 的限位开关的方法和步骤如下。

（1）关掉所有的电源、液压源及气压源。

（2）机器人运行后，电机和齿轮温度都很高，检修时注意烫伤。

（3）当移动一个部位时，做一些必要的措施确保机械手不会倒下来，例如，当拆除轴 2 的电机时，要固定低处的手臂。

（4）限位开关的检查。按照图 4-2-14、图 4-2-15、图 4-2-16 的位置图检查轴 1，2 和 3 的限位开关的滚筒是否可以轻松转动，转动是否自如。

（5）检查外圈。检查外圈的螺栓是否牢固锁紧。

（6）检查凸轮。

① 检查滚筒是否在凸轮上留下压痕。

② 检查凸轮是否清洁，如果有杂质，应擦去。

③ 检查凸轮的定位螺栓是否松动或移动。

（7）检查轴 1 的保护片。

① 检查是否 3 片都没有松动，并且没有损坏、变形。

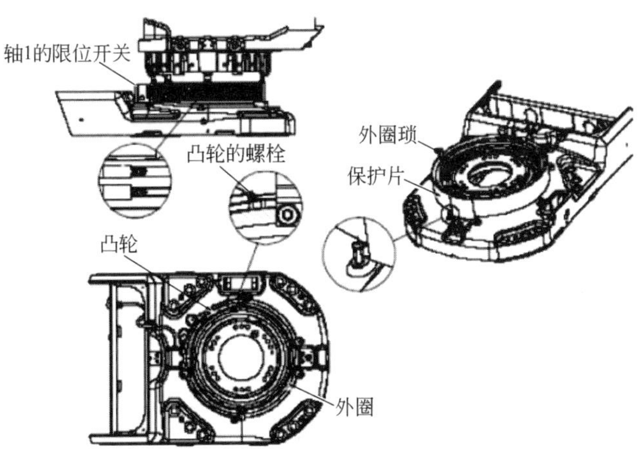

图 4-2-14　轴 1 的限位开关位置

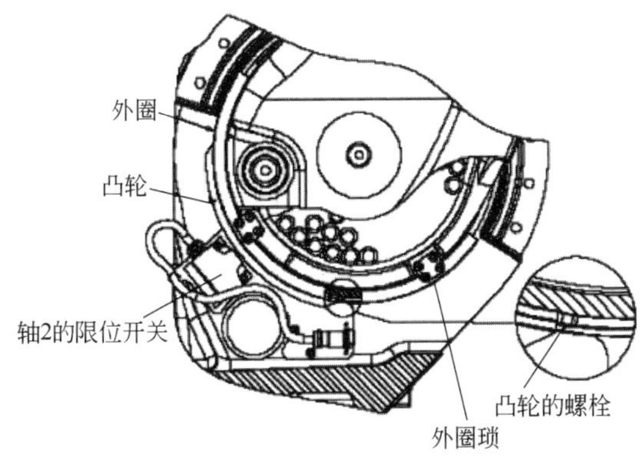

图 4-2-15　轴 2 的限位开关位置

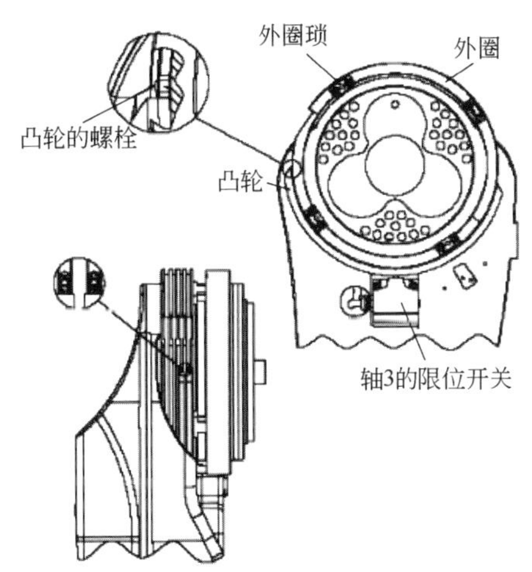

图 4-2-16　轴 3 的限位开关位置

② 检查保护片里面的区域内是否足够清洁，以免影响限位开关的功能。

（8）如果发现任何损坏，应立即更换限位开关。

五、UL 信号灯的检查

UL 信号灯的位置如图 4-2-17 所示。由于轴 4～6 的安装位置不一样，也使 UL 灯会有几种不同的位置，具体位置参照安装图。由于电机的盖子有两种（平形和拱形），所以 UL 灯也有两种类型。

检修 UL 信号灯的方法和步骤如下。

（1）关掉所有的电源、液压源及气压源。

（2）机器人运行后，电机和齿轮温度都很高，检修时注意防止烫伤。

（3）当移动一个部位时，做一些必要的措施确保机械手不会倒下来，例如，当拆除轴 2 的电机时，要固定低处的手臂。

（4）检查当电机运行（Motors On）时，灯是否亮着。

（5）如果灯没有亮，则：

① 检查灯是否坏了，如果是，则更换；

② 检查电缆和灯的插头；

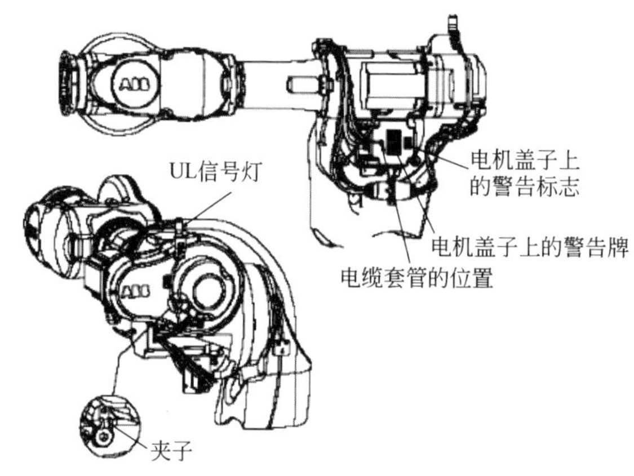

图 4-2-17　UL 信号灯的位置

③ 测量轴 3 电机控制电压是否有 24V；

④ 检查电缆，如果损坏，则更换。

六、变速箱齿轮油的更换

1. 更换轴 1 变速箱的齿轮油

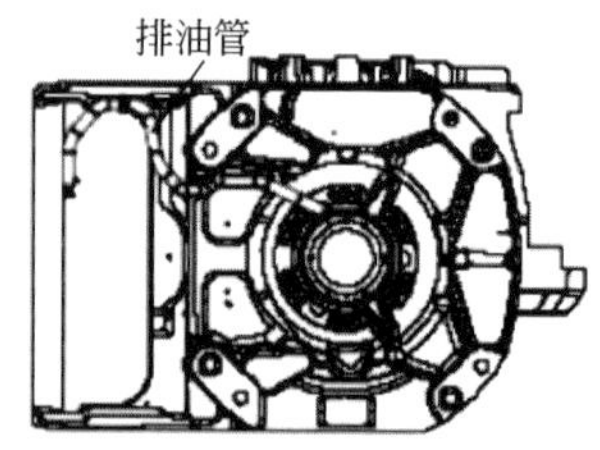

图 4-2-18　排油管的位置

轴 1 变速箱位于骨架和基座之间，如图 4-2-1 所示。更换轴 1 变速箱齿轮油的方法及步骤如下。

（1）松开螺栓，移开基座上的后盖。

（2）将基座后的排油管拉出来，排油管在基座下方，排油管的位置如图 4-2-18 所示。

（3）将油罐放到排油罐末端，接油。

（4）打开进油孔处油塞，这样排油会更快。

（5）打开油管末端，将油排出。排油时间取决于油温。

（6）关上油管，将其放回原处。

（7）盖上后盖，并拧紧螺栓。

（8）打开进油孔，再加油，根据前面定义的正确油位和排出的油来确定加多少油。

（9）盖上进油孔的油塞。

【操作提示】

① 关掉所有的电源、液压源及气压源。

② 在机器人运行后，电机和齿轮温度都很高，加油时注意烫伤。

③ 当移动一个部位时，做一些必要的措施确保机械手不会倒下来，例如，当拆除轴 2 的电机时，要固定低处的手臂。

④ 换油之前，先让机器人运行一段时间，温度高的油更容易排出来。

⑤ 当加油的时候，不要混合任何其他油种，除非特别说明。

⑥ 当给变速箱加油时，不要加得过多，因为这样会导致压力过高，会损坏密封圈或者垫圈；或将密封圈或垫圈完全压紧，影响机器人的自由移动。

⑦ 因为变速箱的油温非常高，为 90℃左右，所以在更换或者排放齿轮油的时候必须戴上防护眼镜和手套。

⑧ 注意变速箱由于温度过高，导致里面压力增加，在打开油塞的时候，里面的油可能会喷射出来。

2. 更换轴 2 变速箱的齿轮油

轴 2 变速箱位于下臂的旋转中心，在电机附加装置下面，如图 4-2-2 所示。更换轴 2 变速箱齿轮油的方法及步骤如下。

（1）移掉通风孔的盖子。

（2）打开排油孔油塞，用带头的软管将油排出并用桶接住，排油的时间取决于油温。

（3）拧紧油塞。

（4）打开加油孔油塞。

（5）再倒入新的润滑油，油位参见前面指定的正确油位。

（6）盖上进油孔的油塞及通风孔盖子。

3. 更换轴 3 变速箱的齿轮油

轴 3 变速箱的位置如图 4-2-3 所示。更换轴 3 变速箱齿轮油的方法及步骤如下。

（1）打开排油孔油塞，用带头的软管将油排入油桶中，为了排油快，可以打开进油孔的油塞，排油的时间取决于油温。

（2）将油塞装好。

（3）打开进油孔油塞。

（4）再倒入新的润滑油，油位见前面指定的正确油位。

（5）盖好油塞。

4. 更换轴 4 变速箱的齿轮油

轴 4 变速箱的位置如图 4-2-4 所示。更换轴 4 变速箱齿轮油的方法及步骤如下。

（1）将上臂从标准位置运行到−45℃。

（2）打开排油孔、进油孔的油塞。

（3）将变速箱的油排出。
（4）将上臂运行回原位置。
（5）将排油孔的油塞装好。
（6）重新通过进油孔倒入新油，油位见前面指定的正确油位。
（7）装好进油孔油塞。

5．更换轴 5 变速箱的齿轮油

轴 5 变速箱的位置如图 4-2-5 所示。更换轴 5 变速箱齿轮油的方法及步骤如下。
（1）运行轴 5 到一个合适的位置，使排油孔向下。
（2）打开排油孔、进油孔的油塞。
（3）将变速箱的油排出。
（4）将排油孔的油塞装好。
（5）运行轴 5 至标准位置。
（6）重新通过进油孔倒入新油，油位参见前面指定的正确油位。
（7）装好进油孔油塞。

6．更换轴 6 变速箱的齿轮油

轴 6 变速箱位于腕节单元的中心，如图 4-2-6 所示。不同型号的机器人变速箱有不同的设计，所以里面的油量也不一样。更换轴 6 变速箱齿轮油的方法及步骤如下。
（1）运行机器人，使轴 6 的排油孔向下，排油孔位置如图 4-2-6 所示。
（2）打开排油塞，将油排出。
（3）将排油孔的油塞装好。
（4）重新通过进油孔倒入新油，油位参见前面指定的正确油位。
（5）将进油孔油塞装回原位。

对任务实施的完成情况进行检查，并将结果填入表 4-2-4。

表 4-2-4　任务测评表

序号	主要内容	考核要求	评分标准	配分	扣分	得分
1	工业机器人的日常检查	会正确检查机器人本体的各部件	不会检查机器人各部件，扣 20 分	20		
2	工业机器人的检修	1．会进行工业机器人轴的机械停止检修 2．会进行工业机器人轴的限位开关的检修 3．会进行 UL 信号灯的检修 4．会进行变速箱齿轮油的更换	1．不会进行工业机器人轴的机械停止检修，扣 10 分 2．不会进行工业机器人轴的限位开关的检修，扣 10 分 3．不会进行 UL 信号灯的检修，扣 10 分 4．不会进行变速箱齿轮油的更换，扣 20 分	70		
3	安全文明生产	劳动保护用品穿戴整齐；遵守操作规程；讲文明懂礼貌；操作结束要清理现场	1．操作中，违反安全文明生产考核要求的任何一项扣 5 分，扣完为止 2．当发现学生有重大事故隐患时，要立即予以制止，并每次扣安全文明生产总分 10 分	10		
合　计						
开始时间：			结束时间：			